新能源汽车动力电池检修

主　编　赵建宁　郭文彬
副主编　祝存栋　罗世全

北京理工大学出版社
BEIJING INSTITUTE OF TECHNOLOGY PRESS

内 容 提 要

本书分为拆检动力电池系统、检修动力电池管理系统、检修动力电池温度控制系统3个学习场15个学习情境，以工作过程系统化的形式呈现教学内容。本书从动力电池总成的拆装检测、单体电池的检测、电池管理系统检测等方面详细介绍动力电池常见故障的检修和排除方法。通过本书的学习，学生可以掌握新能源汽车动力电池的基础知识和技能，能够进行动力电池的故障诊断与检测、安全性能检查以及模块更换与维修等工作，为新能源汽车的使用和维护提供支持。

本书可作为高等院校汽车检测与维修专业的教材，也可供从事本专业工作的工程开发和售后维修技术人员参考。

图书在版编目（CIP）数据

新能源汽车动力电池检修 / 赵建宁，郭文彬主编
. -- 北京：北京理工大学出版社，2023.4
ISBN 978-7-5763-2281-1

Ⅰ.①新…　Ⅱ.①赵…②郭…　Ⅲ.①新能源－汽车－蓄电池－检修－高等学校－教材　Ⅳ.①U469.720.7

中国国家版本馆CIP数据核字（2023）第061723号

责任编辑： 王卓然　　**文案编辑：** 王卓然
责任校对： 周瑞红　　**责任印制：** 李志强

出版发行 / 北京理工大学出版社有限责任公司
社　　址 / 北京市丰台区四合庄路6号
邮　　编 / 100070
电　　话 / (010) 68914026（教材售后服务热线）
(010) 68944437（课件资源服务热线）
网　　址 / http：//www.bitpress.com.cn

版 印 次 / 2023年4月第1版第1次印刷
印　　刷 / 河北鑫彩博图印刷有限公司
开　　本 / 787 mm×1092 mm　1/16
印　　张 / 20
字　　数 / 440千字
定　　价 / 89.00元

前言

随着环境保护和能源问题的日益突出，新能源汽车作为一种新的交通工具越来越受到关注和青睐。新能源汽车动力电池的检修与维护也变得至关重要，新能源汽车动力电池的检修也成为新能源汽车领域维修人员所需要的重要技术技能。

本书编写过程中，编者认真总结汽车检测与维修技术专业建设经验，注意吸收先进的职业教育理念和方法，形成了以下特色：

1. 认真贯彻落实教育部“三教”改革相关要求，创新编写活页式教材，分别配有教师用书和学生用书。学生用书中，除“资讯单”以外，其他表单需学生填写。

2. 与专业教学标准紧密对接，立足先进的职业教育理念，注重理论与实践相结合，突出实践应用能力的培养，体现“工学结合，知行合一”的人才培养理念，注重学生技能提升。

3. 采用“行动导向法”，根据企业实际工作岗位，将具有完整工作过程的工作任务转化为学习场和学习情境，以任务驱动的方式采用“资讯—计划—决策—实施—检查—评价”六步教学法设计教材，供学生以工作过程系统化的方式进行学习。

4. 教材中融入课程思政元素，明确立德树人根本任务，在培养高技能人才的同时，注重学生职业道德、安全环保意识的养成。

动力电池检修是一项高风险、高技术要求的工作，在教学过程中应注重安全意识和操作规范。同时，本书结合丰富的案例进行分析，旨在提升学生的综合能力。

本书由青海交通职业技术学院赵建宁、郭文彬担任主编。具体编写分工：青海交通职业技术学院赵建宁（学习场三），青海交通职业技术学院郭文彬（学习场一的学习情境四、五，学习场二的学习情境一至六），青海交通职业技术学院祝存栋（学习场一的学习情境一至三），青海亚通汽车销售服务有限公司罗世全（学习场二的学习情境七、八）。

由于编者水平和经验有限，书中难免存在不足和疏漏之处，恳请广大读者提出宝贵意见，以便进一步修改完善。

编　者

知识拓展

微课：7 kW 交流充电桩

微课：60 kW 充电桩结构及工作原理

微课：安全防护装备的使用与应急处理

微课：比亚迪 e5 交流充电系统

微课：充电设备及注意事项

微课：充电系统常见故障

微课：低压充电系统与能量回收系统

微课：高压安全上电操作流程

微课：高压安全下电操作流程

微课：高压电与触电急救操作

微课：国外充电口介绍

微课：交流慢充充电系统

微课：绝缘拆装工具与检测设备使用

微课：慢充系统的工作过程及原理

微课：支流快充充电系统

目录

学习场一

拆检动力电池系统

学习情境一　拆装动力电池总成

微课：拆装动力电池总成

典型工作环节 1　拆卸前准备工作的资讯单

学习场一	拆检动力电池系统
学习情境一	拆装动力电池总成
学时	0.1 学时
典型工作过程描述	1. 拆卸前准备工作；2. 安全防护装备的选择；3. 高压下电；4. 拆卸动力电池有关附件；5. 拆卸动力电池
收集资讯的方式	线下书籍与线上微课资源相结合
资讯描述	一辆纯电动汽车的动力电池发生故障，你的主管让你更换动力电池总成，你能完成这个任务吗？完成这个任务前需要做哪些方面的准备？ 拆卸前的准备必须满足前提条件，才允许对高电压的动力电池单元进行有针对性的修理工作，这些前提条件既涉及人员安全，也包括对特殊工具的要求。 拆卸动力电池总成最重要的特殊工具包括： （1）可移动总成升降台及用于拆卸和安装高电压动力电池单元的适配接头套件； （2）高电压动力电池单元电池模块充电器； （3）用于修理高电压动力电池单元后进行试运行的专用测试仪； （4）用于拆卸和安装电池模块的起重工具； （5）隔离带； （6）二氧化碳类型灭火器。 高电压动力电池单元修理工位必须清洁、干燥、无油脂、无飞溅火花，因此，必须避免紧靠车辆清洁场所或车身修理工位
对学生的要求	（1）掌握拆卸动力电池总成的场所要求和工具要求； （2）按照工具的要求熟练运用工具，强化安全责任意识； （3）掌握一些容易忽视的安全工具的使用，如隔离带、警示标牌等
参考资料	（1）《纯电动汽车维护、检测、诊断技术规范》(JT/T 1344—2020)； （2）比亚迪秦 EV 维修手册

典型工作环节 1　拆卸前准备工作的计划单

学习场一	拆检动力电池系统				
学习情境一	拆装动力电池总成				
学时	0.1 学时				
典型工作过程描述	1．拆卸前准备工作；2．安全防护装备的选择；3．高压下电；4．拆卸动力电池有关附件；5．拆卸动力电池				
计划制订的方式	小组讨论				
序号	工作步骤		注意事项		
1	观察维修工位情况		是否清洁、干燥、无油脂、无飞溅火花，是否靠近清洁场所或车身修理工位		
2	检查工位灭火器情况		检查工位灭火器是否处于正常范围内		
3	检查移动总成升降台情况		检查移动总成升降台是否正常移动，是否可以升降，升降是否正常		
4	放置隔离带情况		隔离带放置是否包围整个工位		
5	放置警示标牌情况		警示标牌放置是否醒目		
计划评价	班级		第____组	组长签字	
	教师签字		日期		
	评语：				

典型工作环节 1　拆卸前准备工作的决策单

学习场一	拆检动力电池系统				
学习情境一	拆装动力电池总成				
学时	0.1 学时				
典型工作过程描述	1．拆卸前准备工作；2．安全防护装备的选择；3．高压下电；4．拆卸动力电池有关附件；5．拆卸动力电池				
计划对比					
序号	计划的可行性	计划的经济性	计划的可操作性	计划的实施难度	综合评价
1					
2					
3					
N					
决策评价	班级		第____组	组长签字	
	教师签字		日期		
	评语：				

典型工作环节 1　拆卸前准备工作的实施单

<table>
<tr><td>学习场一</td><td colspan="5">拆检动力电池系统</td></tr>
<tr><td>学习情境一</td><td colspan="5">拆装动力电池总成</td></tr>
<tr><td>学时</td><td colspan="5">0.1 学时</td></tr>
<tr><td>典型工作过程描述</td><td colspan="5">1. 拆卸前准备工作；2. 安全防护装备的选择；3. 高压下电；4. 拆卸动力电池有关附件；5. 拆卸动力电池</td></tr>
<tr><td>序号</td><td colspan="2">实施步骤</td><td colspan="3">注意事项</td></tr>
<tr><td>1</td><td colspan="2">观察维修工位情况</td><td colspan="3">是否清洁、干燥、无油脂、无飞溅火花，是否靠近清洁场所或车身修理工位</td></tr>
<tr><td>2</td><td colspan="2">检查工位灭火器情况</td><td colspan="3">检查工位灭火器是否处于正常范围内</td></tr>
<tr><td>3</td><td colspan="2">检查移动总成升降台情况</td><td colspan="3">检查移动总成升降台是否正常移动，是否可以升降，升降是否正常</td></tr>
<tr><td>4</td><td colspan="2">放置隔离带情况</td><td colspan="3">隔离带放置是否包围整个工位</td></tr>
<tr><td>5</td><td colspan="2">放置警示标牌情况</td><td colspan="3">警示标牌放置是否醒目</td></tr>
<tr><td colspan="6">实施说明：
（1）掌握拆卸动力电池总成的场所要求和工具要求；
（2）按照工具的要求熟练运用工具，强化安全责任意识；
（3）掌握一些容易忽视的安全工具的运用，如隔离带、警示标牌等</td></tr>
<tr><td rowspan="3">实施评价</td><td>班级</td><td></td><td>第____组</td><td>组长签字</td><td></td></tr>
<tr><td>教师签字</td><td></td><td>日期</td><td colspan="2"></td></tr>
<tr><td colspan="5">评语：</td></tr>
</table>

典型工作环节 1　拆卸前准备工作的检查单

<table>
<tr><td>学习场一</td><td colspan="5">拆检动力电池系统</td></tr>
<tr><td>学习情境一</td><td colspan="5">拆装动力电池总成</td></tr>
<tr><td>学时</td><td colspan="5">0.1 学时</td></tr>
<tr><td>典型工作过程描述</td><td colspan="5">1. 拆卸前准备工作；2. 安全防护装备的选择；3. 高压下电；4. 拆卸动力电池有关附件；5. 拆卸动力电池</td></tr>
<tr><td>序号</td><td>检查项目</td><td colspan="2">检查标准</td><td>学生自查</td><td>教师检查</td></tr>
<tr><td>1</td><td>观察维修工位情况</td><td colspan="2">是否清洁、干燥、无油脂、无飞溅火花，是否靠近清洁场所或车身修理工位</td><td></td><td></td></tr>
<tr><td>2</td><td>检查工位灭火器情况</td><td colspan="2">检查工位灭火器是否处于正常范围内</td><td></td><td></td></tr>
<tr><td>3</td><td>检查移动总成升降台情况</td><td colspan="2">检查移动总成升降台是否正常移动，是否可以升降，升降是否正常</td><td></td><td></td></tr>
<tr><td>4</td><td>放置隔离带情况</td><td colspan="2">隔离带放置是否包围整个工位</td><td></td><td></td></tr>
<tr><td>5</td><td>放置警示标牌情况</td><td colspan="2">警示标牌放置是否醒目</td><td></td><td></td></tr>
<tr><td rowspan="3">检查评价</td><td>班级</td><td></td><td>第____组</td><td>组长签字</td><td></td></tr>
<tr><td>教师签字</td><td></td><td>日期</td><td colspan="2"></td></tr>
<tr><td colspan="5">评语：</td></tr>
</table>

典型工作环节 1　拆卸前准备工作的评价单

<table>
<tr><td>学习场一</td><td colspan="5">拆检动力电池系统</td></tr>
<tr><td>学习情境一</td><td colspan="5">拆装动力电池总成</td></tr>
<tr><td>学时</td><td colspan="5">0.1 学时</td></tr>
<tr><td>典型工作过程描述</td><td colspan="5">1．拆卸前准备工作；2．安全防护装备的选择；3．高压下电；4．拆卸动力电池有关附件；5．拆卸动力电池</td></tr>
<tr><td>评价项目</td><td>评价子项目</td><td>学生自评</td><td colspan="2">组内评价</td><td>教师评价</td></tr>
<tr><td>检查维修工位情况</td><td>描述是否完整</td><td></td><td colspan="2"></td><td></td></tr>
<tr><td>灭火器检查情况</td><td>是否检查到位</td><td></td><td colspan="2"></td><td></td></tr>
<tr><td>检查移动升降台情况</td><td>是否检查到位</td><td></td><td colspan="2"></td><td></td></tr>
<tr><td>放置隔离带和警示标牌情况</td><td>放置位置是否到位</td><td></td><td colspan="2"></td><td></td></tr>
<tr><td rowspan="3">评价</td><td>班级</td><td></td><td>第____组</td><td>组长签字</td><td></td></tr>
<tr><td>教师签字</td><td></td><td>日期</td><td colspan="2"></td></tr>
<tr><td colspan="5">评语：</td></tr>
</table>

典型工作环节 2　安全防护装备的选择的资讯单

学习场一	拆检动力电池系统
学习情境一	拆装动力电池总成
学时	0.1 学时
典型工作过程描述	1. 拆卸前准备工作；2. 安全防护装备的选择；3. 高压下电；4. 拆卸动力电池有关附件；5. 拆卸动力电池
收集资讯的方式	线下书籍与线上微课资源相结合
资讯描述	（1）在电动车辆调试过程中一定要坚持“以人为本，安全第一”的原则，安全一定要放在首位，人的安全问题是最优先级的考虑。 （2）调试（维修）场地周边不得有易燃物品及与工作无关的金属物品，特别是动力电池的存放和调试场地，与调试无关的人员禁止进入调试场地。 （3）操作人员上岗不得佩戴金属饰物，如手表、戒指等，工作服衣袋内不得有金属物件，如钥匙、金属壳笔、手机、硬币等。 （4）未经过高压安全培训的调试人员，不允许对电动车辆进行调试、维护。 （5）调试人员必须佩戴必要的防护工具，如绝缘手套、绝缘鞋、绝缘帽等。 （6）与工作无关的工具不得带入工作场地，必须使用的金属工具，其手持部分应作绝缘处理。 （7）调试人员必须严格按照调试顺序调试，在上一项目没有调试成功前，严禁进行下一项目的调试，以免造成安全事故。 （8）调试每个项目都必须有人负责，对本项目调试的结果进行确认及签字，并认真填写调试故障记录。 （9）调试过程中每台车辆都必须建立调试记录，由专人保管，有据可查
对学生的要求	（1）能够选择正确电压等级的绝缘手套，并检查绝缘手套； （2）能够正确选择工作环境使用的护目镜，并检查护目镜； （3）能够正确选择和使用安全绝缘帽与绝缘鞋； （4）能够正确选择安全等级工具； （5）能够正确选择和使用合适的绝缘防护垫； （6）能够正确使用绝缘电阻测试仪
参考资料	（1）《纯电动汽车维护、检测、诊断技术规范》(JT/T 1344—2020)； （2）比亚迪秦 EV 维修手册

典型工作环节 2　安全防护装备的选择的计划单

<table>
<tr><td>学习场一</td><td colspan="6">拆检动力电池系统</td></tr>
<tr><td>学习情境一</td><td colspan="6">拆装动力电池总成</td></tr>
<tr><td>学时</td><td colspan="6">0.1 学时</td></tr>
<tr><td>典型工作过程描述</td><td colspan="6">1．拆卸前准备工作；2．安全防护装备的选择；3．高压下电；4．拆卸动力电池有关附件；5．拆卸动力电池</td></tr>
<tr><td>计划制订的方式</td><td colspan="6">小组讨论</td></tr>
<tr><td>序号</td><td>工作步骤</td><td colspan="5">注意事项</td></tr>
<tr><td>1</td><td>选择及检查绝缘手套</td><td colspan="5">选择正确电压等级的绝缘手套；
选择适合自己手型的型号，确保袖口全部放入手套中；
观察绝缘手套的表面是否平滑，无针孔、裂纹、砂眼、杂质等各种明显的缺陷和明显的波纹；
查看绝缘手套上的标记，查看手套是否仍在产品使用期内；
观察绝缘手套是否出现粘连的现象</td></tr>
<tr><td>2</td><td>选择及检查护目镜</td><td colspan="5">选择正确工作环境使用的护目镜及查看护目镜的安全等级；
护目镜的宽窄和大小要适合使用者的脸型；
观察护目镜镜面有无破损、刮花；
观察护目镜镜架螺栓有无松动</td></tr>
<tr><td>3</td><td>选择及检查安全绝缘帽和绝缘鞋</td><td colspan="5">选择正确电压等级的安全绝缘帽；
观察绝缘帽表面有无破损；
选择适合自己号码的绝缘鞋；
检查绝缘鞋表面及底部有无破损</td></tr>
<tr><td>4</td><td>选择安全等级工具</td><td colspan="5">选择正确电压等级的绝缘工具；
查看绝缘工具表面有无破损</td></tr>
<tr><td>5</td><td>选择和使用合适的绝缘防护垫</td><td colspan="5">选择正确电压等级的绝缘防护垫；
选择正确厚度、耐压等级的绝缘防护垫；
观察绝缘防护垫表面气泡垫和起泡面积；
观察有无裂痕、砂眼、老化现象；
应放置在平坦的地面上，地上应无异物</td></tr>
<tr><td rowspan="3" colspan="2">计划评价</td><td>班级</td><td></td><td>第____组</td><td>组长签字</td><td></td></tr>
<tr><td>教师签字</td><td></td><td>日期</td><td colspan="2"></td></tr>
<tr><td colspan="5">评语：</td></tr>
</table>

典型工作环节 2　安全防护装备的选择的决策单

<table>
<tr><td colspan="2">学习场一</td><td colspan="4">拆检动力电池系统</td></tr>
<tr><td colspan="2">学习情境一</td><td colspan="4">拆装动力电池总成</td></tr>
<tr><td colspan="2">学时</td><td colspan="4">0.1 学时</td></tr>
<tr><td colspan="2">典型工作过程描述</td><td colspan="4">1．拆卸前准备工作；2．安全防护装备的选择；3．高压下电；4．拆卸动力电池有关附件；5．拆卸动力电池</td></tr>
<tr><td colspan="6">计划对比</td></tr>
<tr><td>序号</td><td>计划的可行性</td><td>计划的经济性</td><td>计划的可操作性</td><td>计划的实施难度</td><td>综合评价</td></tr>
<tr><td>1</td><td></td><td></td><td></td><td></td><td></td></tr>
<tr><td>2</td><td></td><td></td><td></td><td></td><td></td></tr>
<tr><td>3</td><td></td><td></td><td></td><td></td><td></td></tr>
<tr><td>N</td><td></td><td></td><td></td><td></td><td></td></tr>
<tr><td rowspan="3">决策评价</td><td>班级</td><td></td><td>第____组</td><td>组长签字</td><td></td></tr>
<tr><td>教师签字</td><td></td><td>日期</td><td colspan="2"></td></tr>
<tr><td colspan="5">评语：</td></tr>
</table>

典型工作环节 2　安全防护装备的选择的实施单

<table>
<tr><td colspan="2">学习场一</td><td colspan="5">拆检动力电池系统</td></tr>
<tr><td colspan="2">学习情境一</td><td colspan="5">拆装动力电池总成</td></tr>
<tr><td colspan="2">学时</td><td colspan="5">0.1 学时</td></tr>
<tr><td colspan="2">典型工作过程描述</td><td colspan="5">1. 拆卸前准备工作；2. 安全防护装备的选择；3. 高压下电；4. 拆卸动力电池有关附件；5. 拆卸动力电池</td></tr>
<tr><td>序号</td><td>实施步骤</td><td colspan="5">注意事项</td></tr>
<tr><td>1</td><td>选择及检查绝缘手套</td><td colspan="5">选择正确电压等级的绝缘手套；
选择适合自己手型的型号，确保袖口全部放入手套中；
观察绝缘手套的表面是否平滑，无针孔、裂纹、砂眼、杂质等各种明显的缺陷和明显的波纹；
查看绝缘手套上的标记，查看手套是否仍在产品使用期内；
观察绝缘手套是否出现粘连的现象</td></tr>
<tr><td>2</td><td>选择及检查护目镜</td><td colspan="5">选择正确工作环境使用的护目镜及查看护目镜的安全等级；
护目镜的宽窄和大小要适合使用者的脸型；
观察护目镜镜面有无破损、刮花；
观察护目镜镜架螺栓有无松动</td></tr>
<tr><td>3</td><td>选择及检查安全绝缘帽和绝缘鞋</td><td colspan="5">选择正确电压等级的安全绝缘帽；
观察绝缘帽表面有无破损；
选择适合自己号码的绝缘鞋；
检查绝缘鞋表面及底部有无破损</td></tr>
<tr><td>4</td><td>选择安全等级工具</td><td colspan="5">选择正确电压等级的绝缘工具；
查看绝缘工具表面有无破损</td></tr>
<tr><td>5</td><td>选择和使用合适的绝缘防护垫</td><td colspan="5">选择正确电压等级的绝缘防护垫；
选择正确厚度、耐压等级的绝缘防护垫；
观察绝缘防护垫表面气泡垫和起泡面积；
观察有无裂痕、砂眼、老化现象；
应放置在平坦的地面上，地上应无异物</td></tr>
<tr><td colspan="7">实施说明：
根据作业内容选择相应的安全防护装备，并能够使用正确的方法对各防护工具进行检查</td></tr>
<tr><td rowspan="3">实施评价</td><td>班级</td><td></td><td>第____组</td><td>组长签字</td><td colspan="2"></td></tr>
<tr><td>教师签字</td><td></td><td>日期</td><td colspan="3"></td></tr>
<tr><td colspan="6">评语：</td></tr>
</table>

典型工作环节 2　安全防护装备的选择的检查单

学习场一	拆检动力电池系统				
学习情境一	拆装动力电池总成				
学时	0.1 学时				
典型工作过程描述	1. 拆卸前准备工作；2. 安全防护装备的选择；3. 高压下电；4. 拆卸动力电池有关附件；5. 拆卸动力电池				
序号	检查项目	检查标准		学生自查	教师检查
1	选择及检查绝缘手套	选择正确电压等级的绝缘手套； 选择适合自己手型的型号，确保袖口全部放入手套中； 观察绝缘手套的表面是否平滑，无针孔、裂纹、砂眼、杂质等各种明显的缺陷和明显的波纹； 查看绝缘手套上的标记，查看手套是否仍在产品使用期内； 观察绝缘手套是否出现粘连的现象			
2	选择及检查护目镜	选择正确工作环境使用的护目镜及查看护目镜的安全等级； 护目镜的宽窄和大小要适合使用者的脸型； 观察护目镜镜面有无破损、刮花； 观察护目镜镜架螺栓有无松动			
3	选择及检查安全绝缘帽和绝缘鞋	选择正确电压等级的安全绝缘帽； 观察绝缘帽表面有无破损； 选择适合自己号码的绝缘鞋； 检查绝缘鞋表面及底部有无破损			
4	选择安全等级工具	选择正确电压等级的绝缘工具； 查看绝缘工具表面有无破损			
5	选择和使用合适的绝缘防护垫	选择正确电压等级的绝缘防护垫； 选择正确厚度、耐压等级的绝缘防护垫； 观察绝缘防护垫表面气泡垫和起泡面积； 观察有无裂痕、砂眼、老化现象； 应放置在平坦的地面上，地上应无异物			
检查评价	班级		第____组	组长签字	
	教师签字		日期		
	评语：				

典型工作环节 2 安全防护装备的选择的评价单

<table>
<tr><td>学习场一</td><td colspan="6">拆检动力电池系统</td></tr>
<tr><td>学习情境一</td><td colspan="6">拆装动力电池总成</td></tr>
<tr><td>学时</td><td colspan="6">0.1 学时</td></tr>
<tr><td>典型工作过程描述</td><td colspan="6">1．拆卸前准备工作；2．安全防护装备的选择；3．高压下电；4．拆卸动力电池有关附件；5．拆卸动力电池</td></tr>
<tr><td>评价项目</td><td colspan="2">评价子项目</td><td colspan="2">学生自评</td><td>组内评价</td><td>教师评价</td></tr>
<tr><td>选择及检查绝缘手套</td><td colspan="2">是否检查完成、到位</td><td colspan="2"></td><td></td><td></td></tr>
<tr><td>选择及检查护目镜</td><td colspan="2">是否检查完成、到位</td><td colspan="2"></td><td></td><td></td></tr>
<tr><td>选择及检查安全绝缘帽和绝缘鞋</td><td colspan="2">是否检查完成、到位</td><td colspan="2"></td><td></td><td></td></tr>
<tr><td>选择安全等级工具</td><td colspan="2">是否检查完成、到位</td><td colspan="2"></td><td></td><td></td></tr>
<tr><td>选择和使用合适的绝缘防护垫</td><td colspan="2">是否检查完成、到位</td><td colspan="2"></td><td></td><td></td></tr>
<tr><td rowspan="3">评价</td><td>班级</td><td colspan="2"></td><td>第____组</td><td>组长签字</td><td></td></tr>
<tr><td>教师签字</td><td colspan="2"></td><td>日期</td><td colspan="2"></td></tr>
<tr><td colspan="6">评语：</td></tr>
</table>

典型工作环节 3　高压下电的资讯单

学习场一	拆检动力电池系统
学习情境一	拆装动力电池总成
学时	0.1 学时
典型工作过程描述	1. 拆卸前准备工作；2. 安全防护装备的选择；3. 高压下电；4. 拆卸动力电池有关附件；5. 拆卸动力电池
收集资讯的方式	线下书籍及线上资源相结合
资讯描述	电流根据对人体影响的不同程度而划分等级，同样电压按照幅值和对人体的伤害程度划分了三个等级，即安全电压、低压和高压。 安全电压是指不会使人直接致死或致残的电压。一般环境条件下允许持续接触的“安全特低电压”是 36 V。安全电压也指为了防止触电事故而特定电源供电所采取的电压系列。安全电压应满足以下三个条件： （1）标称电压不超过交流 50 V（AC）、直流 120 V（DC）； （2）由安全隔离变压器供电； （3）安全电压电路与供电电路及大地隔离。 触电防护应包含防止人员与任何带电部件的直接接触和在带电部件的基本绝缘故障的情况下的触电防护。对于 A 级电压的电路，不要求提供触电防护。对于任何 B 级电压电路的带电部件，都应为人员提供危险接触的防护。直接接触防护应由带电部件的基本绝缘提供或由遮挡 / 外壳，或两者结合来提供。所有的防护及规定都是从安全的角度出发，防止人体及电气设备因触电或短路发生故障，造成事故
对学生的要求	（1）掌握高压安全防护的措施； （2）掌握高电压的危害； （3）掌握新能源汽车高压下电的流程
参考资料	（1）《纯电动汽车维护、检测、诊断技术规范》(JT/T 1344—2020)； （2）比亚迪秦 EV 维修手册

典型工作环节 3　高压下电的计划单

<table>
<tr><td colspan="2">学习场一</td><td colspan="4">拆检动力电池系统</td></tr>
<tr><td colspan="2">学习情境一</td><td colspan="4">拆装动力电池总成</td></tr>
<tr><td colspan="2">学时</td><td colspan="4">0.1 学时</td></tr>
<tr><td colspan="2">典型工作过程描述</td><td colspan="4">1．拆卸前准备工作；2．安全防护装备的选择；3．高压下电；4．拆卸动力电池有关附件；5．拆卸动力电池</td></tr>
<tr><td colspan="2">计划制订的方式</td><td colspan="4">小组讨论</td></tr>
<tr><td>序号</td><td colspan="2">工作步骤</td><td colspan="3">注意事项</td></tr>
<tr><td>1</td><td colspan="2">关闭点火开关，断开蓄电池负极</td><td colspan="3">钥匙是否放于智能系统探测不到的范围</td></tr>
<tr><td>2</td><td colspan="2">确认绝缘手套</td><td colspan="3">检查绝缘手套是否泄漏或破损</td></tr>
<tr><td>3</td><td colspan="2">断开维修开关</td><td colspan="3">断开维修开关是否佩戴绝缘手套，维修开关是否自己放置</td></tr>
<tr><td>4</td><td colspan="2">确认高压电为 0</td><td colspan="3">是否用万用表或绝缘电阻测试仪检测</td></tr>
<tr><td rowspan="3">计划评价</td><td>班级</td><td></td><td>第____组</td><td>组长签字</td><td></td></tr>
<tr><td>教师签字</td><td></td><td>日期</td><td colspan="2"></td></tr>
<tr><td colspan="5">评语：</td></tr>
</table>

典型工作环节 3　高压下电的决策单

<table>
<tr><td colspan="2">学习场一</td><td colspan="5">拆检动力电池系统</td></tr>
<tr><td colspan="2">学习情境一</td><td colspan="5">拆装动力电池总成</td></tr>
<tr><td colspan="2">学时</td><td colspan="5">0.1 学时</td></tr>
<tr><td colspan="2">典型工作过程描述</td><td colspan="5">1．拆卸前准备工作；2．安全防护装备的选择；3．高压下电；4．拆卸动力电池有关附件；5．拆卸动力电池</td></tr>
<tr><td colspan="7">计划对比</td></tr>
<tr><td>序号</td><td>计划的可行性</td><td>计划的经济性</td><td colspan="2">计划的可操作性</td><td>计划的实施难度</td><td>综合评价</td></tr>
<tr><td>1</td><td></td><td></td><td colspan="2"></td><td></td><td></td></tr>
<tr><td>2</td><td></td><td></td><td colspan="2"></td><td></td><td></td></tr>
<tr><td>3</td><td></td><td></td><td colspan="2"></td><td></td><td></td></tr>
<tr><td>N</td><td></td><td></td><td colspan="2"></td><td></td><td></td></tr>
<tr><td rowspan="3">决策评价</td><td>班级</td><td colspan="2"></td><td>第____组</td><td>组长签字</td><td></td></tr>
<tr><td>教师签字</td><td colspan="2"></td><td>日期</td><td colspan="2"></td></tr>
<tr><td colspan="6">评语：</td></tr>
</table>

典型工作环节 3 高压下电的实施单

学习场一	拆检动力电池系统				
学习情境一	拆装动力电池总成				
学时	0.1 学时				
典型工作过程描述	1. 拆卸前准备工作；2. 安全防护装备的选择；3. 高压下电；4. 拆卸动力电池有关附件；5. 拆卸动力电池				
序号	实施步骤		注意事项		
1	关闭点火开关，断开蓄电池负极		钥匙是否放于智能系统探测不到的范围		
2	确认绝缘手套		检查绝缘手套是否泄漏或破损		
3	断开维修开关		断开维修开关是否佩戴绝缘手套，维修开关是否自己放置		
4	确认高压电为 0		是否用万用表或绝缘电阻测试仪检测		
实施说明： （1）掌握绝缘手套的检查方法； （2）掌握维修开关的位置、作用					
实施评价	班级		第____组	组长签字	
	教师签字		日期		
	评语：				

典型工作环节 3 高压下电的检查单

学习场一	拆检动力电池系统			
学习情境一	拆装动力电池总成			
学时	0.1 学时			
典型工作过程描述	1. 拆卸前准备工作；2. 安全防护装备的选择；3. 高压下电；4. 拆卸动力电池有关附件；5. 拆卸动力电池			
序号	检查项目	检查标准	学生自查	教师检查
1	点火开关是否关闭，负极是否断开	点火开关是否正确关闭，负极是否正确切断		
2	绝缘手套检查是否到位	检查气密性		
3	是否找到维修开关并拆卸	拆卸维修开关，并妥善保管		
4	是否确认电压			

检查评价	班级		第____组	组长签字	
	教师签字		日期		
	评语：				

典型工作环节 3　高压下电的评价单

<table>
<tr><td>学习场一</td><td colspan="5">拆检动力电池系统</td></tr>
<tr><td>学习情境一</td><td colspan="5">拆装动力电池总成</td></tr>
<tr><td>学时</td><td colspan="5">0.1 学时</td></tr>
<tr><td>典型工作过程描述</td><td colspan="5">1. 拆卸前准备工作；2. 安全防护装备的选择；3. 高压下电；4. 拆卸动力电池有关附件；5. 拆卸动力电池</td></tr>
<tr><td>评价项目</td><td>评价子项目</td><td colspan="2">学生自评</td><td>组内评价</td><td>教师评价</td></tr>
<tr><td>点火开关是否关闭，负极是否断开</td><td>操作是否正确</td><td colspan="2"></td><td></td><td></td></tr>
<tr><td>绝缘手套检查是否到位</td><td>是否检查完成、到位</td><td colspan="2"></td><td></td><td></td></tr>
<tr><td>是否找到维修开关并拆卸</td><td>操作是否正确</td><td colspan="2"></td><td></td><td></td></tr>
<tr><td>是否确认电压</td><td>操作是否正确</td><td colspan="2"></td><td></td><td></td></tr>
<tr><td rowspan="3">评价</td><td>班级</td><td></td><td>第____组</td><td>组长签字</td><td></td></tr>
<tr><td>教师签字</td><td></td><td>日期</td><td colspan="2"></td></tr>
<tr><td colspan="5">评语：</td></tr>
</table>

典型工作环节 4　拆卸动力电池有关附件的资讯单

学习场一	拆检动力电池系统
学习情境一	拆装动力电池总成
学时	0.1 学时
典型工作过程描述	1．拆卸前准备工作；2．安全防护装备的选择；3．高压下电；4．拆卸动力电池有关附件；5．拆卸动力电池
收集资讯的方式	线下书籍及线上资源相结合
资讯描述	高压下电后举升车辆，需要拆除底盘护板、拆卸动力电池低压控制线束插接器、拆卸动力电池高压控制线束插接器 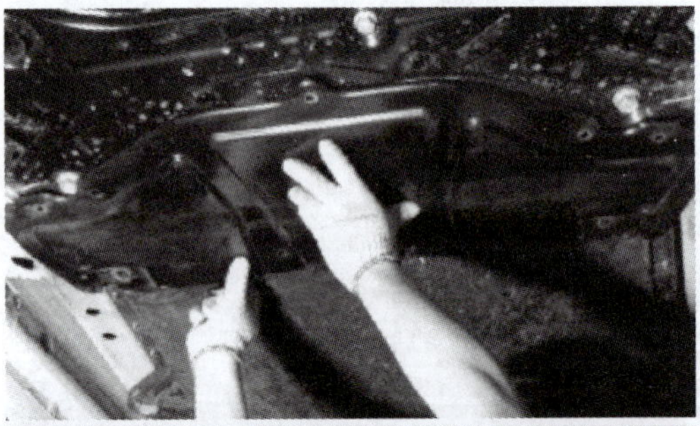  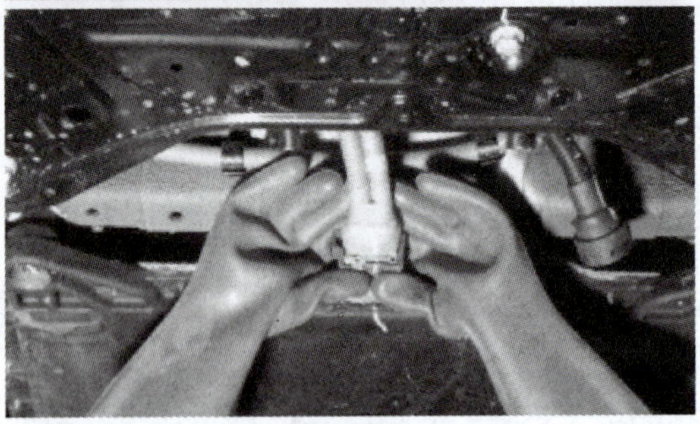
对学生的要求	（1）能快速地拆卸底盘护板； （2）掌握高低压线束的拆卸方法； （3）查阅电路图，掌握高、低压线束端子的定义
参考资料	（1）《纯电动汽车维护、检测、诊断技术规范》(JT/T 1344—2020)； （2）比亚迪秦 EV 维修手册

典型工作环节 4 拆卸动力电池有关附件的计划单

学习场一	拆检动力电池系统				
学习情境一	拆装动力电池总成				
学时	0.1 学时				
典型工作过程描述	1. 拆卸前准备工作；2. 安全防护装备的选择；3. 高压下电；4. 拆卸动力电池有关附件；5. 拆卸动力电池				
计划制订的方式	小组讨论				
序号	工作步骤		注意事项		
1	拆卸底盘护板		拆卸前检查底盘护板有无损坏，如有磕碰或严重损坏，拆卸时一定注意绝缘防护		
2	拆卸动力电池低压线束并查阅端子定义		拆卸前查阅手册明确线束插头定义，并做好标记		
3	拆卸动力电池高压线束并查阅端子定义		拆卸前查阅手册明确线束插头定义，并使用高压绝缘胶布缠绕插头防止短路		
计划评价	班级		第____组	组长签字	
	教师签字		日期		
	评语：				

典型工作环节 4 拆卸动力电池有关附件的决策单

学习场一	拆检动力电池系统				
学习情境一	拆装动力电池总成				
学时	0.1 学时				
典型工作过程描述	1. 拆卸前准备工作；2. 安全防护装备的选择；3. 高压下电；4. 拆卸动力电池有关附件；5. 拆卸动力电池				
计划对比					
序号	计划的可行性	计划的经济性	计划的可操作性	计划的实施难度	综合评价
1					
2					
3					
N					
决策评价	班级		第____组	组长签字	
	教师签字		日期		
	评语：				

典型工作环节 4　拆卸动力电池有关附件的实施单

<table>
<tr><td colspan="2">学习场一</td><td colspan="5">拆检动力电池系统</td></tr>
<tr><td colspan="2">学习情境一</td><td colspan="5">拆装动力电池总成</td></tr>
<tr><td colspan="2">学时</td><td colspan="5">0.1 学时</td></tr>
<tr><td colspan="2">典型工作过程描述</td><td colspan="5">1．拆卸前准备工作；2．安全防护装备的选择；3．高压下电；4．拆卸动力电池有关附件；5．拆卸动力电池</td></tr>
<tr><td>序号</td><td colspan="3">实施步骤</td><td colspan="3">注意事项</td></tr>
<tr><td>1</td><td colspan="3">拆卸底盘护板</td><td colspan="3"></td></tr>
<tr><td>2</td><td colspan="3">拆卸动力电池低压线束并查阅端子定义</td><td colspan="3">根据电路图查阅动力电池低压线束端子定义</td></tr>
<tr><td>3</td><td colspan="3">拆卸动力电池高压线束并查阅端子定义</td><td colspan="3">根据电路图查阅动力电池高压线束端子定义</td></tr>
<tr><td rowspan="3">实施评价</td><td>班级</td><td></td><td>第____组</td><td>组长签字</td><td colspan="2"></td></tr>
<tr><td>教师签字</td><td></td><td>日期</td><td colspan="3"></td></tr>
<tr><td colspan="6">评语：</td></tr>
</table>

典型工作环节 4　拆卸动力电池有关附件的检查单

<table>
<tr><td colspan="2">学习场一</td><td colspan="5">拆检动力电池系统</td></tr>
<tr><td colspan="2">学习情境一</td><td colspan="5">拆装动力电池总成</td></tr>
<tr><td colspan="2">学时</td><td colspan="5">0.1 学时</td></tr>
<tr><td colspan="2">典型工作过程描述</td><td colspan="5">1．拆卸前准备工作；2．安全防护装备的选择；3．高压下电；4．拆卸动力电池有关附件；5．拆卸动力电池</td></tr>
<tr><td>序号</td><td colspan="2">检查项目</td><td>检查标准</td><td colspan="2">学生自查</td><td>教师检查</td></tr>
<tr><td>1</td><td colspan="2">拆卸底盘护板</td><td></td><td colspan="2"></td><td></td></tr>
<tr><td>2</td><td colspan="2">拆卸动力电池低压线束并查阅端子定义</td><td>端子号是否正确</td><td colspan="2"></td><td></td></tr>
<tr><td>3</td><td colspan="2">拆卸动力电池高压线束并查阅端子定义</td><td>端子号是否正确</td><td colspan="2"></td><td></td></tr>
<tr><td rowspan="3">检查评价</td><td>班级</td><td></td><td>第____组</td><td>组长签字</td><td colspan="2"></td></tr>
<tr><td>教师签字</td><td></td><td>日期</td><td colspan="3"></td></tr>
<tr><td colspan="6">评语：</td></tr>
</table>

典型工作环节 4　拆卸动力电池有关附件的评价单

学习场一	拆检动力电池系统			
学习情境一	拆装动力电池总成			
学时	0.1 学时			
典型工作过程描述	1. 拆卸前准备工作；2. 安全防护装备的选择；3. 高压下电；4. 拆卸动力电池有关附件；5. 拆卸动力电池			
评价项目	评价子项目	学生自评	组内评价	教师评价
拆卸底盘护板	操作是否正确			
拆卸动力电池低压线束并查阅端子定义	操作是否正确			
拆卸动力电池高压线束并查阅端子定义	操作是否正确			
评价	班级	第　组	组长签字	
	教师签字	日期		
	评语：			

典型工作环节 5　拆卸动力电池的资讯单

学习场一	拆检动力电池系统
学习情境一	拆装动力电池总成
学时	0.1 学时
典型工作过程描述	1. 拆卸前准备工作；2. 安全防护装备的选择；3. 高压下电；4. 拆卸动力电池有关附件；5. 拆卸动力电池
收集资讯的方式	线下书籍及线上资源相结合
资讯描述	（1）将动力电池举升车推入车辆底部、动力电池正下方； （2）锁止动力电池举升车滑动轮制动器； （3）动力电池举升车调至合适的高度，将动力电池拖住； （4）用合适的工具按顺序拆卸动力电池总成固定螺栓； （5）安装时检查动力电池后侧和前侧定位销； （6）使动力电池与车架贴合并按顺序紧固固定螺栓
对学生的要求	（1）掌握使用动力电池举升车的方法及安全注意事项； （2）掌握动力电池举升车的使用技巧和方法； （3）能够用合适的绝缘工具按照维修手册的标准进行拆卸和安装； （4）安装动力电池时注意定位销的位置和作用
参考资料	（1）《纯电动汽车维护、检测、诊断技术规范》(JT/T 1344—2020)； （2）比亚迪秦 EV 维修手册

典型工作环节 5　拆卸动力电池的计划单

<table>
<tr><td colspan="2">学习场一</td><td colspan="4">拆检动力电池系统</td></tr>
<tr><td colspan="2">学习情境一</td><td colspan="4">拆装动力电池总成</td></tr>
<tr><td colspan="2">学时</td><td colspan="4">0.1 学时</td></tr>
<tr><td colspan="2">典型工作过程描述</td><td colspan="4">1．拆卸前准备工作；2．安全防护装备的选择；3．高压下电；4．拆卸动力电池有关附件；5．拆卸动力电池</td></tr>
<tr><td colspan="2">计划制订的方式</td><td colspan="4">小组讨论</td></tr>
<tr><td>序号</td><td>工作步骤</td><td colspan="4">注意事项</td></tr>
<tr><td>1</td><td>将动力电池举升车推入车辆底部</td><td colspan="4">举升车的位置必须在动力电池下方；
举升车放置的位置不能挡住需要拆卸的螺栓；
锁止动力电池时，举升车不能随意滑移，必须踩下滑动轮制动器</td></tr>
<tr><td>2</td><td>将动力电池举升车调至合适的高度</td><td colspan="4"></td></tr>
<tr><td>3</td><td>用合适的绝缘工具按顺序拆卸固定螺栓</td><td colspan="4">选用合适的绝缘工具；
按照维修手册标准拆卸螺栓；
拆卸螺栓时要和举升车配合使用；
螺栓全部拆卸完成后将举升车下降至合适的高度</td></tr>
<tr><td>4</td><td>安装时检查动力电池两侧定位销</td><td colspan="4">定位销是否安装到车辆下方的定位孔中；
动力电池是否与车架贴合</td></tr>
<tr><td>5</td><td>按顺序紧固螺栓</td><td colspan="4">紧固所有螺栓后再降下举升车，并放回原位</td></tr>
<tr><td rowspan="3">计划评价</td><td>班级</td><td></td><td>第____组</td><td>组长签字</td><td></td></tr>
<tr><td>教师签字</td><td></td><td>日期</td><td colspan="2"></td></tr>
<tr><td colspan="5">评语：</td></tr>
</table>

典型工作环节 5 拆卸动力电池的决策单

<table>
<tr><td colspan="2">学习场一</td><td colspan="5">拆检动力电池系统</td></tr>
<tr><td colspan="2">学习情境一</td><td colspan="5">拆装动力电池总成</td></tr>
<tr><td colspan="2">学时</td><td colspan="5">0.1 学时</td></tr>
<tr><td colspan="2">典型工作过程描述</td><td colspan="5">1．拆卸前准备工作；2．安全防护装备的选择；3．高压下电；4．拆卸动力电池有关附件；5．拆卸动力电池</td></tr>
<tr><td colspan="7">计划对比</td></tr>
<tr><td>序号</td><td>计划的可行性</td><td>计划的经济性</td><td>计划的可操作性</td><td>计划的实施难度</td><td colspan="2">综合评价</td></tr>
<tr><td>1</td><td></td><td></td><td></td><td></td><td colspan="2"></td></tr>
<tr><td>2</td><td></td><td></td><td></td><td></td><td colspan="2"></td></tr>
<tr><td>3</td><td></td><td></td><td></td><td></td><td colspan="2"></td></tr>
<tr><td>N</td><td></td><td></td><td></td><td></td><td colspan="2"></td></tr>
<tr><td rowspan="3">决策评价</td><td>班级</td><td></td><td>第____组</td><td>组长签字</td><td colspan="2"></td></tr>
<tr><td>教师签字</td><td></td><td>日期</td><td colspan="3"></td></tr>
<tr><td colspan="6">评语：</td></tr>
</table>

典型工作环节 5　拆卸动力电池的实施单

学习场一	拆检动力电池系统
学习情境一	拆装动力电池总成
学时	0.1 学时
典型工作过程描述	1．拆卸前准备工作；2．安全防护装备的选择；3．高压下电；4．拆卸动力电池有关附件；5．拆卸动力电池

序号	实施步骤	注意事项
1	将动力电池举升车推入车辆底部	举升车的位置必须在动力电池下方； 举升车放置的位置不能挡住需要拆卸的螺栓； 锁止动力电池时，举升车不能随意滑移，必须踩下滑动轮制动器
2	将动力电池举升车调至合适的高度	
3	用合适的绝缘工具按顺序拆卸固定螺栓	选用合适的绝缘工具； 按照维修手册标准拆卸螺栓； 拆卸螺栓时要和举升车配合使用； 螺栓全部拆卸完成后将举升车下降至合适的高度
4	安装时检查动力电池两侧定位销	定位销是否安装到车辆下方的定位孔中； 动力电池是否与车架贴合
5	按顺序紧固螺栓	紧固所有螺栓后再降下举升车，并放回原位

实施说明：
紧固螺栓时查询维修手册，按照标准力矩拧紧

实施评价	班级		第____组	组长签字	
	教师签字		日期		
	评语：				

典型工作环节 5　拆卸动力电池的检查单

学习场一	拆检动力电池系统			
学习情境一	拆装动力电池总成			
学时	0.1 学时			
典型工作过程描述	1. 拆卸前准备工作；2. 安全防护装备的选择；3. 高压下电；4. 拆卸动力电池有关附件；5. 拆卸动力电池			
序号	检查项目	检查标准	学生自查	教师检查
1	举升车状态	是否制动、高度是否合适		
2	螺栓顺序	顺序是否正确		
3	定位销	定位销是否检查		
4	螺栓力矩	力矩是否正确		
检查评价	班级		第____组	组长签字
	教师签字		日期	
	评语：			

典型工作环节 5　拆卸动力电池的评价单

学习场一	拆检动力电池系统			
学习情境一	拆装动力电池总成			
学时	0.1 学时			
典型工作过程描述	1. 拆卸前准备工作；2. 安全防护装备的选择；3. 高压下电；4. 拆卸动力电池有关附件；5. 拆卸动力电池			
评价项目	评价子项目	学生自评	组内评价	教师评价
将动力电池举升车推入车辆底部	操作是否正确			
将动力电池举升车调至合适的高度	操作是否正确			
用合适的绝缘工具按顺序拆卸固定螺栓	操作是否正确			
安装时检查动力电池两侧定位销	操作是否正确			
按顺序紧固螺栓	操作是否正确			
评价	班级		第____组	组长签字
	教师签字		日期	
	评语：			

学习情境二　动力电池包拆解

微课：动力电池包拆解

典型工作环节 1　拆卸前准备工作的资讯单

学习场一	拆检动力电池系统
学习情境二	动力电池包拆解
学时	0.1 学时
典型工作过程描述	1．拆卸前准备工作；2．安全防护装备的选择；3．分解动力电池包；4．组装动力电池包；5．检查动力电池包
收集资讯的方式	线下书籍与线上微课资源相结合
资讯描述	一辆电动汽车因动力电池损坏而无法运行，动力电池组总成需要分解进行单体检测，你的主管要求你进行动力电池组的分解与组装，你能完成这个任务吗？ 在完成这个任务之前，我们需要了解动力电池内部是由哪些部件组成的。 动力电池组主要由动力电池模组、电池管理系统（BMS)、动力电池箱及辅助元器件四部分组成。 （1）动力电池模组。 1）电池单体。构成动力电池模块的最小单元（电芯）。一般由正极、负极、电解质及外壳等构成。可实现电能与化学能之间的直接转换。 2）电池模块。一组并联的电池单体的组合，该组合额定电压与电池单体的额定电压相等，是电池单体在物理结构和电路上连接起来的最小分组，可作为一个单元替换。 3）电池模组。由多个电池模块或电池单体串联组成的一个组合体。 （2）电池管理系统。 1）电池管理系统的作用。电池管理系统是电池保护和管理的核心部件，在动力电池系统中，它的作用相当于人的大脑。它不仅要保证电池安全可靠地使用，而且要充分发挥电池的能力和延长使用寿命，作为电池和整车控制器及驾驶者沟通的桥梁，通过控制接触器来控制动力电池组的充放电，并向整车控制器（VCU）上报动力电池系统的基本参数及故障信息。 2）电池管理系统具备的功能。BMS 通过电压、电流及温度检测等功能实现对动力电池系统的过压、欠压、过流、过高温和过低温保护，还具有继电器控制、SOC（电池剩余电量，也称为电池荷电量）估算、充放电管理、均衡控制、故障报警及处理、与其他控制器通信等功能；另外，电池管理系统还具有高压回路绝缘检测功能及为动力电池系统加热功能。 （3）动力电池箱。 1）动力电池箱的作用。支撑、固定、包围电池系统的组件，主要包含上盖和下托盘，还有辅助元器件，如过渡件、护板、螺栓等。动力电池箱具有承载及保护动力电池组及电气元器件的作用。 2）动力电池箱的技术要求。电池箱体螺接在车身地板下方，其防护等级为 IP67，螺栓拧紧力矩为 80 ～ 100 N · m。整车维护时需要观察电池箱体螺栓是否有松动，电池箱体是否有破损而严重变形，密封法兰是否完整，确保动力电池可以正常工作

续表

资讯描述	3）动力电池箱的外观要求。动力电池箱体外表面颜色要求为银灰色或黑色，亚光；电池箱体表面不得有划痕、尖角、毛刺、焊缝及残余油迹等外观缺陷，焊接处必须打磨圆滑。 （4）辅助元器件。辅助元器件主要包括动力电池系统内部的电子元件器，如熔断器、继电器、分流器、接插件、紧急开关、烟雾传感器等，维修开关及电子元器件以外的辅助元器件，如密封条、绝缘材料等。 接触器位于线束和继电器模块内，用于控制高电压的通断。当接触器闭合时，高电压自电池组输出到车辆动力系统，接触器断开后，高电压保存在电池组内
对学生的要求	（1）掌握动力电池组内部组成和构造； （2）掌握内部组成部件的作用和功能及技术要求
参考资料	（1）《纯电动汽车维护、检测、诊断技术规范》(JT/T 1344—2020)； （2）比亚迪秦 EV 维修手册

典型工作环节 1　拆卸前准备工作的计划单

<table>
<tr><td>学习场一</td><td colspan="5">拆检动力电池系统</td></tr>
<tr><td>学习情境二</td><td colspan="5">动力电池包拆解</td></tr>
<tr><td>学时</td><td colspan="5">0.1 学时</td></tr>
<tr><td>典型工作过程描述</td><td colspan="5">1．拆卸前准备工作；2．安全防护装备的选择；3．分解动力电池包；4．组装动力电池包；5．检查动力电池包</td></tr>
<tr><td>计划制订的方式</td><td colspan="5">小组讨论</td></tr>
<tr><td>序号</td><td colspan="2">工作步骤</td><td colspan="3">注意事项</td></tr>
<tr><td>1</td><td colspan="2">查看动力电池类型、总能量、总容量等参数</td><td colspan="3">是否找到动力电池铭牌，掌握铭牌上参数的含义</td></tr>
<tr><td>2</td><td colspan="2">查阅电路图了解动力电池组的模组数、电池单体数及串并联情况</td><td colspan="3">是否掌握各模组之间的关系，模组中的单体电池数量和关系</td></tr>
<tr><td>3</td><td colspan="2">根据步骤 2 计算出动力电池的总电压</td><td colspan="3">能否根据模组的关系和单体的关系计算出总电压</td></tr>
<tr><td>4</td><td colspan="2">查阅维修手册在实车上找到各继电器的位置</td><td colspan="3">区分主正继电器、主负继电器和预充继电器的关系</td></tr>
<tr><td rowspan="3">计划评价</td><td>班级</td><td></td><td>第____组</td><td>组长签字</td><td></td></tr>
<tr><td>教师签字</td><td></td><td>日期</td><td colspan="2"></td></tr>
<tr><td colspan="5">评语：</td></tr>
</table>

典型工作环节 1　拆卸前准备工作的决策单

学习场一	拆检动力电池系统				
学习情境二	动力电池包拆解				
学时	0.1 学时				
典型工作过程描述	1. 拆卸前准备工作；2. 安全防护装备的选择；3. 分解动力电池包；4. 组装动力电池包；5. 检查动力电池包				
计划对比					
序号	计划的可行性	计划的经济性	计划的可操作性	计划的实施难度	综合评价
1					
2					
3					
N					
决策评价	班级		第____组	组长签字	
	教师签字		日期		
	评语：				

典型工作环节 1　拆卸前准备工作的实施单

学习场一	拆检动力电池系统	
学习情境二	动力电池包拆解	
学时	0.1 学时	
典型工作过程描述	1. 拆卸前准备工作；2. 安全防护装备的选择；3. 分解动力电池包；4. 组装动力电池包；5. 检查动力电池包	
序号	实施步骤	注意事项
1	查看动力电池类型、总能量、总容量等参数	是否找到动力电池铭牌，掌握铭牌上参数的含义
2	查阅电路图了解动力电池组的模组数、电池单体数及串并联情况	是否掌握各模组之间的关系，模组中的单体电池数量和关系
3	根据实施步骤 2 计算出动力电池的总电压	能否根据模组的关系和单体的关系计算出总电压
4	查阅维修手册在实车上找到各继电器的位置	区分主正继电器、主负继电器和预充继电器的关系
实施说明： （1）掌握动力电池组内部组成和构造； （2）掌握内部组成部件的作用和功能及技术要求； （3）掌握动力电池的参数及模组的关系		

实施评价	班级		第____组	组长签字	
	教师签字		日期		
	评语：				

典型工作环节 1　拆卸前准备工作的检查单

学习场一	拆检动力电池系统			
学习情境二	动力电池包拆解			
学时	0.1 学时			
典型工作过程描述	1. 拆卸前准备工作；2. 安全防护装备的选择；3. 分解动力电池包；4. 组装动力电池包；5. 检查动力电池包			
序号	检查项目	检查标准	学生自查	教师检查
1	查看动力电池类型、总能量、总容量等参数	是否找到动力电池铭牌，掌握铭牌上参数的含义		
2	查阅电路图了解动力电池组的模组数、电池单体数及串并联情况	是否掌握各模组之间的关系，模组中的单体电池数量和关系		
3	根据实施步骤 2 计算出动力电池的总电压	能否根据模组的关系和单体的关系计算出总电压		
4	查阅维修手册在实车上找到各继电器的位置	区分主正继电器、主负继电器和预充继电器的关系		
检查评价	班级		第____组	组长签字
	教师签字		日期	
	评语：			

典型工作环节 1　拆卸前准备工作的评价单

<table>
<tr><td>学习场一</td><td colspan="6">拆检动力电池系统</td></tr>
<tr><td>学习情境二</td><td colspan="6">动力电池包拆解</td></tr>
<tr><td>学时</td><td colspan="6">0.1 学时</td></tr>
<tr><td>典型工作过程描述</td><td colspan="6">1. 拆卸前准备工作；2. 安全防护装备的选择；3. 分解动力电池包；4. 组装动力电池包；5. 检查动力电池包</td></tr>
<tr><td>序号</td><td>评价项目</td><td colspan="2">评价子项目</td><td>学生自评</td><td>组内评价</td><td>教师评价</td></tr>
<tr><td>1</td><td>查看动力电池类型、总能量、总容量等参数</td><td colspan="2">是否找到动力电池铭牌，掌握铭牌上参数的含义</td><td></td><td></td><td></td></tr>
<tr><td>2</td><td>查阅电路图了解动力电池组的模组数、电池单体数及串并联情况</td><td colspan="2">是否掌握各模组之间的关系，模组中的单体电池数量和关系</td><td></td><td></td><td></td></tr>
<tr><td>3</td><td>根据实施步骤 2 计算出动力电池的总电压</td><td colspan="2">能否根据模组的关系和单体的关系计算出总电压</td><td></td><td></td><td></td></tr>
<tr><td>4</td><td>查阅维修手册在实车上找到各继电器的位置</td><td colspan="2">区分主正继电器、主负继电器和预充继电器的关系</td><td></td><td></td><td></td></tr>
<tr><td rowspan="3">评价</td><td>班级</td><td></td><td>第____组</td><td>组长签字</td><td colspan="2"></td></tr>
<tr><td>教师签字</td><td></td><td>日期</td><td colspan="3"></td></tr>
<tr><td colspan="6">评语：</td></tr>
</table>

典型工作环节 2　安全防护装备的选择的资讯单

学习场一	拆检动力电池系统
学习情境二	动力电池包拆解
学时	0.1 学时
典型工作过程描述	1. 拆卸前准备工作；2. 安全防护装备的选择；3. 分解动力电池包；4. 组装动力电池包；5. 检查动力电池包
收集资讯的方式	线下书籍与线上微课资源相结合
资讯描述	（1）在电动车辆调试过程中一定要坚持“以人为本，安全第一”的原则，安全一定要放到首位，人的安全问题是最优先级的考虑。 （2）调试（维修）场地周边不得有易燃物品及与工作无关的金属物品，特别是动力电池的存放和调试场地，与调试无关的人员禁止进入调试场地。 （3）操作人员上岗不得佩戴金属饰物，如手表、戒指等，工作服衣袋内不得有金属物件，如钥匙、金属壳笔、手机、硬币等。 （4）未经过高压安全培训的调试人员，不允许对电动车辆进行调试、维护。 （5）调试人员必须佩戴必要的防护工具，如绝缘手套、绝缘鞋、绝缘帽等。 （6）与工作无关的工具不得带入工作场地，必须使用的金属工具，其手持部分应作绝缘处理。 （7）调试人员必须严格按照调试顺序调试，在上一项目没有调试成功前，严禁进行下一项目的调试，以免造成安全事故。 （8）调试每个项目都必须有人负责，对本项目调试的结果进行确认及签字，并认真填写调试故障记录。 （9）调试过程中每台车辆都必须建立调试记录，由专人保管，有据可查
对学生的要求	（1）能够选择正确电压等级的绝缘手套，并检查绝缘手套； （2）能够正确选择工作环境使用的护目镜，并检查护目镜； （3）能够正确选择和使用安全绝缘帽和绝缘鞋； （4）能够正确选择安全等级工具； （5）能够正确选择和使用合适的绝缘防护垫； （6）能够正确使用绝缘电阻测试仪
参考资料	（1）《纯电动汽车维护、检测、诊断技术规范》(JT/T 1344—2020)； （2）比亚迪秦 EV 维修手册

典型工作环节 2　安全防护装备的选择的计划单

<table>
<tr><td colspan="2">学习场一</td><td colspan="4">拆检动力电池系统</td></tr>
<tr><td colspan="2">学习情境二</td><td colspan="4">动力电池包拆解</td></tr>
<tr><td colspan="2">学时</td><td colspan="4">0.1 学时</td></tr>
<tr><td colspan="2">典型工作过程描述</td><td colspan="4">1．拆卸前准备工作；2．安全防护装备的选择；3．分解动力电池包；4．组装动力电池包；5．检查动力电池包</td></tr>
<tr><td colspan="2">计划制订的方式</td><td colspan="4">小组讨论</td></tr>
<tr><td>序号</td><td>工作步骤</td><td colspan="4">注意事项</td></tr>
<tr><td>1</td><td>选择及检查绝缘手套</td><td colspan="4">选择正确电压等级的绝缘手套；
选择适合自己手型的型号，确保袖口全部放入手套中；
观察绝缘手套的表面是否平滑，无针孔、裂纹、砂眼、杂质等各种明显的缺陷和明显的波纹；
查看绝缘手套上的标记，查看手套是否仍在产品使用期内；
观察绝缘手套是否出现粘连的现象</td></tr>
<tr><td>2</td><td>选择及检查护目镜</td><td colspan="4">选择正确工作环境使用的护目镜及查看护目镜的安全等级；
护目镜的宽窄和大小要适合使用者的脸型；
观察护目镜镜面有无破损、刮花；
观察护目镜镜架螺栓有无松动</td></tr>
<tr><td>3</td><td>选择及检查安全绝缘帽和绝缘鞋</td><td colspan="4">选择正确电压等级的安全绝缘帽；
观察绝缘帽表面有无破损；
选择适合自己号码的绝缘鞋；
检查绝缘鞋表面及底部有无破损</td></tr>
<tr><td>4</td><td>选择安全等级工具</td><td colspan="4">选择正确电压等级的绝缘工具；
查看绝缘工具表面有无破损</td></tr>
<tr><td>5</td><td>选择和使用合适的绝缘防护垫</td><td colspan="4">选择正确电压等级的绝缘防护垫；
选择正确厚度、耐压等级的绝缘防护垫；
观察绝缘防护垫表面气泡垫和起泡面积；
观察有无裂痕、砂眼、老化现象；
应放置在平坦的地面上，地上应无异物</td></tr>
<tr><td rowspan="3">计划评价</td><td>班级</td><td></td><td>第____组</td><td>组长签字</td><td></td></tr>
<tr><td>教师签字</td><td></td><td>日期</td><td colspan="2"></td></tr>
<tr><td colspan="5">评语：</td></tr>
</table>

典型工作环节 2　安全防护装备的选择的决策单

<table>
<tr><td>学习场一</td><td colspan="6">拆检动力电池系统</td></tr>
<tr><td>学习情境二</td><td colspan="6">动力电池包拆解</td></tr>
<tr><td>学时</td><td colspan="6">0.1 学时</td></tr>
<tr><td>典型工作过程描述</td><td colspan="6">1．拆卸前准备工作；2．安全防护装备的选择；3．分解动力电池包；4．组装动力电池包；5．检查动力电池包</td></tr>
<tr><td colspan="7">计划对比</td></tr>
<tr><td>序号</td><td>计划的可行性</td><td>计划的经济性</td><td>计划的可操作性</td><td>计划的实施难度</td><td colspan="2">综合评价</td></tr>
<tr><td>1</td><td></td><td></td><td></td><td></td><td colspan="2"></td></tr>
<tr><td>2</td><td></td><td></td><td></td><td></td><td colspan="2"></td></tr>
<tr><td>3</td><td></td><td></td><td></td><td></td><td colspan="2"></td></tr>
<tr><td>N</td><td></td><td></td><td></td><td></td><td colspan="2"></td></tr>
<tr><td rowspan="3">决策评价</td><td>班级</td><td></td><td>第____组</td><td>组长签字</td><td colspan="2"></td></tr>
<tr><td>教师签字</td><td></td><td>日期</td><td colspan="3"></td></tr>
<tr><td colspan="6">评语：</td></tr>
</table>

典型工作环节 2　安全防护装备的选择的实施单

学习场一	拆检动力电池系统	
学习情境二	动力电池包拆解	
学时	0.1 学时	
典型工作过程描述	1. 拆卸前准备工作；2. 安全防护装备的选择；3. 分解动力电池包；4. 组装动力电池包；5. 检查动力电池包	
序号	实施步骤	注意事项
1	选择及检查绝缘手套	选择正确电压等级的绝缘手套； 选择适合自己手型的型号，确保袖口全部放入手套中； 观察绝缘手套的表面是否平滑，无针孔、裂纹、砂眼、杂质等各种明显的缺陷和明显的波纹； 查看绝缘手套上的标记，查看手套是否仍在产品使用期内； 观察绝缘手套是否出现粘连的现象
2	选择及检查护目镜	选择正确工作环境使用的护目镜及查看护目镜的安全等级； 护目镜的宽窄和大小要适合使用者的脸型； 观察护目镜镜面有无破损、刮花； 观察护目镜镜架螺栓有无松动
3	选择及检查安全绝缘帽和绝缘鞋	选择正确电压等级的安全绝缘帽； 观察绝缘帽表面有无破损； 选择适合自己号码的绝缘鞋； 检查绝缘鞋表面及底部有无破损
4	选择安全等级工具	选择正确电压等级的绝缘工具； 查看绝缘工具表面有无破损
5	选择和使用合适的绝缘防护垫	选择正确电压等级的绝缘防护垫； 选择正确厚度、耐压等级的绝缘防护垫； 观察绝缘防护垫表面气泡垫和起泡面积； 观察有无裂痕、砂眼、老化现象； 应放置在平坦的地面上，地上应无异物
实施说明： 根据作业内容选择相应的安全防护装备，并能够使用正确的方法对各防护工具进行检查		

实施评价	班级		第____组	组长签字	
	教师签字		日期		
	评语：				

典型工作环节 2　安全防护装备的选择的检查单

学习场一	拆检动力电池系统			
学习情境二	动力电池包拆解			
学时	0.1 学时			
典型工作过程描述	1．拆卸前准备工作；2．安全防护装备的选择；3．分解动力电池包；4．组装动力电池包；5．检查动力电池包			
序号	检查项目	检查标准	学生自查	教师检查
1	选择及检查绝缘手套	选择正确电压等级的绝缘手套； 选择适合自己手型的型号，确保袖口全部放入手套中； 观察绝缘手套的表面是否平滑，无针孔、裂纹、砂眼、杂质等各种明显的缺陷和明显的波纹； 查看绝缘手套上的标记，查看手套是否仍在产品使用期内； 观察绝缘手套是否出现粘连的现象		
2	选择及检查护目镜	选择正确工作环境使用的护目镜及查看护目镜的安全等级； 护目镜的宽窄和大小要适合使用者的脸型； 观察护目镜镜面有无破损、刮花； 观察护目镜镜架螺栓有无松动		
3	选择及检查安全绝缘帽和绝缘鞋	选择正确电压等级的安全绝缘帽； 观察绝缘帽表面有无破损； 选择适合自己号码的绝缘鞋； 检查绝缘鞋表面及底部有无破损		
4	选择安全等级工具	选择正确电压等级的绝缘工具； 查看绝缘工具表面有无破损		
5	选择和使用合适的绝缘防护垫	选择正确电压等级的绝缘防护垫； 选择正确厚度、耐压等级的绝缘防护垫； 观察绝缘防护垫表面气泡垫和起泡面积； 观察有无裂痕、砂眼、老化现象； 应放置在平坦的地面上，地上应无异物		

检查评价	班级		第____组	组长签字	
	教师签字		日期		
	评语：				

典型工作环节 2　安全防护装备的选择的评价单

学习场一	拆检动力电池系统				
学习情境二	动力电池包拆解				
学时	0.1 学时				
典型工作过程描述	1．拆卸前准备工作；2．安全防护装备的选择；3．分解动力电池包；4．组装动力电池包；5．检查动力电池包				
评价项目	评价子项目	学生自评		组内评价	教师评价
选择及检查绝缘手套	是否检查完成、到位				
选择及检查护目镜	是否检查完成、到位				
选择及检查安全绝缘帽和绝缘鞋	是否检查完成、到位				
选择安全等级工具	是否检查完成、到位				
选择和使用合适的绝缘防护垫	是否检查完成、到位				
评价	班级		第____组	组长签字	
	教师签字		日期		
	评语：				

典型工作环节 3　分解动力电池包的资讯单

学习场一	拆检动力电池系统
学习情境二	动力电池包拆解
学时	0.1 学时
典型工作过程描述	1. 拆卸前准备工作；2. 安全防护装备的选择；3. 分解动力电池包；4. 组装动力电池包；5. 检查动力电池包
收集资讯的方式	线下书籍及线上资源相结合
资讯描述	分解电池模块或电池监控模块及元器件前，必须打印元器件位置图供参考。 （1）必须遵守安全规定并断开电池模块与壳体上所固定导线之间的高电压导线。 （2）在此必须按照位置图使用防水笔对所有电池模块和电池监控电子装置进行编号。 （3）松开相关电池模块上的螺栓并取下隔板。如有必要，可松开大范围的环形导线束，松开时可根据需要使用鱼骨。切勿使用带有尖锐棱边的物体。 （4）拔下相关电池模块的高电压插头并稍稍弯向一侧，从而确保能够非常顺畅地抬出电池模块。 （5）使用磁套筒头松开电池模块的螺母，小心抬出电池模块（包括电池监控电子装置），为了便于操作，可使用专用工具抬出，此时要注意电池模块之间的高电压导线能否顺畅通过。将电池模块底部向下以防滑防倒方式放在一个洁净平面上
对学生的要求	（1）掌握分解动力电池包的安全注意事项； （2）掌握分解动力电池包的步骤
参考资料	（1）《纯电动汽车维护、检测、诊断技术规范》(JT/T 1344—2020)； （2）比亚迪秦 EV 维修手册

典型工作环节 3　分解动力电池包的计划单

学习场一	拆检动力电池系统				
学习情境二	动力电池包拆解				
学时	0.1 学时				
典型工作过程描述	1. 拆卸前准备工作；2. 安全防护装备的选择；3. 分解动力电池包；4. 组装动力电池包；5. 检查动力电池包				
计划制订的方式	小组讨论				
序号	工作步骤		注意事项		
1	打印元器件位置图		根据维修手册打印出元器件位置图		
2	拆卸动力电池外壳		做好防护措施，用绝缘工具拆卸动力电池外壳螺栓并取下外壳		
3	按照位置图使用防水笔对电池模组进行编号		为防止拆卸的电池模组混乱，根据位置图进行编号		
4	松开电池模组上的螺栓并取下隔板		做好防护措施，用绝缘工具拆卸螺栓并取下隔板		
5	拔下电池模组的高压插头并抬出电池模组		做好防护措施，拔下插头并小心抬出电池模组		
计划评价	班级		第____组	组长签字	
	教师签字		日期		
	评语：				

典型工作环节 3　分解动力电池包的决策单

学习场一	拆检动力电池系统				
学习情境二	动力电池包拆解				
学时	0.1 学时				
典型工作过程描述	1. 拆卸前准备工作；2. 安全防护装备的选择；3. 分解动力电池包；4. 组装动力电池包；5. 检查动力电池包				
计划对比					
序号	计划的可行性	计划的经济性	计划的可操作性	计划的实施难度	综合评价
1					
2					
3					
N					
决策评价	班级		第____组	组长签字	
	教师签字		日期		
	评语：				

典型工作环节 3　分解动力电池包的实施单

学习场一	拆检动力电池系统	
学习情境二	动力电池包拆解	
学时	0.1 学时	
典型工作过程描述	1．拆卸前准备工作；2．安全防护装备的选择；3．分解动力电池包；4．组装动力电池包；5．检查动力电池包	
序号	实施步骤	注意事项
1	打印元器件位置图	根据维修手册打印出元器件位置图
2	拆卸动力电池外壳	做好防护措施，用绝缘工具拆卸动力电池外壳螺栓并取下外壳
3	按照位置图使用防水笔，对电池模组进行编号	为防止拆卸的电池模组混乱，根据位置图进行编号
4	松开电池模组上的螺栓并取下隔板	做好防护措施，用绝缘工具拆卸螺栓并取下隔板
5	拔下电池模组的高压插头并抬出电池模组	做好防护措施，拔下插头并小心抬出电池模组
实施说明： 做好防护措施，运用绝缘工具进行操作		

实施评价	班级		第____组	组长签字	
	教师签字		日期		
	评语：				

典型工作环节 3　分解动力电池包的检查单

学习场一	拆检动力电池系统			
学习情境二	动力电池包拆解			
学时	0.1 学时			
典型工作过程描述	1．拆卸前准备工作；2．安全防护装备的选择；3．分解动力电池包；4．组装动力电池包；5．检查动力电池包			
序号	检查项目	检查标准	学生自查	教师检查
1	是否根据位置图进行编号	对电池模组进行编号		
2	是否做好防护	佩戴好绝缘手套、护目镜，使用绝缘工具		
3	拆卸电池模组是否安全	做好防护措施拔下插头并小心抬出电池模组		

检查评价	班级		第____组	组长签字	
	教师签字		日期		
	评语：				

典型工作环节 3　分解动力电池包的评价单

<table>
<tr><td>学习场一</td><td colspan="5">拆检动力电池系统</td></tr>
<tr><td>学习情境二</td><td colspan="5">动力电池包拆解</td></tr>
<tr><td>学时</td><td colspan="5">0.1 学时</td></tr>
<tr><td>典型工作过程描述</td><td colspan="5">1. 拆卸前准备工作；2. 安全防护装备的选择；3. 分解动力电池包；4. 组装动力电池包；5. 检查动力电池包</td></tr>
<tr><td>评价项目</td><td>评价子项目</td><td>学生自评</td><td colspan="2">组内评价</td><td>教师评价</td></tr>
<tr><td>打印元器件位置图</td><td>元器件位置图查找正确</td><td></td><td colspan="2"></td><td></td></tr>
<tr><td>拆卸动力电池外壳</td><td>做好防护并使用绝缘工具</td><td></td><td colspan="2"></td><td></td></tr>
<tr><td>按照位置图使用防水笔对电池模组进行编号</td><td>按照位置图进行编号</td><td></td><td colspan="2"></td><td></td></tr>
<tr><td>松开电池模组上的螺栓并取下隔板</td><td>使用绝缘工具</td><td></td><td colspan="2"></td><td></td></tr>
<tr><td>拔下电池模组的高压插头并抬出电池模组</td><td>做好防护，并使用绝缘工具</td><td></td><td colspan="2"></td><td></td></tr>
<tr><td rowspan="3">评价</td><td>班级</td><td></td><td>第____组</td><td>组长签字</td><td></td></tr>
<tr><td>教师签字</td><td></td><td>日期</td><td colspan="2"></td></tr>
<tr><td colspan="5">评语：</td></tr>
</table>

典型工作环节 4　组装动力电池包的资讯单

学习场一	拆检动力电池系统
学习情境二	动力电池包拆解
学时	0.1 学时
典型工作过程描述	1. 拆卸前准备工作；2. 安全防护装备的选择；3. 分解动力电池包；4. 组装动力电池包；5. 检查动力电池包
收集资讯的方式	线下书籍及线上资源相结合
资讯描述	（1）使用专用工具小心抬起电池模块（包括电池监控电子装置），在此要注意相邻部件，特别是高电压导线。使用磁套筒头安装电池模块的螺母并按规定力矩拧紧。将导线束的插头与电池监控电子装置连接在一起。安装并固定拆下的隔板。插上相关电池模块的高电压插头。连接电池模块与壳体上所固定导线之间的高电压导线。 （2）检查壳体下部件的密封面并清除可能存在的污物。在第二个人的帮助下小心放上壳体端盖。在此必须注意不要让尖锐棱边接触密封垫
对学生的要求	（1）掌握组装动力电池包的安全注意事项； （2）掌握组装动力电池包的步骤
参考资料	（1）《纯电动汽车维护、检测、诊断技术规范》(JT/T 1344—2020)； （2）比亚迪秦 EV 维修手册

典型工作环节 4　组装动力电池包的计划单

学习场一	拆检动力电池系统				
学习情境二	动力电池包拆解				
学时	0.1 学时				
典型工作过程描述	1. 拆卸前准备工作；2. 安全防护装备的选择；3. 分解动力电池包；4. 组装动力电池包；5. 检查动力电池包				
计划制订的方式	小组讨论				
序号	工作步骤		注意事项		
1	抬起电池模组并装入壳体中		注意不能碰到相邻部件，特别是高电压导线		
2	拧紧电池模组上的螺栓并装入隔板		注意不能碰到相邻部件，特别是高电压导线		
3	插入电池模组的高压插头		做好防护措施，使用绝缘工具插入		
4	盖上动力电池壳体并拧紧螺栓		需要两人配合，且不能用尖锐棱边接触密封垫		
计划评价	班级		第____组	组长签字	
	教师签字		日期		
	评语：				

典型工作环节 4　组装动力电池包的决策单

学习场一	拆检动力电池系统				
学习情境二	动力电池包拆解				
学时	0.1 学时				
典型工作过程描述	1. 拆卸前准备工作；2. 安全防护装备的选择；3. 分解动力电池包；4. 组装动力电池包；5. 检查动力电池包				
计划对比					
序号	计划的可行性	计划的经济性	计划的可操作性	计划的实施难度	综合评价
1					
2					
3					
N					
决策评价	班级		第____组	组长签字	
	教师签字		日期		
	评语：				

典型工作环节 4　组装动力电池包的实施单

学习场一	拆检动力电池系统				
学习情境二	动力电池包拆解				
学时	0.1 学时				
典型工作过程描述	1. 拆卸前准备工作；2. 安全防护装备的选择；3. 分解动力电池包；4. 组装动力电池包；5. 检查动力电池包				
序号	实施步骤		注意事项		
1	抬起电池模组并装入壳体中		注意不能碰到相邻部件，特别是高电压导线		
2	拧紧电池模组上的螺栓并装入隔板		注意不能碰到相邻部件，特别是高电压导线		
3	插入电池模组的高压插头		做好防护措施用绝缘工具插入		
4	盖上动力电池壳体并拧紧螺栓		需要两人配合，且不能用尖锐棱边接触密封垫		
实施说明： （1）组装时做好高压防护，使用绝缘工具紧固螺栓； （2）安装时按照位置标记编号顺序装配					
实施评价	班级		第____组	组长签字	
	教师签字		日期		
	评语：				

典型工作环节 4　组装动力电池包的检查单

学习场一	拆检动力电池系统			
学习情境二	动力电池包拆解			
学时	0.1 学时			
典型工作过程描述	1. 拆卸前准备工作；2. 安全防护装备的选择；3. 分解动力电池包；4. 组装动力电池包；5. 检查动力电池包			
序号	检查项目	检查标准	学生自查	教师检查
1	抬起电池模组并装入壳体中	小心取出，避免碰到高电压导线		
2	拧紧电池模组上的螺栓并装入隔板	小心取出，避免碰到高电压导线		
3	插入电池模组的高压插头	做好防护措施用绝缘工具插入		
4	盖上动力电池壳体并拧紧螺栓	需要两人配合，且不能用尖锐棱边接触密封垫		
检查评价	班级		第____组	组长签字
	教师签字		日期	
	评语：			

典型工作环节 4　组装动力电池包的评价单

学习场一	拆检动力电池系统					
学习情境二	动力电池包拆解					
学时	0.1 学时					
典型工作过程描述	1. 拆卸前准备工作；2. 安全防护装备的选择；3. 分解动力电池包；4. 组装动力电池包；5. 检查动力电池包					
评价项目	评价子项目	学生自评		组内评价		教师评价
抬起电池模组并装入壳体中	是否碰到相邻模组或高压导线					
拧紧电池模组上的螺栓并装入隔板	是否碰到相邻模组或高压导线					
插入电池模组的高压插头	是否做好高压防护					
盖上动力电池壳体并拧紧螺栓	是否损坏密封件					
评价	班级		第____组		组长签字	
	教师签字		日期			
	评语：					

典型工作环节 5　检查动力电池包的资讯单

学习场一	拆检动力电池系统
学习情境二	动力电池包拆解
学时	0.1 学时
典型工作过程描述	1. 拆卸前准备工作；2. 安全防护装备的选择；3. 分解动力电池包；4. 组装动力电池包；5. 检查动力电池包
收集资讯的方式	线下书籍及线上资源相结合
资讯描述	使用专用测试仪进行最终测试。 （1）安装前必须使用专用测试仪进行测试。安装适用于排气单元的检测适配器。连接用于压力接口、高电压插头和 12 V 车载网络插头的检测接口。 （2）进行总测试。首先进行密封性测试，随后进行耐压强度、绝缘电阻和绝缘监控测试。 （3）将动力电池单元安装在车上。在第二个人的帮助下使用总成升降台小心使动力电池单元移回车辆下方。抬起动力电池单元时必须注意锁止件和中间位置，而且不允许将总成升降台抬得过远。安装动力电池组上的固定螺栓，拧入电位补偿螺栓
对学生的要求	（1）掌握检查动力电池的方法； （2）能够用合适的绝缘测试设备进行测试
参考资料	（1）《纯电动汽车维护、检测、诊断技术规范》(JT/T 1344—2020)； （2）比亚迪秦 EV 维修手册

典型工作环节 5　检查动力电池包的计划单

<table>
<tr><td>学习场一</td><td colspan="5">拆检动力电池系统</td></tr>
<tr><td>学习情境二</td><td colspan="5">动力电池包拆解</td></tr>
<tr><td>学时</td><td colspan="5">0.1 学时</td></tr>
<tr><td>典型工作过程描述</td><td colspan="5">1．拆卸前准备工作；2．安全防护装备的选择；3．分解动力电池包；4．组装动力电池包；5．检查动力电池包</td></tr>
<tr><td>计划制订的方式</td><td colspan="5">小组讨论</td></tr>
<tr><td>序号</td><td colspan="2">工作步骤</td><td colspan="3">注意事项</td></tr>
<tr><td>1</td><td colspan="2">测试密封性</td><td colspan="3">组装好的动力电池是否达到密封要求</td></tr>
<tr><td>2</td><td colspan="2">测试绝缘性</td><td colspan="3">组装好的动力电池是否符合绝缘要求</td></tr>
<tr><td>3</td><td colspan="2">将动力电池安装到车上</td><td colspan="3">抬起动力电池安装到车上，注意定位销的位置；插好高压线束插接器和低压线束插接器</td></tr>
<tr><td>4</td><td colspan="2">试车</td><td colspan="3">试车查看是否能高压上电及有无故障报警</td></tr>
<tr><td rowspan="3">计划评价</td><td>班级</td><td></td><td>第____组</td><td>组长签字</td><td></td></tr>
<tr><td>教师签字</td><td></td><td>日期</td><td colspan="2"></td></tr>
<tr><td colspan="5">评语：</td></tr>
</table>

典型工作环节 5　检查动力电池包的决策单

<table>
<tr><td>学习场一</td><td colspan="6">拆检动力电池系统</td></tr>
<tr><td>学习情境二</td><td colspan="6">动力电池包拆解</td></tr>
<tr><td>学时</td><td colspan="6">0.1 学时</td></tr>
<tr><td>典型工作过程描述</td><td colspan="6">1．拆卸前准备工作；2．安全防护装备的选择；3．分解动力电池包；4．组装动力电池包；5．检查动力电池包</td></tr>
<tr><td colspan="7">计划对比</td></tr>
<tr><td>序号</td><td>计划的可行性</td><td>计划的经济性</td><td>计划的可操作性</td><td colspan="2">计划的实施难度</td><td>综合评价</td></tr>
<tr><td>1</td><td></td><td></td><td></td><td colspan="2"></td><td></td></tr>
<tr><td>2</td><td></td><td></td><td></td><td colspan="2"></td><td></td></tr>
<tr><td>3</td><td></td><td></td><td></td><td colspan="2"></td><td></td></tr>
<tr><td>N</td><td></td><td></td><td></td><td colspan="2"></td><td></td></tr>
<tr><td rowspan="3">决策评价</td><td>班级</td><td></td><td>第____组</td><td>组长签字</td><td colspan="2"></td></tr>
<tr><td>教师签字</td><td></td><td>日期</td><td colspan="3"></td></tr>
<tr><td colspan="6">评语：</td></tr>
</table>

典型工作环节 5　检查动力电池包的实施单

学习场一	拆检动力电池系统				
学习情境二	动力电池包拆解				
学时	0.1 学时				
典型工作过程描述	1. 拆卸前准备工作；2. 安全防护装备的选择；3. 分解动力电池包；4. 组装动力电池包；5. 检查动力电池包				
序号	实施步骤		注意事项		
1	测试密封性		组装好的动力电池是否达到密封要求		
2	测试绝缘性		组装好的动力电池是否符合绝缘要求		
3	将动力电池安装到车上		抬起动力电池安装到车上，注意定位销的位置；插好高压线束插接器和低压线束插接器		
4	试车		试车查看是否能高压上电及有无故障报警		
实施说明： 紧固螺栓时查询维修手册，按照标准力矩拧紧					
实施评价	班级		第____组	组长签字	
	教师签字		日期		
	评语：				

典型工作环节 5　检查动力电池包的检查单

学习场一	拆检动力电池系统					
学习情境二	动力电池包拆解					
学时	0.1 学时					
典型工作过程描述	1. 拆卸前准备工作；2. 安全防护装备的选择；3. 分解动力电池包；4. 组装动力电池包；5. 检查动力电池包					
序号	检查项目		检查标准	学生自查		教师检查
1	测试密封性		是否达到密封要求			
2	测试绝缘性		是否达符合绝缘要求			
3	将动力电池安装到车上		安装是否到位，高压插接器是否安装到位			
4	试车		试车查看是否能高压上电及有无故障报警			
检查评价	班级		第____组		组长签字	
	教师签字		日期			
	评语：					

典型工作环节 5　检查动力电池包的评价单

学习场一	拆检动力电池系统				
学习情境二	动力电池包拆解				
学时	0.1 学时				
典型工作过程描述	1．拆卸前准备工作；2．安全防护装备的选择；3．分解动力电池包；4．组装动力电池包；5．检查动力电池包				
评价项目	评价子项目	学生自评	组内评价	教师评价	
测试密封性	密封性检测方法是否正确				
测试绝缘性	绝缘电阻检测值是否正常				
将动力电池安装到车上	安装位置，螺栓力矩是否正确				
试车	能否正常高压上电，并无故障报警				
评价	班级		第____组	组长签字	
	教师签字		日期		
	评语：				

学习情境三　单体电池的检测

微课：单体电池的检测

典型工作环节 1　检测前准备工作的资讯单

学习场一	拆检动力电池系统
学习情境三	单体电池的检测
学时	0.1 学时
典型工作过程描述	1. 检测前准备工作；2. 安全防护装备的选择；3. 内阻检测；4. 容量检测；5. 寿命检测
收集资讯的方式	线下书籍与线上微课资源相结合
资讯描述	一辆电动汽车因动力电池组损坏而无法运行，动力电池组总成需要分解进行单体检测，你的主管要求你测量动力电池相关的数据，你能完成这个任务吗？ 动力电池有哪些主要的性能指标呢? （1）电压。电压可分为电动势、端电压、开路电压、工作电压、额定电压和终止电压等。 1）电动势。电池的电动势又称电池标准电压或理论电压，为组成电池的两个电极的平衡电位之差。 2）端电压。电池的端电压是指电池正极与负极之间的电位差。 3）开路电压。电池的开路电压是无负荷情况下的电池端电压。开路电压不等于电池的电动势。必须指出，电池的电动势是由热力学函数计算而得到的，而电池的开路电压则是实际测量出来的。 4）工作电压。工作电压是指电池在某负载下实际的放电电压，通常是指一个电压范围。例如，铅酸蓄电池的工作电压为 1.8 ～ 2 V；镍氢电池的工作电压为 1.1 ～ 1.5 V；锂离子电池的工作电压为 2.75 ～ 3.6 V。 5）额定电压。额定电压是指该电化学体系的电池工作时公认的标准电压。例如，锌锰干电池为 1.5 V，镍镉电池为 1.2 V，铅酸蓄电池为 2 V。 6）终止电压。终止电压是指放电终止时的电压值，根据放电电流大小、放电时间、负载和使用要求的不同而不同。以铅酸蓄电池为例，电动势为 2.1 V，额定电压为 2 V，开路电压接近 2.1 V，工作电压为 1.8 ～ 2 V，放电终止电压为 1.5 ～ 1.8 V。根据放电率的不同，其终止电压也不同。 （2）内阻。内阻是指电池在工作时，电流流过电池内部所受到的阻力，电池在短时间内的稳态模型可以看作一个电压源，其内部阻抗等效为电压源的内阻，内阻大小决定了电池的使用效率。电池包括欧姆内阻和极化内阻。极化内阻又包括电化学极化内阻和浓差极化内阻。例如，铅酸蓄电池的内阻包括正负极板的电阻、电解液的电阻、隔板的电阻和连接体的电阻等
对学生的要求	（1）掌握动力电池的主要性能指标； （2）掌握不同动力电池的性能指标并比较
参考资料	（1）《纯电动汽车维护、检测、诊断技术规范》(JT/T 1344—2020)； （2）比亚迪秦 EV 维修手册

典型工作环节 1　检测前准备工作的计划单

<table>
<tr><td>学习场一</td><td colspan="5">拆检动力电池系统</td></tr>
<tr><td>学习情境三</td><td colspan="5">单体电池的检测</td></tr>
<tr><td>学时</td><td colspan="5">0.1 学时</td></tr>
<tr><td>典型工作过程描述</td><td colspan="5">1. 检测前准备工作；2. 安全防护装备的选择；3. 内阻检测；4. 容量检测；5. 寿命检测</td></tr>
<tr><td>计划制订的方式</td><td colspan="5">小组讨论</td></tr>
<tr><td>序号</td><td colspan="2">工作步骤</td><td colspan="3">注意事项</td></tr>
<tr><td>1</td><td colspan="2">查阅资料比较不同电池的比能量和比功率</td><td colspan="3">熟悉电池比能量的概念，熟悉质量比能量和体积比能量的区别、比能量的意义；熟悉功率和比功率的区别、比功率的概念和意义</td></tr>
<tr><td>2</td><td colspan="2">查阅资料比较不同电池的比容量</td><td colspan="3">熟悉比容量的概念和意义</td></tr>
<tr><td>3</td><td colspan="2">查阅资料比较单体、模块和电池包的基本性能和循环性能</td><td colspan="3">掌握单体、模块和电池包的区别及各自基本性能的不同点</td></tr>
<tr><td>4</td><td colspan="2">根据提供的两台实车，了解两台车电池性能参数</td><td colspan="3">了解某车型的电池性能参数，比较两台不同型号车型的电池性能参数</td></tr>
<tr><td rowspan="3">计划评价</td><td>班级</td><td></td><td>第____组</td><td>组长签字</td><td></td></tr>
<tr><td>教师签字</td><td></td><td>日期</td><td colspan="2"></td></tr>
<tr><td colspan="5">评语：</td></tr>
</table>

典型工作环节 1　检测前准备工作的决策单

<table>
<tr><td>学习场一</td><td colspan="6">拆检动力电池系统</td></tr>
<tr><td>学习情境三</td><td colspan="6">单体电池的检测</td></tr>
<tr><td>学时</td><td colspan="6">0.1 学时</td></tr>
<tr><td>典型工作过程描述</td><td colspan="6">1. 检测前准备工作；2. 安全防护装备的选择；3. 内阻检测；4. 容量检测；5. 寿命检测</td></tr>
<tr><td colspan="7">计划对比</td></tr>
<tr><td>序号</td><td>计划的可行性</td><td>计划的经济性</td><td>计划的可操作性</td><td colspan="2">计划的实施难度</td><td>综合评价</td></tr>
<tr><td>1</td><td></td><td></td><td></td><td colspan="2"></td><td></td></tr>
<tr><td>2</td><td></td><td></td><td></td><td colspan="2"></td><td></td></tr>
<tr><td>3</td><td></td><td></td><td></td><td colspan="2"></td><td></td></tr>
<tr><td>N</td><td></td><td></td><td></td><td colspan="2"></td><td></td></tr>
<tr><td rowspan="3">决策评价</td><td>班级</td><td></td><td>第____组</td><td>组长签字</td><td colspan="2"></td></tr>
<tr><td>教师签字</td><td></td><td>日期</td><td colspan="3"></td></tr>
<tr><td colspan="6">评语：</td></tr>
</table>

典型工作环节1 检测前准备工作的实施单

<table>
<tr><td colspan="2">学习场一</td><td colspan="4">拆检动力电池系统</td></tr>
<tr><td colspan="2">学习情境三</td><td colspan="4">单体电池的检测</td></tr>
<tr><td colspan="2">学时</td><td colspan="4">0.1 学时</td></tr>
<tr><td colspan="2">典型工作过程描述</td><td colspan="4">1. 检测前准备工作；2. 安全防护装备的选择；3. 内阻检测；4. 容量检测；5. 寿命检测</td></tr>
<tr><td>序号</td><td colspan="2">实施步骤</td><td colspan="3">注意事项</td></tr>
<tr><td>1</td><td colspan="2">查阅资料比较不同电池的比能量和比功率</td><td colspan="3">熟悉电池比能量的概念，区别质量比能量和体积比能量、比能量的意义；熟悉功率和比功率的区别、比功率的概念和意义</td></tr>
<tr><td>2</td><td colspan="2">查阅资料比较不同电池的比容量和循环次数</td><td colspan="3">熟悉比容量的概念和意义</td></tr>
<tr><td>3</td><td colspan="2">查阅资料比较单体、模块和电池包的机泵性能和循环性能</td><td colspan="3">掌握单体、模块和电池包的区别及各基本性能的不同点</td></tr>
<tr><td>4</td><td colspan="2">根据提供的两台实车，了解两台车的电池性能参数</td><td colspan="3">了解某车型的电池性能参数，比较两台不同型号车型的电池性能参数</td></tr>
<tr><td colspan="6">实施说明：
（1）掌握动力电池的基本参数；
（2）掌握动力电池基本参数对动力电池性能的影响</td></tr>
<tr><td rowspan="3">实施
评价</td><td>班级</td><td></td><td>第____组</td><td>组长签字</td><td></td></tr>
<tr><td>教师签字</td><td></td><td>日期</td><td colspan="2"></td></tr>
<tr><td colspan="5">评语：</td></tr>
</table>

典型工作环节 1　检测前准备工作的检查单

学习场一	拆检动力电池系统			
学习情境三	单体电池的检测			
学时	0.1 学时			
典型工作过程描述	1．检测前准备工作；2．安全防护装备的选择；3．内阻检测；4．容量检测；5．寿命检测			
序号	检查项目	检查标准	学生自查	教师检查
1	查阅资料比较不同电池的比能量和比功率	能否查阅比能量和比功率的概念并根据不同电池进行比较		
2	查阅资料比较不同电池的比容量	能否查阅比容量的概念并根据不同电池进行比较		
3	查阅资料比较单体、模块和电池包的基本性能和循环性能	能否掌握单体、模块和电池包的区别，并比较基本性能		
4	根据提供的两台实车，了解两台车电池性能参数	能否根据某车电池类型掌握其基本性能参数		

检查评价	班级		第____组	组长签字	
	教师签字		日期		
	评语：				

典型工作环节 1 拆卸前准备工作的评价单

<table>
<tr><td>学习场一</td><td colspan="5">拆检动力电池系统</td></tr>
<tr><td>学习情境三</td><td colspan="5">单体电池的检测</td></tr>
<tr><td>学时</td><td colspan="5">0.1 学时</td></tr>
<tr><td>典型工作过程描述</td><td colspan="5">1. 检测前准备工作；2. 安全防护装备的选择；3. 内阻检测；4. 容量检测；5. 寿命检测</td></tr>
<tr><td>评价项目</td><td>评价子项目</td><td>学生自评</td><td>组内评价</td><td colspan="2">教师评价</td></tr>
<tr><td>查阅资料比较不同电池的比能量和比功率</td><td>能否查阅比能量和比功率的概念，并根据不同电池进行比较</td><td></td><td></td><td colspan="2"></td></tr>
<tr><td>查阅资料比较不同电池的比容量</td><td>能否查阅比容量的概念，并根据不同电池进行比较</td><td></td><td></td><td colspan="2"></td></tr>
<tr><td>查阅资料比较单体、模块和电池包的基本性能和循环性能</td><td>能否掌握单体、模块和电池包的区别，并比较基本性能</td><td></td><td></td><td colspan="2"></td></tr>
<tr><td rowspan="3">评价</td><td>班级</td><td></td><td>第____组</td><td>组长签字</td><td></td></tr>
<tr><td>教师签字</td><td></td><td>日期</td><td colspan="2"></td></tr>
<tr><td colspan="5">评语：</td></tr>
</table>

典型工作环节 2　安全防护装备的选择的资讯单

学习场一	拆检动力电池系统
学习情境三	单体电池的检测
学时	0.1 学时
典型工作过程描述	1. 检测前准备工作；2. 安全防护装备的选择；3. 内阻检测；4. 容量检测；5. 寿命检测
收集资讯的方式	线下书籍与线上微课资源相结合
资讯描述	（1）在电动车辆调试过程中一定要坚持“以人为本，安全第一”的原则，安全一定要放到首位，人的安全问题是最优先级的考虑。 （2）调试（维修）场地周边不得有易燃物品及与工作无关的金属物品，特别是动力电池的存放和调试场地，与调试无关的人员禁止进入调试场地。 （3）操作人员上岗不得佩戴金属饰物，如手表、戒指等，工作服衣袋内不得有金属物件，如钥匙、金属壳笔、手机、硬币等。 （4）未经过高压安全培训的调试人员，不允许对电动车辆进行调试、维护。 （5）调试人员必须佩戴必要的防护工具，如绝缘手套、绝缘鞋、绝缘帽等。 （6）与工作无关的工具不得带入工作场地，必须使用的金属工具，其手持部分应作绝缘处理。 （7）调试人员必须严格按照调试顺序调试，在上一项目没有调试成功前，严禁进行下一项目的调试，以免造成安全事故。 （8）调试每个项目都必须有人负责，对本项目调试的结果进行确认并签字，并认真填写调试故障记录。 （9）调试过程中每台车辆都必须建立调试记录，由专人保管，有据可查
对学生的要求	（1）能够选择正确电压等级的绝缘手套，并检查绝缘手套； （2）能够正确选择工作环境使用的护目镜，并检查护目镜； （3）能够正确选择及使用安全绝缘帽和绝缘鞋； （4）能够正确选择安全等级工具； （5）能够正确选择和使用合适的绝缘防护垫； （6）能够正确使用绝缘电阻测试仪
参考资料	（1）《纯电动汽车维护、检测、诊断技术规范》(JT/T 1344—2020)； （2）比亚迪秦 EV 维修手册

典型工作环节 2　安全防护装备的选择的计划单

<table>
<tr><td colspan="2">学习场一</td><td colspan="4">拆检动力电池系统</td></tr>
<tr><td colspan="2">学习情境三</td><td colspan="4">单体电池的检测</td></tr>
<tr><td colspan="2">学时</td><td colspan="4">0.1 学时</td></tr>
<tr><td colspan="2">典型工作过程描述</td><td colspan="4">1. 检测前准备工作；2. 安全防护装备的选择；3. 内阻检测；4. 容量检测；5. 寿命检测</td></tr>
<tr><td colspan="2">计划制订的方式</td><td colspan="4">小组讨论</td></tr>
<tr><td>序号</td><td>工作步骤</td><td colspan="4">注意事项</td></tr>
<tr><td>1</td><td>选择及检查绝缘手套</td><td colspan="4">选择正确电压等级的绝缘手套；
选择适合自己手型的型号，确保袖口全部放入手套中；
观察绝缘手套的表面是否平滑，无针孔、裂纹、砂眼、杂质等各种明显的缺陷和明显的波纹；
查看绝缘手套上的标记，查看手套是否仍在产品使用期内；
观察绝缘手套是否出现粘连的现象</td></tr>
<tr><td>2</td><td>选择及检查护目镜</td><td colspan="4">选择正确工作环境使用的护目镜及查看护目镜的安全等级；
护目镜的宽窄和大小要适合使用者的脸型；
观察护目镜镜面有无破损、刮花；
观察护目镜镜架螺栓有无松动</td></tr>
<tr><td>3</td><td>选择及检查安全绝缘帽和绝缘鞋</td><td colspan="4">选择正确电压等级的安全绝缘帽；
观察绝缘帽表面有无破损；
选择适合自己号码的绝缘鞋；
检查绝缘鞋表面及底部有无破损</td></tr>
<tr><td>4</td><td>选择安全等级工具</td><td colspan="4">选择正确电压等级的绝缘工具；
查看绝缘工具表面有无破损</td></tr>
<tr><td>5</td><td>选择和使用合适的绝缘防护垫</td><td colspan="4">选择正确电压等级的绝缘防护垫；
选择正确厚度、耐压等级的绝缘防护垫；
观察绝缘防护垫表面气泡垫和起泡面积；
观察有无裂痕、砂眼、老化现象；
应放置在平坦的地面上，地上应无异物</td></tr>
<tr><td rowspan="3">计划评价</td><td>班级</td><td></td><td>第____组</td><td>组长签字</td><td></td></tr>
<tr><td>教师签字</td><td></td><td>日期</td><td colspan="2"></td></tr>
<tr><td colspan="5">评语：</td></tr>
</table>

典型工作环节 2　安全防护装备的选择的决策单

<table>
<tr><td>学习场一</td><td colspan="6">拆检动力电池系统</td></tr>
<tr><td>学习情境三</td><td colspan="6">单体电池的检测</td></tr>
<tr><td>学时</td><td colspan="6">0.1 学时</td></tr>
<tr><td>典型工作过程描述</td><td colspan="6">1. 检测前准备工作；2. 安全防护装备的选择；3. 内阻检测；4. 容量检测；5. 寿命检测</td></tr>
<tr><td colspan="7">计划对比</td></tr>
<tr><td>序号</td><td>计划的可行性</td><td>计划的经济性</td><td>计划的可操作性</td><td colspan="2">计划的实施难度</td><td>综合评价</td></tr>
<tr><td>1</td><td></td><td></td><td></td><td colspan="2"></td><td></td></tr>
<tr><td>2</td><td></td><td></td><td></td><td colspan="2"></td><td></td></tr>
<tr><td>3</td><td></td><td></td><td></td><td colspan="2"></td><td></td></tr>
<tr><td>N</td><td></td><td></td><td></td><td colspan="2"></td><td></td></tr>
<tr><td rowspan="3">决策评价</td><td>班级</td><td></td><td>第____组</td><td>组长签字</td><td colspan="2"></td></tr>
<tr><td>教师签字</td><td></td><td>日期</td><td colspan="3"></td></tr>
<tr><td colspan="6">评语：</td></tr>
</table>

典型工作环节 2　安全防护装备的选择的实施单

<table>
<tr><td colspan="2">学习场一</td><td colspan="5">拆检动力电池系统</td></tr>
<tr><td colspan="2">学习情境三</td><td colspan="5">单体电池的检测</td></tr>
<tr><td colspan="2">学时</td><td colspan="5">0.1 学时</td></tr>
<tr><td colspan="2">典型工作过程描述</td><td colspan="5">1. 检测前准备工作；2. 安全防护装备的选择；3. 内阻检测；4. 容量检测；5. 寿命检测</td></tr>
<tr><td>序号</td><td>实施步骤</td><td colspan="5">注意事项</td></tr>
<tr><td>1</td><td>选择及检查绝缘手套</td><td colspan="5">选择正确电压等级的绝缘手套；
选择适合自己手型的型号，确保袖口全部放入手套中；
观察绝缘手套的表面是否平滑，无针孔、裂纹、砂眼、杂质等各种明显的缺陷和明显的波纹；
查看绝缘手套上的标记，查看手套是否仍在产品使用期内；
观察绝缘手套是否出现粘连的现象</td></tr>
<tr><td>2</td><td>选择及检查护目镜</td><td colspan="5">选择正确工作环境使用的护目镜及查看护目镜的安全等级；
护目镜的宽窄和大小要适合使用者的脸型；
观察护目镜镜面有无破损、刮花；
观察护目镜镜架螺栓有无松动</td></tr>
<tr><td>3</td><td>选择及检查安全绝缘帽和绝缘鞋</td><td colspan="5">选择正确电压等级的安全绝缘帽；
观察绝缘帽表面有无破损；
选择适合自己号码的绝缘鞋；
检查绝缘鞋表面及底部有无破损</td></tr>
<tr><td>4</td><td>选择安全等级工具</td><td colspan="5">选择正确电压等级的绝缘工具；
查看绝缘工具表面有无破损</td></tr>
<tr><td>5</td><td>选择和使用合适的绝缘防护垫</td><td colspan="5">选择正确电压等级的绝缘防护垫；
选择正确厚度、耐压等级的绝缘防护垫；
观察绝缘防护垫表面气泡垫和起泡面积；
观察有无裂痕、砂眼、老化现象；
应放置在平坦的地面上，地上应无异物</td></tr>
<tr><td colspan="7">实施说明：
按要求对绝缘手套、绝缘防护垫、绝缘鞋、绝缘帽、护目镜进行检查</td></tr>
<tr><td rowspan="3">实施评价</td><td>班级</td><td></td><td>第____组</td><td>组长签字</td><td colspan="2"></td></tr>
<tr><td>教师签字</td><td></td><td>日期</td><td colspan="3"></td></tr>
<tr><td colspan="6">评语：</td></tr>
</table>

典型工作环节 2　安全防护装备的选择的检查单

学习场一	拆检动力电池系统					
学习情境三	单体电池的检测					
学时	0.1 学时					
典型工作过程描述	1．检测前准备工作；2．安全防护装备的选择；3．内阻检测；4．容量检测；5．寿命检测					
序号	检查项目	检查标准		学生自查	教师检查	
1	选择及检查绝缘手套	选择正确电压等级的绝缘手套； 选择适合自己手型的型号，确保袖口全部放入手套中； 观察绝缘手套的表面是否平滑，无针孔、裂纹、砂眼、杂质等各种明显的缺陷和明显的波纹； 查看绝缘手套上的标记，查看手套是否仍在产品使用期内； 观察绝缘手套是否出现粘连的现象				
2	选择及检查护目镜	选择正确工作环境使用的护目镜及查看护目镜的安全等级； 护目镜的宽窄和大小要适合使用者的脸型； 观察护目镜镜面有无破损、刮花； 观察护目镜镜架螺栓有无松动				
3	选择及检查安全绝缘帽和绝缘鞋	选择正确电压等级的安全绝缘帽； 观察绝缘帽表面有无破损； 选择适合自己号码的绝缘鞋； 检查绝缘鞋表面及底部有无破损				
4	选择安全等级工具	选择正确电压等级的绝缘工具； 查看绝缘工具表面有无破损				
5	选择和使用合适的绝缘防护垫	选择正确电压等级的绝缘防护垫； 选择正确厚度、耐压等级的绝缘防护垫； 观察绝缘防护垫表面气泡垫和起泡面积； 观察有无裂痕、砂眼、老化现象； 应放置在平坦的地面上，地上应无异物				
检查评价	班级		第____组	组长签字		
	教师签字		日期			
	评语：					

典型工作环节 2　安全防护装备的选择的评价单

<table>
<tr><td>学习场一</td><td colspan="6">拆检动力电池系统</td></tr>
<tr><td>学习情境三</td><td colspan="6">单体电池的检测</td></tr>
<tr><td>学时</td><td colspan="6">0.1 学时</td></tr>
<tr><td>典型工作过程描述</td><td colspan="6">1. 检测前准备工作；2. 安全防护装备的选择；3. 内阻检测；4. 容量检测；5. 寿命检测</td></tr>
<tr><td>评价项目</td><td>评价子项目</td><td>学生自评</td><td colspan="2">组内评价</td><td colspan="2">教师评价</td></tr>
<tr><td>选择及检查绝缘手套</td><td>是否检查完成、到位</td><td></td><td colspan="2"></td><td colspan="2"></td></tr>
<tr><td>选择及检查护目镜</td><td>是否检查完成、到位</td><td></td><td colspan="2"></td><td colspan="2"></td></tr>
<tr><td>选择及检查安全绝缘帽和绝缘鞋</td><td>是否检查完成、到位</td><td></td><td colspan="2"></td><td colspan="2"></td></tr>
<tr><td>选择安全等级工具</td><td>是否检查完成、到位</td><td></td><td colspan="2"></td><td colspan="2"></td></tr>
<tr><td>选择和使用合适的绝缘防护垫</td><td>是否检查完成、到位</td><td></td><td colspan="2"></td><td colspan="2"></td></tr>
<tr><td rowspan="3">评价</td><td>班级</td><td></td><td>第____组</td><td>组长签字</td><td colspan="2"></td></tr>
<tr><td>教师签字</td><td></td><td>日期</td><td colspan="3"></td></tr>
<tr><td colspan="6">评语：</td></tr>
</table>

典型工作环节 3　内阻检测的资讯单

学习场一	拆检动力电池系统
学习情境三	单体电池的检测
学时	0.1 学时
典型工作过程描述	1. 检测前准备工作；2. 安全防护装备的选择；3. 内阻检测；4. 容量检测；5. 寿命检测
收集资讯的方式	线下书籍及线上资源相结合
资讯描述	内阻是电池最为重要的特性参数之一，绝大部分老化的电池都是因为内阻过大而造成无法继续使用。通常，电池的内阻阻值很小，一般用毫欧来度量它。不同电池的内阻不同，型号相同的电池由于各电池内部的电化学性能不一致，内阻也不同。对于电动汽车动力电池而言，电池的放电倍率很大，在设计和使用过程中尽量减小电池的内阻，确保电池能够发挥其最大功率特性。 锂离子电池的内阻不是固定不变的常数，而是在使用过程中主要受荷电状态（SOC）和温度等因素的影响。 内阻测量是一个比较复杂的过程，目前主要有两种方法，即直流放电法和交流阻抗法。 （1）直流放电法。直流放电法是对蓄电池进行瞬间大电流放电（一般为几十到上百安培），然后测量电池两端的瞬间压降，再通过欧姆定律计算出电池内阻。 （2）交流阻抗法。交流阻抗法是一种以小幅值的正弦波电流或电压信号作为激励源，注入蓄电池，通过测定其响应信号来推算电池内阻。该方法的优点在于测量时间较短，不会因大电流放电对电池本身造成太大的损害
对学生的要求	（1）掌握内阻检测的方法； （2）掌握内阻检测仪器的使用方法
参考资料	（1）《纯电动汽车维护、检测、诊断技术规范》(JT/T 1344—2020） （2）比亚迪秦 EV 维修手册

典型工作环节 3　内阻检测的计划单

<table>
<tr><td colspan="2">学习场一</td><td colspan="4">拆检动力电池系统</td></tr>
<tr><td colspan="2">学习情境三</td><td colspan="4">单体电池的检测</td></tr>
<tr><td colspan="2">学时</td><td colspan="4">0.1 学时</td></tr>
<tr><td colspan="2">典型工作过程描述</td><td colspan="4">1．检测前准备工作；2．安全防护装备的选择；3．内阻检测；4．容量检测；5．寿命检测</td></tr>
<tr><td colspan="2">计划制订的方式</td><td colspan="4">小组讨论</td></tr>
<tr><td>序号</td><td>工作步骤</td><td colspan="4">注意事项</td></tr>
<tr><td>1</td><td>检查内阻测试仪</td><td colspan="4">测试前应仔细检查所有测试引线的连接。
确认测试夹牢靠连接在电池的接线柱上。确认正极和负极正确连接在电池的接线柱上。
如果极性接反或未连接，电压将显示为零。电池夹必须与电池连接牢固；否则将出现错误诊断。
对于接线柱在侧面的电池，将测试夹夹在圆形电缆的接线端，而不是方形电缆的接线端。
为了确保连接牢固，必要时可拆下电池夹螺栓，并用一个侧面转接接头代替。
安装前检查接线柱间隙是否足够</td></tr>
<tr><td>2</td><td>检查被测电池</td><td colspan="4">待测电池盒是否破裂。
待测电池单元盖是否破裂。
待测电池盒与电池单元盖的密封情况。
待测电池接头或接线柱是否被腐蚀。
待测电池压板是否过松或过紧而使电池内部破裂。
待测电池上部是否有污垢或导电酸。
电缆或导线磨损、断裂或损坏。
待测电池接头被腐蚀或过松</td></tr>
<tr><td>3</td><td>测试电池温度</td><td colspan="4">电池温度影响内阻的检测，在 32 °F 以下温度对内阻影响很大，−20 °F 是原来的两倍，所以冬季电池的能量低得多</td></tr>
<tr><td>4</td><td>检测单体内阻</td><td colspan="4">注意单体和模组的区别</td></tr>
<tr><td>5</td><td>检测模组内阻</td><td colspan="4">注意单体和模组的区别</td></tr>
<tr><td rowspan="3">计划评价</td><td>班级</td><td></td><td>第____组</td><td>组长签字</td><td></td></tr>
<tr><td>教师签字</td><td></td><td>日期</td><td colspan="2"></td></tr>
<tr><td colspan="5">评语：</td></tr>
</table>

典型工作环节 3　内阻检测的决策单

学习场一	拆检动力电池系统				
学习情境三	单体电池的检测				
学时	0.1 学时				
典型工作过程描述	1．检测前准备工作；2．安全防护装备的选择；3．内阻检测；4．容量检测；5．寿命检测				
计划对比					
序号	计划的可行性	计划的经济性	计划的可操作性	计划的实施难度	综合评价
1					
2					
3					
N					
决策评价	班级		第____组	组长签字	
	教师签字		日期		
	评语：				

典型工作环节 3　内阻检测的实施单

学习场一	拆检动力电池系统
学习情境三	单体电池的检测
学时	0.1 学时
典型工作过程描述	1．检测前准备工作；2．安全防护装备的选择；3．内阻检测；4．容量检测；5．寿命检测

序号	实施步骤	注意事项
1	检查内阻测试仪	测试前应仔细检查所有测试引线的连接。 确认测试夹牢靠连接在电池的接线柱上。确认正极和负极正确连接在电池的接线柱上。 如果极性接反或未连接，电压将显示为零。电池夹必须与电池连接牢固；否则将出现错误诊断。 对于接线柱在侧面的电池，将测试夹夹在圆形电缆的接线端，而不是方形电缆的接线端。 为了确保连接牢固，必要时可拆下电池夹螺栓，并用一个侧面转接接头代替。 安装前检查接线柱间隙是否足够
2	检查被测电池	待测电池盒是否破裂。 待测电池单元盖是否破裂。 待测电池盒与电池单元盖的密封情况。 待测电池接头或接线柱是否被腐蚀。 待测电池压板是否过松或过紧而使电池内部破裂。 待测电池上部有污垢或导电酸。 电缆或导线磨损、断裂或损坏。 待测电池接头被腐蚀或过松
3	测试电池温度	电池温度影响内阻的检测，在 32 °F 以下温度对内阻影响很大，-20 °F 是原来的两倍，所以冬季电池的能量低得多
4	检测单体内阻	注意单体和模组的区别
5	检测模组内阻	注意单体和模组的区别

实施说明：
做好防护措施，运用绝缘工具进行操作

实施评价	班级		第____组	组长签字	
	教师签字		日期		
	评语：				

典型工作环节3 内阻检测的检查单

学习场一	拆检动力电池系统
学习情境三	单体电池的检测
学时	0.1学时
典型工作过程描述	1. 检测前准备工作；2. 安全防护装备的选择；3. 内阻检测；4. 容量检测；5. 寿命检测

序号	检查项目	检查标准	学生自查	教师检查
1	检查内阻测试仪	内阻测试仪检查方法是否正确		
2	检查被测电池	被测电池外观检查是否全面		
3	测试电池温度	测量值读数是否正确		
4	检测单体内阻	测量值读数是否正确		

检查评价	班级		第____组	组长签字	
	教师签字		日期		
	评语：				

典型工作环节 3 内阻检测的评价单

<table>
<tr><td>学习场一</td><td colspan="5">拆检动力电池系统</td></tr>
<tr><td>学习情境三</td><td colspan="5">单体电池的检测</td></tr>
<tr><td>学时</td><td colspan="5">0.1 学时</td></tr>
<tr><td>典型工作过程描述</td><td colspan="5">1．检测前准备工作；2．安全防护装备的选择；3．内阻检测；4．容量检测；5．寿命检测</td></tr>
<tr><td>评价项目</td><td>评价子项目</td><td colspan="2">学生自评</td><td>组内评价</td><td>教师评价</td></tr>
<tr><td>检查内阻测试仪</td><td>内阻测试仪使用方法</td><td colspan="2"></td><td></td><td></td></tr>
<tr><td>检查被测电池</td><td>是否全面检查</td><td colspan="2"></td><td></td><td></td></tr>
<tr><td>测试电池温度</td><td>是否正确测量</td><td colspan="2"></td><td></td><td></td></tr>
<tr><td>检测单体内阻</td><td>是否正确测量</td><td colspan="2"></td><td></td><td></td></tr>
<tr><td>检查内阻测试仪</td><td>是否正确测量</td><td colspan="2"></td><td></td><td></td></tr>
<tr><td rowspan="3">评价</td><td>班级</td><td></td><td>第____组</td><td>组长签字</td><td></td></tr>
<tr><td>教师签字</td><td></td><td>日期</td><td colspan="2"></td></tr>
<tr><td colspan="5">评语：</td></tr>
</table>

典型工作环节 4 容量检测的资讯单

学习场一	拆检动力电池系统
学习情境三	单体电池的检测
学时	0.1 学时
典型工作过程描述	1．检测前准备工作；2．安全防护装备的选择；3．内阻检测；4．容量检测；5．寿命检测
收集资讯的方式	线下书籍及线上资源相结合
资讯描述	电池容量是指在一定条件下（包括放电率、环境温度、终止电压等）供给电池或电池放出的电量，即电池存储电量的大小，是电池另一个重要的性能指标。容量通常以安培小时数（Ah）或瓦特小时数（Wh）表示。Ah 容量是国内外标准中通用容量表示方法，延续电动汽车电池的概念，表示一定电流下电池的放电能力。 电池容量测试的标准流程：放电阶段→搁置阶段→充电阶段→搁置阶段→放电阶段。具体流程如下：用专用的电池充放电设备，在特定温度条件下，蓄电池以设定好的电流进行放电，至蓄电池电压达到技术规范或产品说明书中规定的放电终止电压时停止放电，静置一段时间，然后进行充电。 充电一般分为两个阶段，先以固定电流恒流充电，至蓄电池电压达技术规范或产品说明书中规定的充电终止电压时转恒压充电，此时充电电流逐渐减小，至充电电流降至某一值时停止充电，充电后静置一段时间。在设定好的环境下以固定的电流进行放电，直到放电终止电压为止，用电流值对放电时间进行积分计算出容量（以 Ah 计）
对学生的要求	掌握电池容量的测试方法
参考资料	（1）《纯电动汽车维护、检测、诊断技术规范》(JT/T 1344—2020)； （2）比亚迪秦 EV 维修手册

典型工作环节 4　容量检测的计划单

<table>
<tr><td colspan="2">学习场一</td><td colspan="5">拆检动力电池系统</td></tr>
<tr><td colspan="2">学习情境三</td><td colspan="5">单体电池的检测</td></tr>
<tr><td colspan="2">学时</td><td colspan="5">0.1 学时</td></tr>
<tr><td colspan="2">典型工作过程描述</td><td colspan="5">1．检测前准备工作；2．安全防护装备的选择；3．内阻检测；4．容量检测；5．寿命检测</td></tr>
<tr><td colspan="2">计划制订的方式</td><td colspan="5">小组讨论</td></tr>
<tr><td>序号</td><td>工作步骤</td><td colspan="5">注意事项</td></tr>
<tr><td>1</td><td>检查内阻测试仪</td><td colspan="5">测试前应仔细检查所有测试引线的连接。
确认测试夹牢靠连接在电池的接线柱上。确认正极和负极正确连接在电池的接线柱上。
如果极性接反或未连接，电压将显示为零。电池夹必须与电池连接牢固；否则将出现错误诊断。
对于接线柱在侧面的电池，将测试夹夹在圆形电缆的接线端，而不是方形电缆的接线端。
为了确保连接牢固，必要时可拆下电池夹螺栓，并用一个侧面转接接头代替。
安装前检查接线柱间隙是否足够</td></tr>
<tr><td>2</td><td>检查被测电池</td><td colspan="5">待测电池盒是否破裂。
待测电池单元盖是否破裂。
待测电池盒与电池单元盖的密封情况。
待测电池接头或接线柱是否被腐蚀。
待测电池压板是否过松或过紧而使电池内部破裂。
待测电池上部有污垢或导电酸。
电缆或导线磨损、断裂或损坏。
待测电池接头被腐蚀或过松</td></tr>
<tr><td>3</td><td>测试电池温度</td><td colspan="5">电池温度影响内阻的检测，在 32 °F 以下温度对内阻影响很大，-20 °F 是原来的两倍，所以冬季电池的能量低得多</td></tr>
<tr><td>4</td><td>检测电池容量</td><td colspan="5"></td></tr>
<tr><td rowspan="3">计划评价</td><td>班级</td><td></td><td>第____组</td><td>组长签字</td><td colspan="2"></td></tr>
<tr><td>教师签字</td><td></td><td>日期</td><td colspan="3"></td></tr>
<tr><td colspan="6">评语：</td></tr>
</table>

典型工作环节 4　容量检测的决策单

<table>
<tr><td>学习场一</td><td colspan="5">拆检动力电池系统</td></tr>
<tr><td>学习情境三</td><td colspan="5">单体电池的检测</td></tr>
<tr><td>学时</td><td colspan="5">0.1 学时</td></tr>
<tr><td>典型工作过程描述</td><td colspan="5">1. 检测前准备工作；2. 安全防护装备的选择；3. 内阻检测；4. 容量检测；5. 寿命检测</td></tr>
<tr><td colspan="6">计划对比</td></tr>
<tr><td>序号</td><td>计划的可行性</td><td>计划的经济性</td><td>计划的可操作性</td><td>计划的实施难度</td><td>综合评价</td></tr>
<tr><td>1</td><td></td><td></td><td></td><td></td><td></td></tr>
<tr><td>2</td><td></td><td></td><td></td><td></td><td></td></tr>
<tr><td>3</td><td></td><td></td><td></td><td></td><td></td></tr>
<tr><td>N</td><td></td><td></td><td></td><td></td><td></td></tr>
<tr><td rowspan="3">决策评价</td><td>班级</td><td></td><td>第____组</td><td>组长签字</td><td></td></tr>
<tr><td>教师签字</td><td></td><td>日期</td><td colspan="2"></td></tr>
<tr><td colspan="5">评语：</td></tr>
</table>

典型工作环节 4　容量检测的实施单

<table>
<tr><td colspan="2">学习场一</td><td>拆检动力电池系统</td></tr>
<tr><td colspan="2">学习情境三</td><td>单体电池的检测</td></tr>
<tr><td colspan="2">学时</td><td>0.1 学时</td></tr>
<tr><td colspan="2">典型工作过程描述</td><td>1．检测前准备工作；2．安全防护装备的选择；3．内阻检测；4．容量检测；5．寿命检测</td></tr>
<tr><td>序号</td><td>实施步骤</td><td>注意事项</td></tr>
<tr><td>1</td><td>检查内阻测试仪</td><td>测试前应仔细检查所有测试引线的连接。
确认测试夹牢靠连接在电池的接线柱上。确认正极和负极正确连接在电池的接线柱上。
如果极性接反或未连接，电压将显示为零。电池夹必须与电池连接牢固；否则将出现错误诊断。
对于接线柱在侧面的电池，将测试夹夹在圆形电缆的接线端，而不是方形电缆的接线端。
为了确保连接牢固，必要时可拆下电池夹螺栓，并用一个侧面转接接头代替。
安装前检查接线柱间隙是否足够</td></tr>
<tr><td>2</td><td>检查被测电池</td><td>待测电池盒是否破裂。
待测电池单元盖是否破裂。
待测电池盒与电池单元盖的密封情况。
待测电池接头或接线柱是否被腐蚀。
待测电池压板是否过松或过紧而使电池内部破裂。
待测电池上部有污垢或导电酸。
电缆或导线磨损、断裂或损坏。
待测电池接头被腐蚀或过松</td></tr>
<tr><td>3</td><td>测试电池温度</td><td>电池温度影响内阻的检测，在 32 °F 以下温度对内阻影响很大，−20 °F 是原来的两倍，所以冬季电池的能量低得多</td></tr>
<tr><td>4</td><td>检测电池容量</td><td></td></tr>
<tr><td colspan="3">实施说明：
做好防护措施运用绝缘工具进行操作</td></tr>
</table>

<table>
<tr><td rowspan="3">实施评价</td><td>班级</td><td></td><td>第____组</td><td>组长签字</td><td></td></tr>
<tr><td>教师签字</td><td></td><td>日期</td><td colspan="2"></td></tr>
<tr><td colspan="5">评语：</td></tr>
</table>

典型工作环节 4　容量检测的检查单

<table>
<tr><td colspan="3">学习场一</td><td colspan="3">拆检动力电池系统</td></tr>
<tr><td colspan="3">学习情境三</td><td colspan="3">单体电池的检测</td></tr>
<tr><td colspan="3">学时</td><td colspan="3">0.1 学时</td></tr>
<tr><td colspan="3">典型工作过程描述</td><td colspan="3">1. 检测前准备工作；2. 安全防护装备的选择；3. 内阻检测；4. 容量检测；5. 寿命检测</td></tr>
<tr><td>序号</td><td colspan="2">检查项目</td><td>检查标准</td><td>学生自查</td><td>教师检查</td></tr>
<tr><td>1</td><td colspan="2">检查内阻测试仪</td><td>内阻测试仪检查方法是否正确</td><td></td><td></td></tr>
<tr><td>2</td><td colspan="2">检查被测电池</td><td>被测电池外观检查是否全面</td><td></td><td></td></tr>
<tr><td>3</td><td colspan="2">测试电池温度</td><td>测量值读数是否正确</td><td></td><td></td></tr>
<tr><td>4</td><td colspan="2">检测电池容量</td><td>测量值读数是否正确</td><td></td><td></td></tr>
<tr><td rowspan="3">检查评价</td><td>班级</td><td></td><td>第____组</td><td>组长签字</td><td></td></tr>
<tr><td>教师签字</td><td></td><td>日期</td><td colspan="2"></td></tr>
<tr><td colspan="5">评语：</td></tr>
</table>

典型工作环节 4　容量检测的评价单

学习场一	拆检动力电池系统				
学习情境三	单体电池的检测				
学时	0.1 学时				
典型工作过程描述	1. 检测前准备工作；2. 安全防护装备的选择；3. 内阻检测；4. 容量检测；5. 寿命检测				
评价项目	评价子项目	学生自评		组内评价	教师评价
检查内阻测试仪	内阻测试仪使用方法				
检查被测电池	是否全面检查				
测试电池温度	是否正确测量				
检测电池容量	是否正确测量				
评价	班级		第____组	组长签字	
	教师签字		日期		
	评语：				

典型工作环节 5　寿命检测的资讯单

学习场一	拆检动力电池系统
学习情境三	单体电池的检测
学时	0.1 学时
典型工作过程描述	1. 检测前准备工作；2. 安全防护装备的选择；3. 内阻检测；4. 容量检测；5. 寿命检测
收集资讯的方式	线下书籍及线上资源相结合
资讯描述	电池在使用过程中容量会逐渐损失，导致锂离子电池容量损失的原因很多，有材料方面的原因，也有生产工艺方面的因素。一般认为，当蓄电池用旧只能充满原有电容量的 80% 时，就不再适合继续在电动汽车上使用，可以进行梯次利用、回收、拆解和再生。电池的寿命有循环寿命和日历寿命之分，其中应用最多的是循环寿命。 常规的循环寿命测试方法基本上就是容量测试充放电过程的循环，典型的方法：将蓄电池充满电，蓄电池在特定温度和电流下放电，直到放电容量达到某一预先设定的数值，如此连续重复若干次。再将电池充满电，将电池放电到放电截止电压检查其容量。如果蓄电池容量小于额定容量的 80%，终止试验，充放电循环在规定条件下重复的次数为循环寿命
对学生的要求	掌握检测动力电池寿命的方法
参考资料	（1）《纯电动汽车维护、检测、诊断技术规范》(JT/T 1344—2020)； （2）比亚迪秦 EV 维修手册

典型工作环节 5　寿命检测的计划单

<table>
<tr><td>学习场一</td><td colspan="4">拆检动力电池系统</td></tr>
<tr><td>学习情境三</td><td colspan="4">单体电池的检测</td></tr>
<tr><td>学时</td><td colspan="4">0.1 学时</td></tr>
<tr><td>典型工作过程描述</td><td colspan="4">1．检测前准备工作；2．安全防护装备的选择；3．内阻检测；4．容量检测；5．寿命检测</td></tr>
<tr><td>计划制订的方式</td><td colspan="4">小组讨论</td></tr>
<tr><td>序号</td><td>工作步骤</td><td colspan="3">注意事项</td></tr>
<tr><td>1</td><td>检查内阻测试仪</td><td colspan="3">测试前应仔细检查所有测试引线的连接。
确认测试夹牢靠连接在电池的接线柱上。确认正极和负极正确连接在电池的接线柱上。
如果极性接反或未连接，电压将显示为零。电池夹必须与电池连接牢固；否则将出现错误诊断。
对于接线柱在侧面的电池，将测试夹夹在圆形电缆的接线端，而不是方形电缆的接线端。
为了确保连接牢固，必要时可拆下电池夹螺栓，并用一个侧面转接接头代替。
安装前检查接线柱间隙是否足够</td></tr>
<tr><td>2</td><td>检查被测电池</td><td colspan="3">待测电池盒是否破裂。
待测电池单元盖是否破裂。
待测电池盒与电池单元盖的密封情况。
待测电池接头或接线柱是否被腐蚀。
待测电池压板是否过松或过紧而使电池内部破裂。
待测电池上部有污垢或导电酸。
电缆或导线磨损、断裂或损坏。
待测电池接头被腐蚀或过松</td></tr>
<tr><td>3</td><td>测试电池温度</td><td colspan="3">电池温度影响内阻的检测，在 32 °F 以下温度对内阻影响很大，−20 °F 是原来的两倍，所以冬季电池的能量低得多</td></tr>
<tr><td>4</td><td>检测容量</td><td colspan="3"></td></tr>
<tr><td>5</td><td>重复检测容量</td><td colspan="3">与额定容量比对</td></tr>
<tr><td rowspan="3">计划评价</td><td>班级</td><td></td><td>第____组</td><td>组长签字</td></tr>
<tr><td>教师签字</td><td></td><td>日期</td><td></td></tr>
<tr><td colspan="4">评语：</td></tr>
</table>

典型工作环节 5 寿命检测的决策单

<table>
<tr><td colspan="2">学习场一</td><td colspan="4">拆检动力电池系统</td></tr>
<tr><td colspan="2">学习情境三</td><td colspan="4">单体电池的检测</td></tr>
<tr><td colspan="2">学时</td><td colspan="4">0.1 学时</td></tr>
<tr><td colspan="2">典型工作过程描述</td><td colspan="4">1. 检测前准备工作；2. 安全防护装备的选择；3. 内阻检测；4. 容量检测；5. 寿命检测</td></tr>
<tr><td colspan="6">计划对比</td></tr>
<tr><td>序号</td><td>计划的可行性</td><td>计划的经济性</td><td>计划的可操作性</td><td>计划的实施难度</td><td>综合评价</td></tr>
<tr><td>1</td><td></td><td></td><td></td><td></td><td></td></tr>
<tr><td>2</td><td></td><td></td><td></td><td></td><td></td></tr>
<tr><td>3</td><td></td><td></td><td></td><td></td><td></td></tr>
<tr><td>N</td><td></td><td></td><td></td><td></td><td></td></tr>
<tr><td rowspan="3">决策评价</td><td>班级</td><td></td><td>第____组</td><td>组长签字</td><td></td></tr>
<tr><td>教师签字</td><td></td><td>日期</td><td colspan="2"></td></tr>
<tr><td colspan="5">评语：</td></tr>
</table>

典型工作环节 5　寿命检测的实施单

学习场一	拆检动力电池系统
学习情境三	单体电池的检测
学时	0.1 学时
典型工作过程描述	1. 检测前准备工作；2. 安全防护装备的选择；3. 内阻检测；4. 容量检测；5. 寿命检测

序号	实施步骤	注意事项
1	检查内阻测试仪	测试前应仔细检查所有测试引线的连接。 确认测试夹牢靠连接在电池的接线柱上。确认正极和负极正确连接在电池的接线柱上。 如果极性接反或未连接，电压将显示为零。电池夹必须与电池连接牢固；否则将出现错误诊断。 对于接线柱在侧面的电池，将测试夹夹在圆形电缆的接线端，而不是方形电缆的接线端。 为了确保连接牢固，必要时可拆下电池夹螺栓，并用一个侧面转接接头代替。 安装前检查接线柱间隙是否足够
2	检查被测电池	待测电池盒是否破裂。 待测电池单元盖是否破裂。 待测电池盒与电池单元盖的密封情况。 待测电池接头或接线柱是否被腐蚀。 待测电池压板是否过松或过紧而使电池内部破裂。 待测电池上部有污垢或导电酸。 电缆或导线磨损、断裂或损坏。 待测电池接头被腐蚀或过松
3	测试电池温度	电池温度影响内阻的检测，在 32 °F 以下温度对内阻影响很大，−20 °F 是原来的两倍，所以冬季电池的能量低得多
4	检测容量	
5	重复检测容量	与额定容量比对

实施说明：
紧固螺栓时查询维修手册，按照标准力矩拧紧

实施评价	班级		第____组	组长签字	
	教师签字		日期		
	评语：				

典型工作环节 5　寿命检测的检查单

学习场一	拆检动力电池系统					
学习情境三	单体电池的检测					
学时	0.1 学时					
典型工作过程描述	1. 检测前准备工作；2. 安全防护装备的选择；3. 内阻检测；4. 容量检测；5. 寿命检测					
序号	检查项目	检查标准	学生自查	教师检查		
1	检查内阻测试仪	测试前是否仔细检查所有测试引线的连接				
2	检查被测电池	电池相应检查项目是否检查完整				
3	测试电池温度	检查方法是否正确				
4	检测容量	检查方法是否正确				
5	重复检测容量	是否与额定容量对比				
检查评价	班级		第____组	组长签字		
	教师签字		日期			
	评语：					

典型工作环节 5　寿命检测的评价单

学习场一	拆检动力电池系统					
学习情境三	单体电池的检测					
学时	0.1 学时					
典型工作过程描述	1. 检测前准备工作；2. 安全防护装备的选择；3. 内阻检测；4. 容量检测；5. 寿命检测					
评价项目	评价子项目	学生自评	组内评价	教师评价		
检查内阻测试仪	内阻测试仪使用方法					
检查被测电池	是否全面检查					
测试电池温度	是否正确测量					
检测容量	是否正确测量					
重复检测容量	是否正确测量					
评价	班级		第____组	组长签字		
	教师签字		日期			
	评语：					

学习情境四　接触器的检测

微课：接触器的检测

典型工作环节 1　确认故障现象的资讯单

学习场一	拆检动力电池系统
学习情境四	接触器的检测
学时	0.1 学时
典型工作过程描述	1．确认故障现象；2．读取故障码；3．分析故障原因；4．绘制控制原理图；5．测试相关电路
收集资讯的方式	线下书籍与线上微课资源相结合
资讯描述	（1）在主正接触器、主负接触器粘连或同时粘连的情况下，当驾驶员操作车辆启动按钮上电时，仪表显示“EV 功能受限”提示语，同时“OK”灯无法点亮，车辆上电失败； （2）使用诊断仪读取故障码，进入“电池管理器”，读取故障码为“P1A4100，主接触器粘连”，此时说明主接触器存在粘连故障，需对主接触器进行检查； （3）按规范工艺拆解动力电池包总成，使用万用表通断档检测断电情况下主正接触器两端，如测试结果为“通”，则说明主正接触器粘连，需对主正接触器进行更换； （4）使用万用表通断档检测断电情况下主负接触器两端，如测试结果为“通”，则说明主负接触器粘连，需对主负接触器进行更换
对学生的要求	（1）连接仪器前确认关闭点火开关，此步骤为仪器使用规范，未按此步骤执行，可能导致车辆线路及元器件损坏； （2）选择正确的诊断接头，用导线连接或用无线方式连接到仪器，此步骤为仪器使用规范，要求熟练掌握仪器正确使用方法； （3）从选择品牌到选择系统为车辆识别能力训练，训练车型识别的能力； （4）读取并清除故障码，训练对故障码属性的判断能力，能够正确引导维修人员确认故障范围
参考资料	（1）《纯电动汽车维护、检测、诊断技术规范》（JT/T 1344—2020） （2）比亚迪秦 EV 维修手册

典型工作环节 1　确认故障现象的计划单

<table>
<tr><td colspan="2">学习场一</td><td colspan="4">拆检动力电池系统</td></tr>
<tr><td colspan="2">学习情境四</td><td colspan="4">接触器的检测</td></tr>
<tr><td colspan="2">学时</td><td colspan="4">0.1 学时</td></tr>
<tr><td colspan="2">典型工作过程描述</td><td colspan="4">1．确认故障现象；2．读取故障码；3．分析故障原因；4．绘制控制原理图；5．测试相关电路</td></tr>
<tr><td colspan="2">计划制也是的方式</td><td colspan="4">小组讨论</td></tr>
<tr><td>序号</td><td>工作步骤</td><td colspan="4">注意事项</td></tr>
<tr><td>1</td><td>踩下制动踏板，打开点火开关，记录故障灯异常情况</td><td colspan="4">观察仪表指示灯工作情况，观察仪表是否点亮，若仪表不亮，需要检查低压电路故障，观察“OK”指示灯是否点亮；若“OK”指示灯不亮，需要检查高压上电相关故障</td></tr>
<tr><td>2</td><td>使用驻车制动器</td><td colspan="4">防止车辆在检测过程中出现溜车等意外事故</td></tr>
<tr><td>3</td><td>记录仪表故障提示，用于确定故障范围</td><td colspan="4">一般情况下各系统故障时，仪表会显示文字提示语，但此时所提示的故障范围通常较大，需要维修人员借助仪器设备进一步检查</td></tr>
<tr><td>4</td><td>记录仪表异常显示的故障指示灯</td><td colspan="4">观察全面，记录异常点亮或异常熄灭的指示灯</td></tr>
<tr><td>5</td><td>记录车辆运行异常的现象</td><td colspan="4">如需路试行驶，必须由教师执行此步骤，防止安全事故产生</td></tr>
<tr><td rowspan="3">计划评价</td><td>班级</td><td></td><td>第____组</td><td>组长签字</td><td></td></tr>
<tr><td>教师签字</td><td></td><td>日期</td><td colspan="2"></td></tr>
<tr><td colspan="5">评语：</td></tr>
</table>

典型工作环节 1　确认故障现象的决策单

<table>
<tr><td colspan="2">学习场一</td><td colspan="5">拆检动力电池系统</td></tr>
<tr><td colspan="2">学习情境四</td><td colspan="5">接触器的检测</td></tr>
<tr><td colspan="2">学时</td><td colspan="5">0.1 学时</td></tr>
<tr><td colspan="2">典型工作过程描述</td><td colspan="5">1. 确认故障现象；2. 读取故障码；3. 分析故障原因；4. 绘制控制原理图；5. 测试相关电路</td></tr>
<tr><td colspan="7">计划对比</td></tr>
<tr><td>序号</td><td>计划的可行性</td><td>计划的经济性</td><td>计划的可操作性</td><td colspan="2">计划的实施难度</td><td>综合评价</td></tr>
<tr><td>1</td><td></td><td></td><td></td><td colspan="2"></td><td></td></tr>
<tr><td>2</td><td></td><td></td><td></td><td colspan="2"></td><td></td></tr>
<tr><td>3</td><td></td><td></td><td></td><td colspan="2"></td><td></td></tr>
<tr><td>N</td><td></td><td></td><td></td><td colspan="2"></td><td></td></tr>
<tr><td rowspan="3">决策评价</td><td>班级</td><td></td><td>第____组</td><td>组长签字</td><td colspan="2"></td></tr>
<tr><td>教师签字</td><td></td><td>日期</td><td colspan="3"></td></tr>
<tr><td colspan="6">评语：</td></tr>
</table>

典型工作环节 1　确认故障现象的实施单

<table>
<tr><td colspan="2">学习场一</td><td colspan="4">拆检动力电池系统</td></tr>
<tr><td colspan="2">学习情境四</td><td colspan="4">接触器的检测</td></tr>
<tr><td colspan="2">学时</td><td colspan="4">0.1 学时</td></tr>
<tr><td colspan="2">典型工作过程描述</td><td colspan="4">1. 确认故障现象；2. 读取故障码；3. 分析故障原因；4. 绘制控制原理图；5. 测试相关电路</td></tr>
<tr><td>序号</td><td>实施步骤</td><td colspan="4">注意事项</td></tr>
<tr><td>1</td><td>踩下制动踏板，打开点火开关，记录故障灯异常情况</td><td colspan="4">观察仪表指示灯工作情况，观察仪表是否点亮，若仪表不亮，需要检查低压电路故障，观察“OK”指示灯是否点亮；若“OK”指示灯不亮，需要检查高压上电相关故障</td></tr>
<tr><td>2</td><td>使用驻车制动器</td><td colspan="4">防止车辆在检测过程中出现溜车等意外事故</td></tr>
<tr><td>3</td><td>记录仪表故障提示，用于确定故障范围</td><td colspan="4">一般情况下各系统故障时，仪表会显示文字提示语，但此时所提示的故障范围通常较大，需要维修人员借助仪器设备进一步检查</td></tr>
<tr><td>4</td><td>记录仪表异常显示的故障指示灯</td><td colspan="4">观察全面，记录异常点亮或异常熄灭的指示灯</td></tr>
<tr><td>5</td><td>记录车辆运行异常的现象</td><td colspan="4">如需路试行驶，必须由教师执行此步骤，防止安全事故产生</td></tr>
<tr><td colspan="6">实施说明：
（1）掌握该车辆所有电控系统，认识仪表中全部指示信息，以便打开点火开关后正确记录仪表显示情况；
（2）使用驻车制动器，防止车辆检测过程中出现溜车等意外事故；
（3）记录仪表故障提示，通过仪表提示确定故障范围；
（4）记录仪表异常显示的故障指示灯，不同的故障原因可能导致系统指示灯异常点亮或异常熄灭，掌握各系统指示灯含义；
（5）发现除仪表显示外的故障现象，确定故障范围，如需路试行驶，必须由教师执行此步骤，防止安全事故产生</td></tr>
<tr><td rowspan="3">实施评价</td><td>班级</td><td></td><td>第____组</td><td>组长签字</td><td></td></tr>
<tr><td>教师签字</td><td></td><td>日期</td><td colspan="2"></td></tr>
<tr><td colspan="5">评语：</td></tr>
</table>

典型工作环节 1　确认故障现象的检查单

学习场一	拆检动力电池系统			
学习情境四	接触器的检测			
学时	0.1 学时			
典型工作过程描述	1．确认故障现象；2．读取故障码；3．分析故障原因；4．绘制控制原理图；5．测试相关电路			
序号	检查项目	检查标准	学生自查	教师检查
1	踩下制动踏板，打开点火开关	是否记录故障指示灯		
2	使用驻车制动器	是否实施驻车制动		
3	记录仪表故障提示，用于确定故障范围	是否记录故障提示语		
4	记录仪表异常显示的故障指示灯	是否记录异常熄灭的指示灯		
5	记录车辆运行异常的现象	是否进行正确路试测试		
检查评价	班级		第____组	组长签字
	教师签字		日期	
	评语：			

典型工作环节 1　确认故障现象的评价单

学习场一	拆检动力电池系统				
学习情境四	接触器的检测				
学时	0.1 学时				
典型工作过程描述	1．确认故障现象；2．读取故障码；3．分析故障原因；4．绘制控制原理图；5．测试相关电路				
评价项目	评价子项目	学生自评	组内评价	教师评价	
小组 1 确认故障现象的阶段性评价结果	故障现象描述是否完整				
小组 2 确认故障现象的阶段性评价结果	故障现象描述是否完整				
小组 3 确认故障现象的阶段性评价结果	故障现象描述是否完整				
小组 4 确认故障现象的阶段性评价结果	故障现象描述是否完整				
评价	班级		第____组	组长签字	
	教师签字		日期		
	评语：				

典型工作环节 2　读取故障码的资讯单

学习场一	拆检动力电池系统
学习情境四	接触器的检测
学时	0.1 学时
典型工作过程描述	1. 确认故障现象；2. 读取故障码；3. 分析故障原因；4. 绘制控制原理图；5. 测试相关电路
收集资讯的方式	线下书籍与线上微课资源相结合
资讯描述	（1）关闭点火开关，确认车辆仪表未通电，防止连接诊断插头过程中产生感应电流，损坏车辆线路及元器件； （2）连接诊断插头至车辆诊断接口； （3）打开诊断仪主机，打开点火开关，在“车辆品牌”选择页面选择所诊断车辆的相应品牌，在“车型”选择页面选择相应车型，在“系统”选择页面选择所诊断系统，在无法确认哪一系统出现故障时，可选择“扫描全部系统”的方式对车辆所有系统进行全面诊断； （4）进入所选系统，在“功能”选项中选择“读取故障码”，观察所读取的故障码属性为“当前故障码”或“历史故障码”，并记录所读取的全部故障码，清除故障码； （5）关闭点火开关，重新打开点火开关，试车后，再次读取故障码，此时读取的故障码，可以基本确定为当前车辆的故障范围； （6）若解码器无法进入所选系统，应考虑该系统自身工作状况及该系统通信功能是否正常
对学生的要求	（1）连接仪器前确认关闭点火开关，此步骤为仪器使用规范，未按此步骤执行，可能导致车辆线路及元器件损坏； （2）选择正确的诊断接头，用导线连接或用无线方式连接到仪器，此步骤为仪器使用规范，要求熟练掌握仪器正确使用方法； （3）从选择品牌到选择系统为车辆识别能力训练，训练车型识别的能力； （4）读取并清除故障码，训练对故障码属性的判断能力，能够正确引导维修人员确认故障范围； （5）无法读取故障码时，训练掌握车辆运行控制原理的能力，通过故障现象，分析故障原因及范围
参考资料	（1）《纯电动汽车维护、检测、诊断技术规范》(JT/T 1344—2020)； （2）比亚迪秦 EV 维修手册

典型工作环节 2　读取故障码的计划单

学习场一	拆检动力电池系统				
学习情境四	接触器的检测				
学时	0.1 学时				
典型工作过程描述	1．确认故障现象；2．读取故障码；3．分析故障原因；4．绘制控制原理图；5．测试相关电路				
计划制订的方式	小组讨论				
序号	工作步骤	注意事项			
1	关闭点火开关，确认车辆仪表未通电	防止连接诊断插头过程中产生感应电流，损坏车辆线路及元器件			
2	连接诊断插头至车辆诊断接口				
3	打开诊断仪主机，打开点火开关，选择车型及相应系统	在“车辆品牌”选择页面选择所诊断车辆的相应品牌，在“车型”选择页面选择相应车型，在“系统”选择页面选择所诊断系统，在无法确认哪一系统出现故障时，可选择“扫描全部系统”的方式对车辆所有系统进行全面诊断			
4	读取故障码	观察所读取的故障码属性为“当前故障码”或“历史故障码”，并记录所读取的全部故障码，清除故障码			
5	再次读取故障码	关闭点火开关，重新打开点火开关，试车后再读取故障码			
计划评价	班级		第____组	组长签字	
	教师签字		日期		
	评语：				

典型工作环节 2　读取故障码的决策单

学习场一	拆检动力电池系统				
学习情境四	接触器的检测				
学时	0.1 学时				
典型工作过程描述	1．确认故障现象；2．读取故障码；3．分析故障原因；4．绘制控制原理图；5．测试相关电路				
计划对比					
序号	计划的可行性	计划的经济性	计划的可操作性	计划的实施难度	综合评价
1					
2					
3					
N					
决策评价	班级		第____组	组长签字	
	教师签字		日期		
	评语：				

典型工作环节 2 读取故障码的实施单

<table>
<tr><td colspan="2">学习场一</td><td colspan="4">拆检动力电池系统</td></tr>
<tr><td colspan="2">学习情境四</td><td colspan="4">接触器的检测</td></tr>
<tr><td colspan="2">学时</td><td colspan="4">0.1 学时</td></tr>
<tr><td colspan="2">典型工作过程描述</td><td colspan="4">1. 确认故障现象；2. 读取故障码；3. 分析故障原因；4. 绘制控制原理图；5. 测试相关电路</td></tr>
<tr><td>序号</td><td>实施步骤</td><td colspan="4">注意事项</td></tr>
<tr><td>1</td><td>关闭点火开关，确认车辆仪表未通电</td><td colspan="4">防止连接诊断插头过程中产生感应电流，损坏车辆线路及元器件</td></tr>
<tr><td>2</td><td>连接诊断插头至车辆诊断接口</td><td colspan="4"></td></tr>
<tr><td>3</td><td>打开诊断仪主机，打开点火开关，选择车型及相应系统</td><td colspan="4">在“车辆品牌”选择页面选择所诊断车辆的相应品牌，在“车型”选择页面选择相应车型，在“系统”选择页面选择所诊断系统，在无法确认哪一系统出现故障时，可选择“扫描全部系统”的方式对车辆所有系统进行全面诊断</td></tr>
<tr><td>4</td><td>读取故障码</td><td colspan="4">观察所读取的故障码属性为“当前故障码”或“历史故障码”，并记录所读取的全部故障码，清除故障码</td></tr>
<tr><td>5</td><td>再次读取故障码</td><td colspan="4">关闭点火开关，重新打开点火开关，试车后再进行读取故障码</td></tr>
<tr><td colspan="6">实施说明：
（1）连接仪器前确认关闭点火开关，此步骤为仪器使用规范，未按此步骤执行，可能导致车辆线路及元器件损坏；
（2）选择正确的诊断接头，用导线连接或用无线方式连接到仪器；
（3）车辆品牌、型号信息可从车辆“铭牌”中获取；
（4）读取并清除故障码，用于判断故障码属性，防止历史故障码或偶发性故障对故障判断造成误导；
（5）无法读取故障码时，考虑该系统自身供电、接地及通信功能是否正常，根据电路图对该系统自身电路进行检测</td></tr>
<tr><td rowspan="3">实施评价</td><td>班级</td><td></td><td>第____组</td><td>组长签字</td><td></td></tr>
<tr><td>教师签字</td><td></td><td>日期</td><td colspan="2"></td></tr>
<tr><td colspan="5">评语：</td></tr>
</table>

典型工作环节 2　读取故障码的检查单

学习场一	拆检动力电池系统			
学习情境四	接触器的检测			
学时	0.1 学时			
典型工作过程描述	1．确认故障现象；2．读取故障码；3．分析故障原因；4．绘制控制原理图；5．测试相关电路			
序号	检查项目	检查标准	学生自查	教师检查
1	关闭点火开关，确认车辆仪表未通电	关闭点火开关至 OFF 挡		
2	连接诊断插头至车辆诊断接口	诊断接头与主机是否连接成功		
3	打开诊断仪主机，打开点火开关，选择车型及相应系统	选择是否正确		
4	读取故障码	能否判断故障码属性		
5	再次读取故障码	是否重新运行该系统后再次读取		
检查评价	班级		第____组	组长签字
	教师签字		日期	
	评语：			

典型工作环节 2　读取故障码的评价单

学习场一	拆检动力电池系统			
学习情境四	接触器的检测			
学时	0.1 学时			
典型工作过程描述	1．确认故障现象；2．读取故障码；3．分析故障原因；4．绘制控制原理图；5．测试相关电路			
评价项目	评价子项目	学生自评	组内评价	教师评价
小组 1 读取故障码 的阶段性评价结果	确认能否读取故障码或是否完整记录故障码			
小组 2 读取故障码 的阶段性评价结果	确认能否读取故障码或是否完整记录故障码			
小组 3 读取故障码 的阶段性评价结果	确认能否读取故障码或是否完整记录故障码			
小组 4 读取故障码 的阶段性评价结果	确认能否读取故障码或是否完整记录故障码			
评价	班级		第____组	组长签字
	教师签字		日期	
	评语：			

典型工作环节 3　分析故障原因的资讯单

学习场一	拆检动力电池系统
学习情境四	接触器的检测
学时	0.1 学时
典型工作过程描述	1．确认故障现象；2．读取故障码；3．分析故障原因；4．绘制控制原理图；5．测试相关电路
收集资讯的方式	线下书籍及线上资源相结合
资讯描述	根据故障现象可知：踩制动踏板数次后并保持，打开点火开关，仪表上的可运行“OK”指示灯不点亮且听不见在 5 s 内正、负继电器发出“卡塔”的正常工作声，制动踏板高度降低，说明高压上电异常。高压上下电及充电过程中的切换控制都是由动力电池内部继电器完成的，所以，首先需要了解各个继电器的作用。 主正继电器：主要控制动力蓄电池输出的高压电流向负载。 预充继电器：为了保护电动机及内部大容量电容等感性负载，在初始状态时，不会因为电流过大而损坏。 主负继电器：负责动力蓄电池电能输出，断开后动力蓄电池电能将无法输出。 预充电阻：限制高压电电流，在高压接通瞬间通过电阻限流，防止负载由于电流过大冲击损坏。 车辆上电：BMS 接收到整车控制器（VCU）发送的车辆准备就绪信息，首先闭合主负继电器，同时检测主负继电器状态，如果确认主负状态正常，闭合预充继电器，进入预充电状态。在此阶段，BMS 检测预充继电器状态、高压绝缘状态及母线电压，当母线电压达到其标称值的 90% 时，先闭合主正继电器后，再断开预充继电器，同时检测主正继电器状态，如果正常，进入放电模式。在上述过程中，如果检测到继电器状态异常，整车将停止上电。 车辆下电：BMS 接收到整车控制器（VCU）发送的下电信息，首先断开主正继电器，同时检测主正继电器状态，如果状态异常，生产故障代码存储。如果正常，BMS 断开主负继电器，同时检测主负继电器状态，如果状态异常，生产故障代码存储。此时车辆进入高压下电模式
对学生的要求	（1）掌握 BMS 如何控制继电器； （2）掌握三个继电器之间的关系； （3）掌握仪表信息中反映出的故障现象，结合解码器更容易缩小故障范围
参考资料	（1）《纯电动汽车维护、检测、诊断技术规范》(JT/T 1344—2020)； （2）比亚迪秦 EV 维修手册

典型工作环节 3 分析故障原因的计划单

学习场一	拆检动力电池系统	
学习情境四	接触器的检测	
学时	0.1 学时	
典型工作过程描述	1. 确认故障现象；2. 读取故障码；3. 分析故障原因；4. 绘制控制原理图；5. 测试相关电路	
计划制订的方式	小组讨论	
序号	工作步骤	注意事项
1	从 BMS 自身分析故障原因	从 BMS 自身分析无法工作的原因
2	从 BMS 控制各个继电器的线路分析故障原因	若 BMS 自身供电接地正常，则从 BMS 控制三个继电器的线路及三个继电器自身分析故障原因
3	结合故障码或仪表显示情况分析故障原因	若解码器无法进入该系统，却可以进入其他系统，可以在其他系统内读取相关故障码，再结合仪表显示情况来分析故障原因

计划评价	班级		第____组	组长签字	
	教师签字		日期		
	评语：				

典型工作环节 3 分析故障原因的决策单

学习场一	拆检动力电池系统				
学习情境四	接触器的检测				
学时	0.1 学时				
典型工作过程描述	1. 确认故障现象；2. 读取故障码；3. 分析故障原因；4. 绘制控制原理图；5. 测试相关电路				
计划对比					
序号	计划的可行性	计划的经济性	计划的可操作性	计划的实施难度	综合评价
1					
2					
3					
N					

决策评价	班级		第____组	组长签字	
	教师签字		日期		
	评语：				

典型工作环节 3　分析故障原因的实施单

<table>
<tr><td>学习场一</td><td colspan="5">拆检动力电池系统</td></tr>
<tr><td>学习情境四</td><td colspan="5">接触器的检测</td></tr>
<tr><td>学时</td><td colspan="5">0.1 学时</td></tr>
<tr><td>典型工作过程描述</td><td colspan="5">1．确认故障现象；2．读取故障码；3．分析故障原因；4．绘制控制原理图；5．测试相关电路</td></tr>
<tr><td>序号</td><td>实施步骤</td><td colspan="4">注意事项</td></tr>
<tr><td>1</td><td>从 BMS 自身分析故障原因</td><td colspan="4">从 BMS 自身分析无法工作的原因</td></tr>
<tr><td>2</td><td>从 BMS 控制各个继电器的线路分析故障原因</td><td colspan="4">若 BMS 自身供电接地正常，则从 BMS 控制三个继电器的线路及三个继电器自身分析故障原因</td></tr>
<tr><td>3</td><td>结合故障码或仪表显示情况分析故障原因</td><td colspan="4">若解码器无法进入该系统，却可以进入其他系统，可以在其他系统内读取相关故障码，再结合仪表显示情况来分析故障原因</td></tr>
<tr><td colspan="6">实施说明：
（1）掌握 BMS 作用，从自身工作条件分析；
（2）掌握 BMS 控制继电器的电路分析及继电器之间的关系；
（3）掌握仪表信息中反映出的故障现象，结合解码器更容易缩小故障范围</td></tr>
<tr><td rowspan="3">实施评价</td><td>班级</td><td></td><td>第____组</td><td>组长签字</td><td></td></tr>
<tr><td>教师签字</td><td></td><td>日期</td><td colspan="2"></td></tr>
<tr><td colspan="5">评语：</td></tr>
</table>

典型工作环节 3　分析故障原因的检查单

<table>
<tr><td>学习场一</td><td colspan="5">拆检动力电池系统</td></tr>
<tr><td>学习情境四</td><td colspan="5">接触器的检测</td></tr>
<tr><td>学时</td><td colspan="5">0.1 学时</td></tr>
<tr><td>典型工作过程描述</td><td colspan="5">1．确认故障现象；2．读取故障码；3．分析故障原因；4．绘制控制原理图；5．测试相关电路</td></tr>
<tr><td>序号</td><td>检查项目</td><td>检查标准</td><td>学生自查</td><td colspan="2">教师检查</td></tr>
<tr><td>1</td><td>自身原因是否分析全面</td><td>是否分析到接触器自身故障层面</td><td></td><td colspan="2"></td></tr>
<tr><td>2</td><td>继电器的关系是否掌握</td><td>是否分析到接触器控制故障层面</td><td></td><td colspan="2"></td></tr>
<tr><td>3</td><td>仪表显示是否分析全面</td><td>是否根据仪表故障灯、提示语分析故障原因</td><td></td><td colspan="2"></td></tr>
<tr><td rowspan="3">检查评价</td><td>班级</td><td></td><td>第____组</td><td>组长签字</td><td></td></tr>
<tr><td>教师签字</td><td></td><td>日期</td><td colspan="2"></td></tr>
<tr><td colspan="5">评语：</td></tr>
</table>

典型工作环节 3　分析故障原因的评价单

<table>
<tr><td>学习场一</td><td colspan="6">拆检动力电池系统</td></tr>
<tr><td>学习情境四</td><td colspan="6">接触器的检测</td></tr>
<tr><td>学时</td><td colspan="6">0.1 学时</td></tr>
<tr><td>典型工作过程描述</td><td colspan="6">1．确认故障现象；2．读取故障码；3．分析故障原因；4．绘制控制原理图；5．测试相关电路</td></tr>
<tr><td>评价项目</td><td>评价子项目</td><td>学生自评</td><td colspan="2">组内评价</td><td colspan="2">教师评价</td></tr>
<tr><td>小组 1
分析故障原因的
阶段性评价结果</td><td>故障原因是否分析全面</td><td></td><td colspan="2"></td><td colspan="2"></td></tr>
<tr><td>小组 2
分析故障原因的
阶段性评价结果</td><td>故障原因是否分析全面</td><td></td><td colspan="2"></td><td colspan="2"></td></tr>
<tr><td>小组 3
分析故障原因的
阶段性评价结果</td><td>故障原因是否分析全面</td><td></td><td colspan="2"></td><td colspan="2"></td></tr>
<tr><td>小组 4
分析故障原因的
阶段性评价结果</td><td>故障原因是否分析全面</td><td></td><td colspan="2"></td><td colspan="2"></td></tr>
<tr><td rowspan="3">评价</td><td>班级</td><td></td><td>第____组</td><td>组长签字</td><td colspan="2"></td></tr>
<tr><td>教师签字</td><td></td><td>日期</td><td colspan="3"></td></tr>
<tr><td colspan="6">评语：</td></tr>
</table>

典型工作环节 4　绘制控制原理图的资讯单

学习场一	拆检动力电池系统
学习情境四	接触器的检测
学时	0.1 学时
典型工作过程描述	1．确认故障现象；2．读取故障码；3．分析故障原因；4．绘制控制原理图；5．测试相关电路
收集资讯的方式	线下书籍及线上资源相结合
资讯描述	（1）根据典型工作环节 3 中分析的可能原因，在电路图中找到 BMS 系统电路图； （2）绘制出 BMS 的供电、接地、通信相关控制原理图； （3）绘制出 BMS 控制继电器的控制原理图及掌握各个继电器之间的关系； （4）标明端子号，在车辆中找到相关熔断器、线束插接器等元器件； （5）绘制诊断表格，设计填写各元器件或线路实测电压、电阻、波形等相关数据的表格； （6）查阅资料，在诊断表格中填写各元器件或线路标准电压、电阻、波形等相关数据
对学生的要求	（1）掌握电路图识图方法。 （2）能在电路图中完整地找出所需系统的相关电路。 （3）在控制原理图中标明端子号，以便在测量过程中准确找到测量端子。 （4）绘制诊断表格，根据原理图设计完整、科学的测试路径；训练诊断思路。 （5）查阅资料，在诊断表格中填写各元器件或线路标准电压、电阻、波形等相关数据，训练使用维修手册、电路图等维修资料的能力，以及诊断故障所需要的严谨态度。若资料中查阅不到标准参数，可在正常车辆中进行测量，并记录，形成维修资料，以便在以后的维修中参考查阅，养成良好的记笔记习惯，可以提高工作效率
参考资料	（1）《纯电动汽车维护、检测、诊断技术规范》(JT/T 1344—2020)； （2）比亚迪秦 EV 维修手册

典型工作环节 4　绘制控制原理图的计划单

<table>
<tr><td colspan="2">学习场一</td><td colspan="5">拆检动力电池系统</td></tr>
<tr><td colspan="2">学习情境四</td><td colspan="5">接触器的检测</td></tr>
<tr><td colspan="2">学时</td><td colspan="5">0.1 学时</td></tr>
<tr><td colspan="2">典型工作过程描述</td><td colspan="5">1. 确认故障现象；2. 读取故障码；3. 分析故障原因；4. 绘制控制原理图；5. 测试相关电路</td></tr>
<tr><td colspan="2">计划制订的方式</td><td colspan="5">小组讨论</td></tr>
<tr><td>序号</td><td colspan="2">工作步骤</td><td colspan="4">注意事项</td></tr>
<tr><td>1</td><td colspan="2">逐条列出可能原因</td><td colspan="4">根据典型工作环节 3 中分析的可能原因，在电路图中找到 BMS 电路图</td></tr>
<tr><td>2</td><td colspan="2">绘制出控制原理图</td><td colspan="4">根据列出的可能原因，查阅电路图，绘制出 BMS 的供电、接地、继电器的电路原理图及相互关系</td></tr>
<tr><td>3</td><td colspan="2">标明端子号</td><td colspan="4">在控制原理图中正确标注测试端子及元器件名称</td></tr>
<tr><td>4</td><td colspan="2">绘制诊断表格</td><td colspan="4">表格内容包括测试条件、测试设备、测试对象、实测值、标准值、实测波形、标准波形等基本信息</td></tr>
<tr><td>5</td><td colspan="2">查阅标准值</td><td colspan="4">通过查阅资料，查询测试对象的标准参数，以便出具诊断结论，若资料中查阅不到标准参数，可在正常车辆中进行测量，并记录，形成维修资料，以便在以后的维修中参考查阅</td></tr>
<tr><td rowspan="3">计划评价</td><td>班级</td><td></td><td>第____组</td><td>组长签字</td><td colspan="2"></td></tr>
<tr><td>教师签字</td><td></td><td>日期</td><td colspan="3"></td></tr>
<tr><td colspan="6">评语：</td></tr>
</table>

典型工作环节 4　绘制控制原理图的决策单

<table>
<tr><td colspan="2">学习场一</td><td colspan="5">拆检动力电池系统</td></tr>
<tr><td colspan="2">学习情境四</td><td colspan="5">接触器的检测</td></tr>
<tr><td colspan="2">学时</td><td colspan="5">0.1 学时</td></tr>
<tr><td colspan="2">典型工作过程描述</td><td colspan="5">1. 确认故障现象；2. 读取故障码；3. 分析故障原因；4. 绘制控制原理图；5. 测试相关电路</td></tr>
<tr><td colspan="7">计划对比</td></tr>
<tr><td>序号</td><td>计划的可行性</td><td>计划的经济性</td><td colspan="2">计划的可操作性</td><td>计划的实施难度</td><td>综合评价</td></tr>
<tr><td>1</td><td></td><td></td><td colspan="2"></td><td></td><td></td></tr>
<tr><td>2</td><td></td><td></td><td colspan="2"></td><td></td><td></td></tr>
<tr><td>3</td><td></td><td></td><td colspan="2"></td><td></td><td></td></tr>
<tr><td>N</td><td></td><td></td><td colspan="2"></td><td></td><td></td></tr>
<tr><td rowspan="3">决策评价</td><td>班级</td><td></td><td>第____组</td><td>组长签字</td><td colspan="2"></td></tr>
<tr><td>教师签字</td><td></td><td>日期</td><td colspan="3"></td></tr>
<tr><td colspan="6">评语：</td></tr>
</table>

典型工作环节 4　绘制控制原理图的实施单

学习场一	拆检动力电池系统	
学习情境四	接触器的检测	
学时	0.1 学时	
典型工作过程描述	1．确认故障现象；2．读取故障码；3．分析故障原因；4．绘制控制原理图；5．测试相关电路	
序号	实施步骤	注意事项
1	逐条列出可能原因	根据典型工作环节 3 中分析的可能原因，在电路图中找到 BMS 电路图
2	绘制出控制原理图	根据列出的可能原因，查阅电路图，绘制出 BMS 的供电、接地、继电器的电路原理图及相互关系
3	标明端子号	在控制原理图中正确标注测试端子及元器件名称
4	绘制诊断表格	表格内容包括测试条件、测试设备、测试对象、实测值、标准值、实测波形、标准波形等基本信息
5	查阅标准值	通过查阅资料，查询测试对象的标准参数，以便出具诊断结论，若资料中查阅不到标准参数，可在正常车辆中进行测量，并记录，形成维修资料，以便以后的维修中参考查阅

实施说明：

（1）掌握电路图识图方法，在电路图中找到相关元器件。

（2）在电路图中完整地找出所需系统的相关电路。

（3）在控制原理图中标明端子号，以便在测量过程中准确找到测量端子。

（4）绘制诊断表格，表格内容包括测试条件、测试设备、测试对象、实测值、标准值、实测波形、标准波形等基本信息

测试条件		测试设备、仪器		
序号	测试对象	实测值	标准值	测试结论
1	BMS 端 BK45（A）			正常 / 异常
2	电池包端 BK51			
3				
4				
5				

（5）查阅资料，在诊断表格中填写各元器件或线路标准电压、电阻、波形等相关数据，训练使用维修手册、电路图等维修资料的能力，以及诊断故障所需要的严谨态度。若资料中查阅不到标准参数，可在正常车辆中进行测量，并记录，形成维修资料，以便在以后的维修中参考查阅，养成良好的记笔记习惯，可以提高工作效率

实施评价	班级		第____组	组长签字	
	教师签字		日期		
	评语：				

典型工作环节 4　绘制控制原理图的检查单

学习场一	拆检动力电池系统			
学习情境四	接触器的检测			
学时	0.1 学时			
典型工作过程描述	1. 确认故障现象；2. 读取故障码；3. 分析故障原因；4. 绘制控制原理图；5. 测试相关电路			
序号	检查项目	检查标准	学生自查	教师检查
1	逐条列出可能原因	列出原因是否完整		
2	绘制出控制原理图	原理图中元器件、线路是否绘制完整		
3	标明端子号	端子号是否完整、正确		
4	绘制诊断表格	设计表格是否完整，波形测试项目是否设计波形坐标		
5	查阅标准值	标准参数查阅是否正确		
检查评价	班级		第____组	组长签字
	教师签字		日期	
	评语：			

典型工作环节 4　绘制控制原理图的评价单

学习场一	拆检动力电池系统			
学习情境四	接触器的检测			
学时	0.1 学时			
典型工作过程描述	1. 确认故障现象；2. 读取故障码；3. 分析故障原因；4. 绘制控制原理图；5. 测试相关电路			
评价项目	评价子项目	学生自评	组内评价	教师评价
小组 1 绘制控制原理图的阶段性评价结果	（1）原因分析全面； （2）原理图绘制完整； （3）诊断表格设计合理			
小组 2 绘制控制原理图的阶段性评价结果	（1）原因分析全面； （2）原理图绘制完整； （3）诊断表格设计合理			
小组 3 绘制控制原理图的阶段性评价结果	（1）原因分析全面； （2）原理图绘制完整； （3）诊断表格设计合理			
小组 4 绘制控制原理图的阶段性评价结果	（1）原因分析全面； （2）原理图绘制完整； （3）诊断表格设计合理			
评价	班级		第____组	组长签字
	教师签字		日期	
	评语：			

典型工作环节 5　测试相关电路的资讯单

学习场一	拆检动力电池系统
学习情境四	接触器的检测
学时	0.1 学时
典型工作过程描述	1. 确认故障现象；2. 读取故障码；3. 分析故障原因；4. 绘制控制原理图；5. 测试相关电路
收集资讯的方式	线下书籍及线上资源相结合
资讯描述	（1）根据列出的故障原因，列出测试对象； （2）按照测试条件进行测试，并记录在所设计的故障诊断表中； （3）对比实测值与标准值，出具诊断结论，测试正常情况下进行下一可能原因测试； （4）找到异常元器件或线路，进行修复； （5）修复后验证故障现象是否消失，确认故障码最终是否清除
对学生的要求	（1）根据列出的故障原因，列出测试对象；此步骤需要根据故障诊断先简后繁的原则，按先后顺序列出测试对象；一般测试顺序为熔断器、线路、元器件、控制单元。 （2）按照测试条件进行测试，并记录在所设计的故障诊断表中；养成严谨的工作态度，防止漏测、错测导致测试结论错误，无法排除故障。 （3）对比实测值与标准值，出具诊断结论，测试正常情况下进行下一可能原因测试；有些故障可能不是单一故障，在对所列出的故障点逐个测试后也许并未排除故障，此时需要对故障现象再次验证，以免对故障原因分析不全面，锲而不舍、持之以恒的精神更容易成功。 （4）找到异常元器件或线路，进行修复；元器件更换或线路修复时需验证新件的工作状况，以免造成返工，或故障无法排除。 （5）修复后验证故障现象是否消失，确认故障码最终是否清除
参考资料	（1）《纯电动汽车维护、检测、诊断技术规范》(JT/T 1344—2020)； （2）比亚迪秦 EV 维修手册

典型工作环节 5　测试相关电路的计划单

<table>
<tr><td>学习场一</td><td colspan="6">拆检动力电池系统</td></tr>
<tr><td>学习情境四</td><td colspan="6">接触器的检测</td></tr>
<tr><td>学时</td><td colspan="6">0.1 学时</td></tr>
<tr><td>典型工作过程描述</td><td colspan="6">1．确认故障现象；2．读取故障码；3．分析故障原因；4．绘制控制原理图；5．测试相关电路</td></tr>
<tr><td>计划制订的方式</td><td colspan="6">小组讨论</td></tr>
<tr><td>序号</td><td colspan="2">工作步骤</td><td colspan="4">注意事项</td></tr>
<tr><td>1</td><td colspan="2">列出测试对象</td><td colspan="4">根据故障诊断先简后繁的原则，按先后顺序列出测试对象</td></tr>
<tr><td>2</td><td colspan="2">测试并记录</td><td colspan="4">明确测试条件，通电或断电、静态或动态</td></tr>
<tr><td>3</td><td colspan="2">出具诊断结论</td><td colspan="4">对比实测值与标准值，出具诊断结论</td></tr>
<tr><td>4</td><td colspan="2">修复故障点</td><td colspan="4">修复前确认新件工作状况</td></tr>
<tr><td>5</td><td colspan="2">验证故障现象</td><td colspan="4">修复后确认故障现象是否消失</td></tr>
<tr><td rowspan="3">计划评价</td><td>班级</td><td></td><td>第____组</td><td>组长签字</td><td></td><td></td></tr>
<tr><td>教师签字</td><td></td><td>日期</td><td colspan="3"></td></tr>
<tr><td colspan="6">评语：</td></tr>
</table>

典型工作环节 5　测试相关电路的决策单

<table>
<tr><td>学习场一</td><td colspan="5">拆检动力电池系统</td></tr>
<tr><td>学习情境四</td><td colspan="5">接触器的检测</td></tr>
<tr><td>学时</td><td colspan="5">0.1 学时</td></tr>
<tr><td>典型工作过程描述</td><td colspan="5">1．确认故障现象；2．读取故障码；3．分析故障原因；4．绘制控制原理图；5．测试相关电路</td></tr>
<tr><td colspan="6">计划对比</td></tr>
<tr><td>序号</td><td>计划的可行性</td><td>计划的经济性</td><td>计划的可操作性</td><td>计划的实施难度</td><td>综合评价</td></tr>
<tr><td>1</td><td></td><td></td><td></td><td></td><td></td></tr>
<tr><td>2</td><td></td><td></td><td></td><td></td><td></td></tr>
<tr><td>3</td><td></td><td></td><td></td><td></td><td></td></tr>
<tr><td>N</td><td></td><td></td><td></td><td></td><td></td></tr>
<tr><td rowspan="3">决策评价</td><td>班级</td><td></td><td>第____组</td><td>组长签字</td><td></td></tr>
<tr><td>教师签字</td><td></td><td>日期</td><td colspan="2"></td></tr>
<tr><td colspan="5">评语：</td></tr>
</table>

典型工作环节 5　测试相关电路的实施单

<table>
<tr><td colspan="2">学习场一</td><td colspan="4">拆检动力电池系统</td></tr>
<tr><td colspan="2">学习情境四</td><td colspan="4">接触器的检测</td></tr>
<tr><td colspan="2">学时</td><td colspan="4">0.1 学时</td></tr>
<tr><td colspan="2">典型工作过程描述</td><td colspan="4">1．确认故障现象；2．读取故障码；3．分析故障原因；4．绘制控制原理图；5．测试相关电路</td></tr>
<tr><td>序号</td><td colspan="2">实施步骤</td><td colspan="3">注意事项</td></tr>
<tr><td>1</td><td colspan="2">列出测试对象</td><td colspan="3">根据故障诊断先简后繁的原则，按先后顺序列出测试对象</td></tr>
<tr><td>2</td><td colspan="2">测试并记录</td><td colspan="3">明确测试条件，通电或断电、静态或动态</td></tr>
<tr><td>3</td><td colspan="2">出具诊断结论</td><td colspan="3">对比实测值与标准值，出具诊断结论</td></tr>
<tr><td>4</td><td colspan="2">修复故障点</td><td colspan="3">修复前确认新件工作状况</td></tr>
<tr><td>5</td><td colspan="2">验证故障现象</td><td colspan="3">修复后确认故障现象是否消失</td></tr>
<tr><td colspan="6">实施说明：
（1）根据列出的故障原因，列出测试对象；此步骤需要根据故障诊断先简后繁的原则，按先后顺序列出测试对象；一般测试顺序为熔断器、线路、元器件、控制单元。
（2）按照测试条件进行测试，并记录在所设计的故障诊断表中；养成严谨的工作态度，防止漏测、错测导致测试结论错误，无法排除故障。
（3）对比实测值与标准值，出具诊断结论，测试正常情况下进行下一可能原因测试；有些故障可能不是单一故障，在对所列出的故障点逐个测试后也许并未排除故障，此时需要对故障现象再次验证，以免对故障原因分析不全面。
（4）找到异常元器件或线路，进行修复；元器件更换或线路修复时需验证新件的工作状况，以免造成返工，或故障无法排除。
（5）修复后验证故障现象是否消失，确认故障码最终是否清除</td></tr>
<tr><td rowspan="3">实施评价</td><td>班级</td><td></td><td>第____组</td><td>组长签字</td><td></td></tr>
<tr><td>教师签字</td><td></td><td>日期</td><td colspan="2"></td></tr>
<tr><td colspan="5">评语：</td></tr>
</table>

典型工作环节 5　测试相关电路的检查单

学习场一	拆检动力电池系统			
学习情境四	接触器的检测			
学时	0.1 学时			
典型工作过程描述	1. 确认故障现象；2. 读取故障码；3. 分析故障原因；4. 绘制控制原理图；5. 测试相关电路			
序号	检查项目	检查标准	学生自查	教师检查
1	列出测试对象	列出项目是否完整		
2	测试并记录	测试结果是否正确		
3	出具诊断结论	结果分析是否正确		
4	修复故障点	修复前是否验证元器件		
5	验证故障现象	修复后是否验证故障现象		
检查评价	班级		第____组	组长签字
	教师签字		日期	
	评语：			

典型工作环节 5　测试相关电路的评价单

学习场一	拆检动力电池系统			
学习情境四	接触器的检测			
学时	0.1 学时			
典型工作过程描述	1. 确认故障现象；2. 读取故障码；3. 分析故障原因；4. 绘制控制原理图；5. 测试相关电路			
评价项目	评价子项目	学生自评	组内评价	教师评价
小组 1 测试相关电路 的阶段性评价结果	（1）测试方法正确； （2）测试结果正确； （3）故障是否排除			
小组 2 测试相关电路 的阶段性评价结果	（1）测试方法正确； （2）测试结果正确； （3）故障是否排除			
小组 3 测试相关电路 的阶段性评价结果	（1）测试方法正确； （2）测试结果正确； （3）故障是否排除			
小组 4 测试相关电路 的阶段性评价结果	（1）测试方法正确； （2）测试结果正确； （3）故障是否排除			
评价	班级		第____组	组长签字
	教师签字		日期	
	评语：			

学习情境五　充电连接信号的检测

微课：充电枪控制确认信号故障诊断　微课：充电枪连接确认信号故障诊断

典型工作环节 1　确认故障现象的资讯单

学习场一	拆检动力电池系统
学习情境五	充电连接信号的检测
学时	0.1 学时
典型工作过程描述	1．确认故障现象；2．读取故障码；3．分析故障原因；4．绘制控制原理图；5．测试相关电路
收集资讯的方式	线下书籍与线上微课资源相结合
资讯描述	连接充电设备至外部交流充电插座，按压充电枪锁止开关，连接至车辆慢充接口，释放充电枪锁止开关。3 s 后，主负、主正继电器没有发出正常的“咔嗒”吸合声，同时，充电枪锁无动作，充电枪无法锁止。 观察外部充电设备，充电设备上只有红色电源指示灯点亮，而充电设备上绿色充电状态指示灯未闪烁。 观察仪表，仪表上充电连接指示灯未正常点亮，同时仪表中部电池电量及充电时间、充电功率信息没有显示，车辆充电功能没有启动
对学生的要求	（1）掌握该车辆所有电控系统，认识仪表中全部指示信息，以便打开点火开关后正确记录仪表显示情况； （2）使用驻车制动器，防止车辆检测过程中出现溜车等意外事故，强化学生安全责任意识； （3）记录仪表故障提示，通过仪表提示确定故障范围； （4）记录仪表异常显示的故障指示灯，不同的故障原因可能导致系统指示灯异常点亮或异常熄灭，掌握各系统指示灯含义； （5）发现除仪表显示外的故障现象，用于确定故障范围，如需路试行驶，必须由教师执行此步骤，防止安全事故产生
参考资料	（1）《纯电动汽车维护、检测、诊断技术规范》(JT/T 1344—2020)； （2）比亚迪秦 EV 维修手册

典型工作环节 1　确认故障现象的计划单

学习场一	拆检动力电池系统				
学习情境五	充电连接信号的检测				
学时	0.1 学时				
典型工作过程描述	1. 确认故障现象；2. 读取故障码；3. 分析故障原因；4. 绘制控制原理图；5. 测试相关电路				
计划制订的方式	小组讨论				
序号	工作步骤		注意事项		
1	按压充电枪锁止开关，连接至车辆慢充接口，释放充电枪锁止开关		观察仪表充电指示灯情况，正常情况下连接指示灯和充电指示灯应该点亮，充电枪锁止		
2	使用驻车制动器		防止车辆检测过程中出现溜车等意外事故		
3	记录仪表故障提示，用于确定故障范围		一般情况下各系统故障时，仪表会显示文字提示语，但此时所提示的故障范围通常较大，需要维修人员借助仪器设备进一步检查		
4	记录仪表异常显示的故障指示灯		观察全面，记录异常点亮或异常熄灭的指示灯		
5	记录车辆高压上电情况		踩下制动踏板，打开点火开关，观察仪表有无“OK”指示灯点亮		
计划评价	班级		第____组	组长签字	
	教师签字		日期		
	评语：				

典型工作环节 1　确认故障现象的决策单

学习场一	拆检动力电池系统				
学习情境五	充电连接信号的检测				
学时	0.1 学时				
典型工作过程描述	1. 确认故障现象；2. 读取故障码；3. 分析故障原因；4. 绘制控制原理图；5. 测试相关电路				
计划对比					
序号	计划的可行性	计划的经济性	计划的可操作性	计划的实施难度	综合评价
1					
2					
3					
N					
决策评价	班级		第____组	组长签字	
	教师签字		日期		
	评语：				

典型工作环节 1　确认故障现象的实施单

<table>
<tr><td>学习场一</td><td colspan="5">拆检动力电池系统</td></tr>
<tr><td>学习情境五</td><td colspan="5">充电连接信号的检测</td></tr>
<tr><td>学时</td><td colspan="5">0.1 学时</td></tr>
<tr><td>典型工作过程描述</td><td colspan="5">1．确认故障现象；2．读取故障码；3．分析故障原因；4．绘制控制原理图；5．测试相关电路</td></tr>
<tr><td>序号</td><td colspan="2">实施步骤</td><td colspan="3">注意事项</td></tr>
<tr><td>1</td><td colspan="2">按压充电枪锁止开关，连接至车辆慢充接口，释放充电枪锁止开关</td><td colspan="3">观察仪表充电指示灯情况，正常情况下连接指示灯和充电指示灯应该点亮，充电枪锁止</td></tr>
<tr><td>2</td><td colspan="2">使用驻车制动器</td><td colspan="3">防止车辆检测过程中出现溜车等意外事故</td></tr>
<tr><td>3</td><td colspan="2">记录仪表故障提示，用于确定故障范围</td><td colspan="3">一般情况下各系统故障时，仪表会显示文字提示语，但此时所提示的故障范围通常较大，需要维修人员借助仪器设备进一步检查</td></tr>
<tr><td>4</td><td colspan="2">记录仪表异常显示的故障指示灯</td><td colspan="3">观察全面，记录异常点亮或异常熄灭的指示灯</td></tr>
<tr><td>5</td><td colspan="2">记录车辆高压上电情况</td><td colspan="3">踩下制动踏板，打开点火开关，观察仪表有无“OK”指示灯点亮</td></tr>
<tr><td colspan="6">实施说明：
（1）掌握该车辆充电系统正常指示灯及故障指示灯情况；
（2）使用驻车制动器，防止车辆检测过程中出现溜车等意外事故；
（3）记录仪表故障提示，通过仪表提示确定故障范围；
（4）记录仪表异常显示的故障指示灯，不同的故障原因可能导致系统指示灯异常点亮或异常熄灭，掌握各系统指示灯含义；
（5）发现除仪表显示外的故障现象，用于确定故障范围，如需路试行驶，必须由教师执行此步骤，防止安全事故产生</td></tr>
<tr><td rowspan="3">实施评价</td><td>班级</td><td></td><td>第____组</td><td>组长签字</td><td></td></tr>
<tr><td>教师签字</td><td></td><td>日期</td><td colspan="2"></td></tr>
<tr><td colspan="5">评语：</td></tr>
</table>

典型工作环节 1　确认故障现象的检查单

<table>
<tr><td colspan="2">学习场一</td><td colspan="3">拆检动力电池系统</td></tr>
<tr><td colspan="2">学习情境五</td><td colspan="3">充电连接信号的检测</td></tr>
<tr><td colspan="2">学时</td><td colspan="3">0.1 学时</td></tr>
<tr><td colspan="2">典型工作过程描述</td><td colspan="3">1. 确认故障现象；2. 读取故障码；3. 分析故障原因；4. 绘制控制原理图；5. 测试相关电路</td></tr>
<tr><td>序号</td><td>检查项目</td><td>检查标准</td><td>学生自查</td><td>教师检查</td></tr>
<tr><td>1</td><td>按压充电枪锁止开关，连接至车辆慢充接口，释放充电枪锁止开关</td><td>是否掌握充电流程</td><td></td><td></td></tr>
<tr><td>2</td><td>使用驻车制动器</td><td>是否实施驻车制动</td><td></td><td></td></tr>
<tr><td>3</td><td>记录仪表故障提示，用于确定故障范围</td><td>是否记录故障提示语</td><td></td><td></td></tr>
<tr><td>4</td><td>记录仪表异常显示的故障指示灯</td><td>是否记录异常熄灭的指示灯</td><td></td><td></td></tr>
<tr><td>5</td><td>记录车辆高压上电情况</td><td>是否掌握高压上电的现象</td><td></td><td></td></tr>
<tr><td rowspan="3">检查评价</td><td>班级</td><td></td><td>第____组</td><td>组长签字</td></tr>
<tr><td>教师签字</td><td></td><td>日期</td><td></td></tr>
<tr><td colspan="4">评语：</td></tr>
</table>

典型工作环节 1　确认故障现象的评价单

<table>
<tr><td>学习场一</td><td colspan="4">拆检动力电池系统</td></tr>
<tr><td>学习情境五</td><td colspan="4">充电连接信号的检测</td></tr>
<tr><td>学时</td><td colspan="4">0.1 学时</td></tr>
<tr><td>典型工作过程描述</td><td colspan="4">1. 确认故障现象；2. 读取故障码；3. 分析故障原因；4. 绘制控制原理图；5. 测试相关电路</td></tr>
<tr><td>评价项目</td><td>评价子项目</td><td>学生自评</td><td>组内评价</td><td>教师评价</td></tr>
<tr><td>小组 1
确认故障现象的阶段性评价结果</td><td>故障现象描述是否完整</td><td></td><td></td><td></td></tr>
<tr><td>小组 2
确认故障现象的阶段性评价结果</td><td>故障现象描述是否完整</td><td></td><td></td><td></td></tr>
<tr><td>小组 3
确认故障现象的阶段性评价结果</td><td>故障现象描述是否完整</td><td></td><td></td><td></td></tr>
<tr><td>小组 4
确认故障现象的阶段性评价结果</td><td>故障现象描述是否完整</td><td></td><td></td><td></td></tr>
<tr><td rowspan="3">评价</td><td>班级</td><td></td><td>第____组</td><td>组长签字</td></tr>
<tr><td>教师签字</td><td></td><td>日期</td><td></td></tr>
<tr><td colspan="4">评语：</td></tr>
</table>

典型工作环节 2 读取故障码的资讯单

学习场一	拆检动力电池系统
学习情境五	充电连接信号的检测
学时	0.1 学时
典型工作过程描述	1．确认故障现象；2．读取故障码；3．分析故障原因；4．绘制控制原理图；5．测试相关电路
收集资讯的方式	线下书籍与线上微课资源相结合
资讯描述	（1）关闭点火开关，确认车辆仪表未通电，防止连接诊断插头过程中产生感应电流损坏车辆线路及元器件； （2）连接诊断插头至车辆诊断接口； （3）打开诊断仪主机，打开点火开关，在“车辆品牌”选择页面选择所诊断车辆的相应品牌，在“车型”选择页面选择相应车型，在“系统”选择页面选择所诊断系统，在无法确认哪一系统出现故障时，可选择“扫描全部系统”的方式对车辆所有系统进行全面诊断； （4）进入所选系统，在功能选项中选择“读取故障码”，观察所读取的故障码属性为“当前故障码”或“历史故障码”，并记录所读取的全部故障码，清除故障码； （5）关闭点火开关，重新打开点火开关，试车后，再次读取故障码，此时读取的故障码，可以基本确定为当前车辆的故障范围； （6）若解码器无法进入所选系统，应考虑该系统自身工作状况及该系统通信功能是否正常
对学生的要求	（1）连接仪器前确认关闭点火开关，此步骤为仪器使用规范，未按此步骤执行，可能导致车辆线路及元器件损坏； （2）选择正确的诊断接头，用导线连接或用无线方式连接到仪器，此步骤为仪器使用规范，要求熟练掌握仪器正确使用方法； （3）从选择品牌到选择系统为车辆识别能力训练，训练识别车型的能力； （4）读取并清除故障码，训练对故障码属性的判断能力，能够正确引导维修人员确认故障范围； （5）无法读取故障码时，训练掌握车辆运行控制原理能力，通过故障现象，分析故障原因及范围的诊断能力
参考资料	（1）《纯电动汽车维护、检测、诊断技术规范》(JT/T 1344—2020)； （2）比亚迪秦 EV 维修手册

典型工作环节 2　读取故障码的计划单

学习场一	拆检动力电池系统				
学习情境五	充电连接信号的检测				
学时	0.1 学时				
典型工作过程描述	1. 确认故障现象；2. 读取故障码；3. 分析故障原因；4. 绘制控制原理图；5. 测试相关电路				
计划制订的方式	小组讨论				
序号	工作步骤		注意事项		
1	关闭点火开关，确认车辆仪表未通电		防止连接诊断插头过程中产生感应电流损坏车辆线路及元器件		
2	连接诊断插头至车辆诊断接口				
3	打开诊断仪主机，打开点火开关，选择车型及相应系统		在“车辆品牌”选择页面选择所诊断车辆的相应品牌，在“车型”选择页面选择相应车型，在“系统”选择页面选择所诊断系统，在无法确认哪一系统出现故障时，可选择“扫描全部系统”的方式对车辆所有系统进行全面诊断		
4	读取故障码		观察所读取的故障码属性为“当前故障码”或“历史故障码”，并记录所读取的全部故障码，清除故障码		
5	再次读取故障码		关闭点火开关，重新打开点火开关，试车后再次读取故障码		
计划评价	班级		第____组	组长签字	
	教师签字		日期		
	评语：				

典型工作环节 2　读取故障码的决策单

学习场一	拆检动力电池系统				
学习情境五	充电连接信号的检测				
学时	0.1 学时				
典型工作过程描述	1. 确认故障现象；2. 读取故障码；3. 分析故障原因；4. 绘制控制原理图；5. 测试相关电路				
计划对比					
序号	计划的可行性	计划的经济性	计划的可操作性	计划的实施难度	综合评价
1					
2					
3					
N					
决策评价	班级		第____组	组长签字	
	教师签字		日期		
	评语：				

典型工作环节 2 读取故障码的实施单

学习场一	拆检动力电池系统	
学习情境五	充电连接信号的检测	
学时	0.1 学时	
典型工作过程描述	1. 确认故障现象；2. 读取故障码；3. 分析故障原因；4. 绘制控制原理图；5. 测试相关电路	
序号	实施步骤	注意事项
1	关闭点火开关，确认车辆仪表未通电	防止连接诊断插头过程中产生感应电流损坏车辆线路及元器件
2	连接诊断插头至车辆诊断接口	
3	打开诊断仪主机，打开点火开关，选择车型及相应系统	在“车辆品牌”选择页面选择所诊断车辆的相应品牌，在“车型”选择页面选择相应车型，在系统选择页面选择所诊断系统，在无法确认哪一系统出现故障时，可选择“扫描全部系统”的方式对车辆所有系统进行全面诊断
4	读取故障码	观察所读取的故障码属性为“当前故障码”或“历史故障码”，并记录所读取的全部故障码，清除故障码
5	再次读取故障码	关闭点火开关，重新打开点火开关，试车后再次读取故障码

实施说明：

（1）连接仪器前确认关闭点火开关，此步骤为仪器使用规范，未按此步骤执行，可能导致车辆线路及元器件损坏；

（2）选择正确的诊断接头，用导线连接或用无线方式连接到仪器；

（3）车辆品牌、型号信息可从车辆“铭牌”中获取；

（4）读取并清除故障码，用于判断故障码属性，防止历史故障码或偶发性故障对故障判断造成误导；

（5）无法读取故障码时，应考虑该系统自身供电、接地及通信功能是否正常，根据电路图对该系统自身电路进行检测

实施评价	班级		第____组	组长签字	
	教师签字		日期		
	评语：				

典型工作环节 2　读取故障码的检查单

学习场一	拆检动力电池系统				
学习情境五	充电连接信号的检测				
学时	0.1 学时				
典型工作过程描述	1. 确认故障现象；2. 读取故障码；3. 分析故障原因；4. 绘制控制原理图；5. 测试相关电路				
序号	检查项目	检查标准		学生自查	教师检查
1	关闭点火开关，确认车辆仪表未通电	关闭点火开关至 OFF 挡			
2	连接诊断插头至车辆诊断接口	诊断接头与主机是否连接成功			
3	打开诊断仪主机，打开点火开关，选择车型及相应系统	选择是否正确			
4	读取故障码	能否判断故障码属性			
5	再次读取故障码	是否重新运行该系统后再次读取			
检查评价	班级		第____组	组长签字	
	教师签字		日期		
	评语：				

典型工作环节 2　读取故障码的评价单

学习场一	拆检动力电池系统				
学习情境五	充电连接信号的检测				
学时	0.1 学时				
典型工作过程描述	1. 确认故障现象；2. 读取故障码；3. 分析故障原因；4. 绘制控制原理图；5. 测试相关电路				
评价项目	评价子项目	学生自评	组内评价	教师评价	
小组 1 读取故障码 的阶段性评价结果	确认能否读取故障码或是否完整记录故障码				
小组 2 读取故障码 的阶段性评价结果	确认能否读取故障码或是否完整记录故障码				
小组 3 读取故障码 的阶段性评价结果	确认能否读取故障码或是否完整记录故障码				
小组 4 读取故障码 的阶段性评价结果	确认能否读取故障码或是否完整记录故障码				
评价	班级		第____组	组长签字	
	教师签字		日期		
	评语：				

典型工作环节 3 分析故障原因的资讯单

学习场一	拆检动力电池系统
学习情境五	充电连接信号的检测
学时	0.1 学时
典型工作过程描述	1. 确认故障现象；2. 读取故障码；3. 分析故障原因；4. 绘制控制原理图；5. 测试相关电路
收集资讯的方式	线下书籍及线上资源相结合
资讯描述	连接充电枪，仪表上充电连接指示灯不能正常点亮，说明动力电池管理系统（BMS）及车载充电机无法确认充电枪已连接至车辆充电口，因此，充电功能不启动，车辆仪表无任何显示。 应在维修车辆充电故障前，已确认车辆高压可以正常上电，且换挡行驶正常，说明动力电池管理系统（BMS）及动力电池包、充配电总成［车载充电机（OBC）/DC-DC］、整车控制器、驱动电动机控制器（MCU）的电源、通信、互锁、自检、接触器控制、高压绝缘、DC-DC 输出等都正常。结合 EV 车辆充电控制逻辑，由此可以判断，不能充电故障及仪表无任何显示信息主要由充电系统唤醒及连接信号造成，其主要有以下几项： （1）充电枪充电连接信号 CC； （2）充电枪充电连接控制信号 CP； （3）充配电总成至 BMS 充电连接信号。 其中，如果充电枪充电连接控制信号 CP 异常，在第一次连接充电枪后，由于此时 CC 可能正常，车载充电机（OBC）通过 CC 将检测到充电枪已连接，在整车充电逻辑中，车载充电机判定使用者首先连接了充电设备上的充电枪，其次再连接充电设备电源。因此，车载充电机内部将动力电池管理系统输出的高电位（10.71 V）拉低至低电位（2.86 V），此时 OBC、BMS 确认启动充电模式。OBC 通过动力 -CAN 总线激活仪表上充电连接指示灯，指示灯点亮。而此时，车载充电机等待 CP 信号输入，如果在 15 s 内无法接收到 CP 信号，车载充电机将终止充电功能启动，同时，仪表上充电连接指示灯熄灭。在短时间内再次连接充电枪及充电设备时，车辆和仪表将无任何反应，此时，车载充电机进入故障保护模式。 因此，结合以上信息，可以判断为以下两项造成： （1）充电枪充电连接信号 CC； （2）充配电总成至 BMS 充电连接信号
对学生的要求	（1）掌握充电连接信号和充电连接控制信号； （2）掌握整车充电逻辑； （3）掌握仪表信息中反映出的故障现象，结合解码器更容易缩小故障范围
参考资料	（1）《纯电动汽车维护、检测、诊断技术规范》（JT/T 1344—2020）； （2）比亚迪秦 EV 维修手册

典型工作环节 3　分析故障原因的计划单

学习场一		拆检动力电池系统			
学习情境五		充电连接信号的检测			
学时		0.1 学时			
典型工作过程描述		1. 确认故障现象；2. 读取故障码；3. 分析故障原因；4. 绘制控制原理图；5. 测试相关电路			
计划制订的方式		小组讨论			
序号	工作步骤		注意事项		
1	从 CC 分析故障原因		从充电连接信号的原因分析		
2	从 CP 分析故障原因		从充电连接控制信号的原因分析		
3	结合故障码或仪表显示情况分析故障原因		若解码器无法进入该系统，却可以进入其他系统，则可以在其他系统内读取相关故障码，再结合仪表显示情况来分析故障原因		
计划评价	班级		第____组	组长签字	
	教师签字		日期		
	评语：				

典型工作环节 3　分析故障原因的决策单

学习场一	拆检动力电池系统				
学习情境五	充电连接信号的检测				
学时	0.1 学时				
典型工作过程描述	1. 确认故障现象；2. 读取故障码；3. 分析故障原因；4. 绘制控制原理图；5. 测试相关电路				
计划对比					
序号	计划的可行性	计划的经济性	计划的可操作性	计划的实施难度	综合评价
1					
2					
3					
N					
决策评价	班级		第____组	组长签字	
	教师签字		日期		
	评语：				

典型工作环节 3　分析故障原因的实施单

<table>
<tr><td colspan="2">学习场一</td><td colspan="4">拆检动力电池系统</td></tr>
<tr><td colspan="2">学习情境五</td><td colspan="4">充电连接信号的检测</td></tr>
<tr><td colspan="2">学时</td><td colspan="4">0.1 学时</td></tr>
<tr><td colspan="2">典型工作过程描述</td><td colspan="4">1. 确认故障现象；2. 读取故障码；3. 分析故障原因；4. 绘制控制原理图；5. 测试相关电路</td></tr>
<tr><td>序号</td><td colspan="2">实施步骤</td><td colspan="3">注意事项</td></tr>
<tr><td>1</td><td colspan="2">从 CC 分析故障原因</td><td colspan="3">从充电连接信号的原因分析</td></tr>
<tr><td>2</td><td colspan="2">从 CP 分析故障原因</td><td colspan="3">从充电连接控制信号的原因分析</td></tr>
<tr><td>3</td><td colspan="2">结合故障码或仪表显示情况分析故障原因</td><td colspan="3">若解码器无法进入该系统，却可以进入其他系统，则可以在其他系统内读取相关故障码，再结合仪表显示情况来分析故障原因</td></tr>
<tr><td colspan="6">实施说明：
（1）掌握充电连接信号和充电连接控制信号；
（2）掌握整车充电逻辑；
（3）掌握仪表信息中反映的故障现象，结合解码器更容易缩小故障范围</td></tr>
<tr><td rowspan="3">实施评价</td><td>班级</td><td></td><td>第____组</td><td>组长签字</td><td></td></tr>
<tr><td>教师签字</td><td></td><td>日期</td><td colspan="2"></td></tr>
<tr><td colspan="5">评语：</td></tr>
</table>

典型工作环节 3　分析故障原因的检查单

学习场一	拆检动力电池系统				
学习情境五	充电连接信号的检测				
学时	0.1 学时				
典型工作过程描述	1．确认故障现象；2．读取故障码；3．分析故障原因；4．绘制控制原理图；5．测试相关电路				
序号	检查项目	检查标准	学生自查	教师检查	
1	充电连接信号是否分析全面	是否分析到充电连接信号层面			
2	充电连接控制信号是否掌握	是否方向的充电连接控制信号层面			
3	仪表显示是否分析全面	是否结合仪表故障灯，提示语分析故障原因			
检查评价	班级		第____组	组长签字	
	教师签字		日期		
	评语：				

典型工作环节 3　分析故障原因的评价单

学习场一	拆检动力电池系统				
学习情境五	充电连接信号的检测				
学时	0.1 学时				
典型工作过程描述	1．确认故障现象；2．读取故障码；3．分析故障原因；4．绘制控制原理图；5．测试相关电路				
评价项目	评价子项目	学生自评	组内评价	教师评价	
小组 1 分析故障原因的阶段性评价结果	故障原因是否分析全面				
小组 2 分析故障原因的阶段性评价结果	故障原因是否分析全面				
小组 3 分析故障原因的阶段性评价结果	故障原因是否分析全面				
小组 4 分析故障原因的阶段性评价结果	故障原因是否分析全面				
评价	班级		第____组	组长签字	
	教师签字		日期		
	评语：				

典型工作环节 4　绘制控制原理图的资讯单

学习场一	拆检动力电池系统
学习情境五	充电连接信号的检测
学时	0.1 学时
典型工作过程描述	1. 确认故障现象；2. 读取故障码；3. 分析故障原因；4. 绘制控制原理图；5. 测试相关电路
收集资讯的方式	线下书籍及线上资源相结合
资讯描述	（1）根据典型工作环节 3 中分析的可能原因，在电路图中找到充电系统电路图； （2）绘制出充电系统中充电枪与车辆之间的控制原理图； （3）标明端子号，在车辆中找到相关熔断器、线束插接器等元器件； （4）绘制诊断表格，设计填写各元器件或线路实测电压、电阻、波形等相关数据的表格； （5）查阅资料，在诊断表格中填写各元器件或线路标准电压、电阻、波形等相关数据
对学生的要求	（1）掌握电路图识图方法； （2）能在电路图中完整地找出所需系统的相关电路； （3）在控制原理图中标明端子号，以便在测量过程中准确找到测量端子； （4）绘制诊断表格，根据原理图设计完整、科学的测试路径；训练诊断思路； （5）查阅资料，在诊断表格中填写好各元器件或线路标准电压、电阻、波形等相关数据，训练使用维修手册、电路图等维修资料的能力，以及诊断故障所需要的严谨态度。若资料中查阅不到标准参数，可在正常车辆中进行测量，并记录，形成维修资料，以便以后的维修中参考查阅，养成良好的记笔记习惯，可以提高工作效率
参考资料	（1）《纯电动汽车维护、检测、诊断技术规范》(JT/T 1344—2020)； （2）比亚迪秦 EV 维修手册

典型工作环节 4　绘制控制原理图的计划单

学习场一	拆检动力电池系统				
学习情境五	充电连接信号的检测				
学时	0.1 学时				
典型工作过程描述	1．确认故障现象；2．读取故障码；3．分析故障原因；4．绘制控制原理图；5．测试相关电路				
计划制订的方式	小组讨论				
序号	工作步骤		注意事项		
1	逐条列出可能原因		根据典型工作环节 3 中分析的可能原因，在电路图中找到充电系统电路图		
2	绘制出控制原理图		根据列出的可能原因，查阅电路图，绘制出充电系统中充电枪与车辆之间的控制原理图		
3	标明端子号		在控制原理图中正确标注测试端子及元器件名称		
4	绘制诊断表格		表格内容包括测试条件、测试设备、测试对象、实测值、标准值、实测波形、标准波形等基本信息		
5	查阅标准值		通过查阅资料，查询测试对象的标准参数，以便出具诊断结论，若资料中查阅不到标准参数，可在正常车辆中进行测量并记录，形成维修资料，以便以后的维修中参考查阅		
计划评价	班级		第____组	组长签字	
	教师签字		日期		
	评语：				

典型工作环节 4　绘制控制原理图的决策单

学习场一	拆检动力电池系统				
学习情境五	充电连接信号的检测				
学时	0.1 学时				
典型工作过程描述	1．确认故障现象；2．读取故障码；3．分析故障原因；4．绘制控制原理图；5．测试相关电路				
计划对比					
序号	计划的可行性	计划的经济性	计划的可操作性	计划的实施难度	综合评价
1					
2					
3					
N					
决策评价	班级		第____组	组长签字	
	教师签字		日期		
	评语：				

典型工作环节 4　绘制控制原理图的实施单

学习场一	拆检动力电池系统
学习情境五	充电连接信号的检测
学时	0.1 学时
典型工作过程描述	1. 确认故障现象；2. 读取故障码；3. 分析故障原因；4. 绘制控制原理图；5. 测试相关电路

序号	实施步骤	注意事项
1	逐条列出可能原因	根据典型工作环节 3 中分析的可能原因，在电路图中找到充电系统电路图
2	绘制出控制原理图	根据列出的可能原因，查阅电路图，绘制出充电系统中充电枪与车辆之间的控制原理图
3	标明端子号	在控制原理图中正确标注测试端子及元器件名称
4	绘制诊断表格	表格内容包括测试条件、测试设备、测试对象、实测值、标准值、实测波形、标准波形等基本信息
5	查阅标准值	通过查阅资料，查询测试对象的标准参数，以便出具诊断结论，若资料中查阅不到标准参数，可在正常车辆中进行测量并记录，形成维修资料，以便以后的维修中参考查阅

实施说明：

（1）掌握电路图识图方法，在电路图中找到相关元器件。

（2）在电路图中完整地找出所需系统的相关电路。

（3）在控制原理图中标明端子号，以便在测量过程中准确找到测量端子。

（4）绘制诊断表格，表格内容包括测试条件、测试设备、测试对象、实测值、标准值、实测波形、标准波形等基本信息

测试条件		检测设备、仪器		
序号	测试对象	实测值	标准值	测试结论
1	充电枪端 CC			正常 / 异常
2	车辆端 CC			正常 / 异常
3	充电枪 CP			正常 / 异常
4				
5				

（5）查阅资料，在诊断表格中填写好各元器件或线路标准电压、电阻、波形等相关数据，训练使用维修手册、电路图等维修资料的能力，以及诊断故障所需要的严谨态度。若资料中查阅不到标准参数，可在正常车辆中进行测量并记录，形成维修资料，以便以后的维修中参考查阅，养成良好的记笔记习惯，可以提高工作效率

实施评价	班级		第____组	组长签字	
	教师签字		日期		
	评语：				

典型工作环节 4　绘制控制原理图的检查单

学习场一	拆检动力电池系统			
学习情境五	充电连接信号的检测			
学时	0.1 学时			
典型工作过程描述	1. 确认故障现象；2. 读取故障码；3. 分析故障原因；4. 绘制控制原理图；5. 测试相关电路			
序号	检查项目	检查标准	学生自查	教师检查
1	逐条列出可能原因	列出原因是否完整		
2	绘制出控制原理图	原理图中元器件、线路是否绘制完整		
3	标明端子号	端子号是否完整、正确		
4	绘制诊断表格	设计表格是否完整，波形测试项目是否设计波形坐标		
5	查阅标准值	标准参数查阅是否正确		
检查评价	班级		第____组	组长签字
	教师签字		日期	
	评语：			

典型工作环节 4　绘制控制原理图的评价单

学习场一	拆检动力电池系统			
学习情境五	充电连接信号的检测			
学时	0.1 学时			
典型工作过程描述	1. 确认故障现象；2. 读取故障码；3. 分析故障原因；4. 绘制控制原理图；5. 测试相关电路			
评价项目	评价子项目	学生自评	组内评价	教师评价
小组 1 绘制控制原理图的阶段性评价结果	（1）原因分析全面； （2）原理图绘制完整； （3）诊断表格设计合理			
小组 2 绘制控制原理图的阶段性评价结果	（1）原因分析全面； （2）原理图绘制完整； （3）诊断表格设计合理			
小组 3 绘制控制原理图的阶段性评价结果	（1）原因分析全面； （2）原理图绘制完整； （3）诊断表格设计合理			
小组 4 绘制控制原理图的阶段性评价结果	（1）原因分析全面； （2）原理图绘制完整； （3）诊断表格设计合理			
评价	班级		第____组	组长签字
	教师签字		日期	
	评语：			

典型工作环节 5　测试相关电路的资讯单

学习场一	拆检动力电池系统
学习情境五	充电连接信号的检测
学时	0.1 学时
典型工作过程描述	1. 确认故障现象；2. 读取故障码；3. 分析故障原因；4. 绘制控制原理图；5. 测试相关电路
收集资讯的方式	线下书籍及线上资源相结合
资讯描述	（1）根据列出的故障原因，列出测试对象； （2）按照测试条件进行测试，并记录在所设计的故障诊断表中； （3）对比实测值与标准值，出具诊断结论，测试正常情况下进行下一可能原因测试； （4）找到异常元器件或线路，进行修复； （5）修复后验证故障现象是否消失，确认故障码最终是否清除
对学生的要求	（1）根据列出的故障原因，列出测试对象；此步骤需要根据故障诊断先简后繁的原则，按先后顺序列出测试对象；一般测试顺序为熔断器、线路、元器件、控制单元。 （2）按照测试条件进行测试，并记录在所设计的故障诊断表中；养成严谨的工作态度，防止漏测、错测导致测试结论错误，无法排除故障。 （3）对比实测值与标准值，出具诊断结论，测试正常情况下进行下一可能原因测试；有些故障可能不是单一故障，在对所列出的故障点逐个测试后也许并未排除故障，此时需要对故障现象再次验证，以免对故障原因分析不全面，锲而不舍、持之以恒的精神更容易成功。 （4）找到异常元器件或线路，进行修复；元器件更换或线路修复时需验证新件的工作状况，以免造成返工，或故障无法排除。 （5）修复后验证故障现象是否消失，确认故障码最终是否清除
参考资料	（1）《纯电动汽车维护、检测、诊断技术规范》(JT/T 1344—2020)； （2）比亚迪秦 EV 维修手册

典型工作环节 5　测试相关电路的计划单

学习场一	拆检动力电池系统				
学习情境五	充电连接信号的检测				
学时	0.1 学时				
典型工作过程描述	1．确认故障现象；2．读取故障码；3．分析故障原因；4．绘制控制原理图；5．测试相关电路				
计划制订的方式	小组讨论				
序号	工作步骤		注意事项		
1	列出测试对象		根据故障诊断先简后繁的原则，按先后顺序列出测试对象		
2	测试并记录		明确测试条件，通电或断电、静态或动态		
3	出具诊断结论		对比实测值与标准值，出具诊断结论		
4	修复故障点		修复前确认新件工作状况		
5	验证故障现象		修复后确认故障现象是否消失		
计划评价	班级		第____组	组长签字	
	教师签字		日期		
	评语：				

典型工作环节 5　测试相关电路的决策单

学习场一	拆检动力电池系统					
学习情境五	充电连接信号的检测					
学时	0.1 学时					
典型工作过程描述	1．确认故障现象；2．读取故障码；3．分析故障原因；4．绘制控制原理图；5．测试相关电路					
计划对比						
序号	计划的可行性	计划的经济性	计划的可操作性	计划的实施难度	综合评价	
1						
2						
3						
N						
决策评价	班级		第____组	组长签字		
	教师签字		日期			
	评语：					

典型工作环节 5　测试相关电路的实施单

<table>
<tr><td colspan="2">学习场一</td><td colspan="4">拆检动力电池系统</td></tr>
<tr><td colspan="2">学习情境五</td><td colspan="4">充电连接信号的检测</td></tr>
<tr><td colspan="2">学时</td><td colspan="4">0.1 学时</td></tr>
<tr><td colspan="2">典型工作过程描述</td><td colspan="4">1. 确认故障现象；2. 读取故障码；3. 分析故障原因；4. 绘制控制原理图；5. 测试相关电路</td></tr>
<tr><td>序号</td><td colspan="2">实施步骤</td><td colspan="3">注意事项</td></tr>
<tr><td>1</td><td colspan="2">列出测试对象</td><td colspan="3">根据故障诊断先简后繁的原则，按先后顺序列出测试对象</td></tr>
<tr><td>2</td><td colspan="2">测试并记录</td><td colspan="3">明确测试条件，通电或断电、静态或动态</td></tr>
<tr><td>3</td><td colspan="2">出具诊断结论</td><td colspan="3">对比实测值与标准值，出具诊断结论</td></tr>
<tr><td>4</td><td colspan="2">修复故障点</td><td colspan="3">修复前确认新件工作状况</td></tr>
<tr><td>5</td><td colspan="2">验证故障现象</td><td colspan="3">修复后确认故障现象是否消失</td></tr>
<tr><td colspan="6">实施说明：
（1）根据列出的故障原因，列出测试对象；此步骤需要根据故障诊断先简后繁的原则，按先后顺序列出测试对象；一般测试顺序为熔断器、线路、元器件、控制单元。
（2）按照测试条件进行测试，并记录在所设计的故障诊断表中；养成严谨的工作态度，防止漏测、错测导致测试结论错误，无法排除故障。
（3）对比实测值与标准值，出具诊断结论，测试正常情况下进行下一可能原因测试；有些故障可能不是单一故障，在对所列出的故障点逐个测试后也许并未排除故障，此时需要对故障现象再次验证，以免对故障原因分析不全面。
（4）找到异常元器件或线路，进行修复；元器件更换或线路修复时需验证新件的工作状况，以免造成返工，或故障无法排除。
（5）修复后验证故障现象是否消失，确认故障码最终是否清除</td></tr>
<tr><td rowspan="3">实施评价</td><td>班级</td><td></td><td>第____组</td><td>组长签字</td><td></td></tr>
<tr><td>教师签字</td><td></td><td>日期</td><td colspan="2"></td></tr>
<tr><td colspan="5">评语：</td></tr>
</table>

典型工作环节 5　测试相关电路的检查单

学习场一	拆检动力电池系统				
学习情境五	充电连接信号的检测				
学时	0.1 学时				
典型工作过程描述	1. 确认故障现象；2. 读取故障码；3. 分析故障原因；4. 绘制控制原理图；5. 测试相关电路				
序号	检查项目	检查标准		学生自查	教师检查
1	列出测试对象	列出项目是否完整			
2	测试并记录	测试结果是否正确			
3	出具诊断结论	结果分析是否正确			
4	修复故障点	修复前是否验证元器件			
5	验证故障现象	修复后是否验证故障现象			
检查评价	班级		第____组	组长签字	
	教师签字		日期		
	评语：				

典型工作环节 5　测试相关电路的评价单

学习场一	拆检动力电池系统				
学习情境五	充电连接信号的检测				
学时	0.1 学时				
典型工作过程描述	1. 确认故障现象；2. 读取故障码；3. 分析故障原因；4. 绘制控制原理图；5. 测试相关电路				
评价项目	评价子项目	学生自评	组内评价	教师评价	
小组 1 测试相关电路 的阶段性评价结果	（1）测试方法正确； （2）测试结果正确； （3）故障是否排除				
小组 2 测试相关电路 的阶段性评价结果	（1）测试方法正确； （2）测试结果正确； （3）故障是否排除				
小组 3 测试相关电路 的阶段性评价结果	（1）测试方法正确； （2）测试结果正确； （3）故障是否排除				
小组 4 测试相关电路 的阶段性评价结果	（1）测试方法正确； （2）测试结果正确； （3）故障是否排除				
评价	班级		第____组	组长签字	
	教师签字		日期		
	评语：				

学习场二

检修动力电池管理系统

学习情境一　BMS 通信故障检修

微课：BMS 通讯故障检修

典型工作环节 1　确认故障现象的资讯单

学习场二	检修动力电池管理系统
学习情境一	BMS 通信故障检修
学时	0.1 学时
典型工作过程描述	1．确认故障现象；2．读取故障码；3．分析故障原因；4．绘制控制原理图；5．测试相关电路
收集资讯的方式	线下书籍与线上微课资源相结合
资讯描述	（1）踩下制动踏板，打开点火开关，观察仪表指示灯工作情况，观察仪表是否点亮，若仪表不亮，需检查低压电路故障；观察“OK”指示灯是否点亮，若“OK”指示灯不亮，需要检查高压上电相关故障。 （2）检查驻车制动器，防止车辆检测过程中出现溜车等意外事故。 （3）记录仪表故障提示，一般情况下各系统故障时，仪表会显示文字提示语，用于确定故障范围，但此时所提示的故障范围通常较大，需要维修人员借助仪器设备进一步检查。 （4）记录仪表异常显示的故障指示灯，若仪表点亮某个系统的指示灯，说明该系统内的相关元器件或线路出现故障；若同时点亮多个系统故障指示灯，有可能为这几个系统的共性电路出现故障。 （5）记录车辆运行异常的现象（如声音、震动、抖动等），通过运行路试的方式，发现除仪表显示外的故障现象，用于确定故障范围
对学生的要求	（1）掌握该车辆所有电控系统，认识仪表中全部指示信息，以便打开点火开关后正确记录仪表显示情况； （2）检查驻车制动器，防止车辆检测过程中出现溜车等意外事故，强化安全责任意识； （3）记录仪表故障提示，通过仪表提示确定故障范围； （4）记录仪表异常显示的故障指示灯，不同的故障原因可能导致系统指示灯异常点亮或异常熄灭，掌握各系统指示灯的含义； （5）发现除仪表显示外的故障现象，用于确定故障范围，如需路试行驶，必须由教师执行此步骤，防止安全事故产生
参考资料	（1）《纯电动汽车维护、检测、诊断技术规范》(JT/T 1344—2020)； （2）比亚迪秦 EV 维修手册

典型工作环节 1 确认故障现象的计划单

<table>
<tr><td colspan="2">学习场二</td><td colspan="4">检修动力电池管理系统</td></tr>
<tr><td colspan="2">学习情境一</td><td colspan="4">BMS 通信故障检修</td></tr>
<tr><td colspan="2">学时</td><td colspan="4">0.1 学时</td></tr>
<tr><td colspan="2">典型工作过程描述</td><td colspan="4">1．确认故障现象；2．读取故障码；3．分析故障原因；4．绘制控制原理图；5．测试相关电路</td></tr>
<tr><td colspan="2">计划制订的方式</td><td colspan="4">小组讨论</td></tr>
<tr><td>序号</td><td colspan="2">工作步骤</td><td colspan="3">注意事项</td></tr>
<tr><td>1</td><td colspan="2">踩下制动踏板，打开点火开关，记录故障灯异常情况</td><td colspan="3">观察仪表指示灯工作情况，观察仪表是否点亮，若仪表不亮，需检查低压电路故障；观察“OK”指示灯是否点亮，若“OK”指示灯不亮，需要检查高压上电相关故障</td></tr>
<tr><td>2</td><td colspan="2">检查驻车制动器</td><td colspan="3">防止车辆检测过程中出现溜车等意外事故</td></tr>
<tr><td>3</td><td colspan="2">记录仪表故障提示，用于确定故障范围</td><td colspan="3">一般情况下各系统故障时，仪表会显示文字提示语，但此时所提示的故障范围通常较大，需要维修人员借助仪器设备进一步检查</td></tr>
<tr><td>4</td><td colspan="2">记录仪表异常显示的故障指示灯</td><td colspan="3">观察全面，记录异常点亮或异常熄灭的指示灯</td></tr>
<tr><td>5</td><td colspan="2">记录车辆运行异常的现象</td><td colspan="3">如需路试行驶，必须由教师执行此步骤，防止安全事故产生</td></tr>
<tr><td rowspan="3">计划评价</td><td>班级</td><td></td><td>第____组</td><td>组长签字</td><td></td></tr>
<tr><td>教师签字</td><td></td><td>日期</td><td colspan="2"></td></tr>
<tr><td colspan="5">评语：</td></tr>
</table>

典型工作环节 1 确认故障现象的决策单

<table>
<tr><td>学习场二</td><td colspan="5">检修动力电池管理系统</td></tr>
<tr><td>学习情境一</td><td colspan="5">BMS 通信故障检修</td></tr>
<tr><td>学时</td><td colspan="5">0.1 学时</td></tr>
<tr><td>典型工作过程描述</td><td colspan="5">1．确认故障现象；2．读取故障码；3．分析故障原因；4．绘制控制原理图；5．测试相关电路</td></tr>
<tr><td colspan="6">计划对比</td></tr>
<tr><td>序号</td><td>计划的可行性</td><td>计划的经济性</td><td>计划的可操作性</td><td>计划的实施难度</td><td>综合评价</td></tr>
<tr><td>1</td><td></td><td></td><td></td><td></td><td></td></tr>
<tr><td>2</td><td></td><td></td><td></td><td></td><td></td></tr>
<tr><td>3</td><td></td><td></td><td></td><td></td><td></td></tr>
<tr><td>N</td><td></td><td></td><td></td><td></td><td></td></tr>
<tr><td rowspan="3">决策评价</td><td>班级</td><td></td><td>第____组</td><td>组长签字</td><td></td></tr>
<tr><td>教师签字</td><td></td><td>日期</td><td colspan="2"></td></tr>
<tr><td colspan="5">评语：</td></tr>
</table>

典型工作环节 1　确认故障现象的实施单

学习场二	检修动力电池管理系统	
学习情境一	BMS 通信故障检修	
学时	0.1 学时	
典型工作过程描述	1．确认故障现象；2．读取故障码；3．分析故障原因；4．绘制控制原理图；5．测试相关电路	
序号	实施步骤	注意事项
1	踩下制动踏板，打开点火开关，记录故障灯异常情况	观察仪表指示灯工作情况，观察仪表是否点亮，若仪表不亮，需检查低压电路故障，观察“OK”指示灯是否点亮；若“OK”灯不亮，需要检查高压上电相关故障
2	检查驻车制动器	防止车辆检测过程中出现溜车等意外事故
3	记录仪表故障提示，用于确定故障范围	一般情况下各系统故障时，仪表会显示文字提示语，但此时所提示的故障范围通常较大，需要维修人员借助仪器设备进一步检查
4	记录仪表异常显示的故障指示灯	观察全面，记录异常点亮或异常熄灭的指示灯
5	记录车辆运行异常的现象	如需路试行驶，必须由教师执行此步骤，防止安全事故产生

实施说明：
（1）掌握该车辆所有电控系统，认识仪表中全部指示信息，以便打开点火开关后正确记录仪表显示情况；
（2）检查驻车制动器，防止车辆检测过程中出现溜车等意外事故；
（3）记录仪表故障提示，通过仪表提示确定故障范围；
（4）记录仪表异常显示的故障指示灯，不同的故障原因可能导致系统指示灯异常点亮或异常熄灭，掌握各系统指示灯含义；
（5）发现除仪表显示外的故障现象，用于确定故障范围，如需路试行驶，必须由教师执行此步骤，防止安全事故产生

实施评价	班级		第____组	组长签字	
	教师签字		日期		
	评语：				

典型工作环节 1　确认故障现象的检查单

学习场二	检修动力电池管理系统				
学习情境一	BMS 通信故障检修				
学时	0.1 学时				
典型工作过程描述	1．确认故障现象；2．读取故障码；3．分析故障原因；4．绘制控制原理图；5．测试相关电路				
序号	检查项目		检查标准	学生自查	教师检查
1	踩下制动踏板，打开点火开关		是否记录故障指示灯		
2	检查驻车制动器		是否实施驻车制动		
3	记录仪表故障提示，用于确定故障范围		是否记录故障提示语		
4	记录仪表异常显示的故障指示灯		是否记录异常熄灭的指示灯		
5	记录车辆运行异常的现象		是否进行正确路试测试		
检查评价	班级		第____组	组长签字	
	教师签字		日期		
	评语：				

典型工作环节 1　确认故障现象的评价单

学习场二	检修动力电池管理系统					
学习情境一	BMS 通信故障检修					
学时	0.1 学时					
典型工作过程描述	1．确认故障现象；2．读取故障码；3．分析故障原因；4．绘制控制原理图；5．测试相关电路					
评价项目	评价子项目		学生自评	组内评价		教师评价
小组 1 确认故障现象的阶段性评价结果	故障现象描述是否完整					
小组 2 确认故障现象的阶段性评价结果	故障现象描述是否完整					
小组 3 确认故障现象的阶段性评价结果	故障现象描述是否完整					
小组 4 确认故障现象的阶段性评价结果	故障现象描述是否完整					
评价	班级		第____组	组长签字		
	教师签字		日期			
	评语：					

典型工作环节 2　读取故障码的资讯单

学习场二	检修动力电池管理系统
学习情境一	BMS 通信故障检修
学时	0.1 学时
典型工作过程描述	1. 确认故障现象；2. 读取故障码；3. 分析故障原因；4. 绘制控制原理图；5. 测试相关电路
收集资讯的方式	线下书籍与线上微课资源相结合
资讯描述	（1）关闭点火开关，确认车辆仪表未通电，防止连接诊断插头过程中产生感应电流损坏车辆线路及元器件； （2）连接诊断插头至车辆诊断接口； （3）打开诊断仪主机，打开点火开关，在“车辆品牌”选择页面选择所诊断车辆的相应品牌，在“车型”选择页面选择相应车型，在“系统”选择页面选择所诊断系统，在无法确认哪一系统出现故障时，可选择“扫描全部系统”的方式对车辆所有系统进行全面诊断； （4）进入所选系统，在“功能”选项中选择“读取故障码”，观察所读取的故障码属性为“当前故障码”或“历史故障码”，并记录所读取的全部故障码，清除故障码； （5）关闭点火开关，重新打开点火开关，试车后，再次读取故障码，此时读取的故障码，可以确定为当前车辆的故障； （6）若解码器无法进入所选系统，应考虑该系统自身工作状况及该系统通信功能是否正常
对学生的要求	（1）连接仪器前确认关闭点火开关，此步骤为仪器使用规范，未按此步骤执行，可能导致车辆线路及元器件损坏； （2）选择正确的诊断接头，用导线连接或用无线方式连接到仪器，此步骤为仪器使用规范，要求熟练掌握仪器正确使用方法； （3）从选择品牌到选择系统，为车辆识别能力训练，训练车型识别的能力； （4）读取并清除故障码，训练对故障码属性的判断能力，能够正确引导维修人员确认故障范围； （5）无法读取故障码时，训练掌握车辆运行控制原理的能力，通过故障现象，分析故障原因及范围的诊断能力
参考资料	（1）《纯电动汽车维护、检测、诊断技术规范》(JT/T 1344—2020)； （2）比亚迪秦 EV 维修手册

典型工作环节 2　读取故障码的计划单

学习场二	检修动力电池管理系统				
学习情境一	BMS 通信故障检修				
学时	0.1 学时				
典型工作过程描述	1. 确认故障现象；2. 读取故障码；3. 分析故障原因；4. 绘制控制原理图；5. 测试相关电路				
计划制订的方式	小组讨论				
序号	工作步骤	注意事项			
1	关闭点火开关，确认车辆仪表未通电	防止连接诊断插头过程中产生感应电流损坏车辆线路及元器件			
2	连接诊断插头至车辆诊断接口				
3	打开诊断仪主机，打开点火开关，选择车型及相应系统	在“车辆品牌”选择页面选择所诊断车辆的相应品牌，在“车型”选择页面选择相应车型，在“系统选择”页面选择所诊断系统，在无法确认哪一系统出现故障时，可选择“扫描全部系统”的方式对车辆所有系统进行全面诊断			
4	读取故障码	观察所读取的故障码属性为“当前故障码”或“历史故障码”，并记录所读取的全部故障码，清除故障码			
5	再次读取故障码	关闭点火开关，重新打开点火开关，试车后再进行读取故障码			
计划评价	班级		第____组	组长签字	
	教师签字		日期		
	评语：				

典型工作环节 2　读取故障码的决策单

学习场二	检修动力电池管理系统				
学习情境一	BMS 通信故障检修				
学时	0.1 学时				
典型工作过程描述	1. 确认故障现象；2. 读取故障码；3. 分析故障原因；4. 绘制控制原理图；5. 测试相关电路				
计划对比					
序号	计划的可行性	计划的经济性	计划的可操作性	计划的实施难度	综合评价
1					
2					
3					
N					
决策评价	班级		第____组	组长签字	
	教师签字		日期		
	评语：				

典型工作环节 2　读取故障码的实施单

<table>
<tr><td colspan="2">学习场二</td><td colspan="4">检修动力电池管理系统</td></tr>
<tr><td colspan="2">学习情境一</td><td colspan="4">BMS 通信故障检修</td></tr>
<tr><td colspan="2">学时</td><td colspan="4">0.1 学时</td></tr>
<tr><td colspan="2">典型工作过程描述</td><td colspan="4">1．确认故障现象；2．读取故障码；3．分析故障原因；4．绘制控制原理图；5．测试相关电路</td></tr>
<tr><td>序号</td><td colspan="2">实施步骤</td><td colspan="3">注意事项</td></tr>
<tr><td>1</td><td colspan="2">关闭点火开关，确认车辆仪表未通电</td><td colspan="3">防止连接诊断插头过程中产生感应电流损坏车辆线路及元器件</td></tr>
<tr><td>2</td><td colspan="2">连接诊断插头至车辆诊断接口</td><td colspan="3"></td></tr>
<tr><td>3</td><td colspan="2">打开诊断仪主机，打开点火开关，选择车型及相应系统</td><td colspan="3">在车辆品牌选择页面选择所诊断车辆的相应品牌，在车型选择页面选择相应车型，在系统选择页面选择所诊断系统，在无法确认哪一系统出现故障时，可选择“扫描全部系统”的方式对车辆所有系统进行全面诊断</td></tr>
<tr><td>4</td><td colspan="2">读取故障码</td><td colspan="3">观察所读取的故障码属性为“当前故障码”或“历史故障码”，并记录所读取的全部故障码，清除故障码</td></tr>
<tr><td>5</td><td colspan="2">再次读取故障码</td><td colspan="3">关闭点火开关，重新打开点火开关，试车后在进行读取故障码</td></tr>
<tr><td colspan="6">实施说明：
（1）连接仪器前确认关闭点火开关，此步骤为仪器使用规范，未按此步骤执行，可能导致车辆线路及元器件损坏；
（2）选择正确的诊断接头，用导线连接或用无线方式连接到仪器；
（3）车辆品牌、型号信息可从车辆“铭牌”中获取；
（4）读取并清除故障码，用于判断故障码属性，防止历史故障码或偶发性故障对故障判断造成误导；
（5）无法读取故障码时，应考虑该系统自身供电、接地及通信功能是否正常，根据电路图对该系统自身电路进行检测</td></tr>
<tr><td rowspan="3">实施评价</td><td>班级</td><td></td><td>第____组</td><td>组长签字</td><td></td></tr>
<tr><td>教师签字</td><td></td><td>日期</td><td colspan="2"></td></tr>
<tr><td colspan="5">评语：</td></tr>
</table>

典型工作环节 2 读取故障码的检查单

学习场二	检修动力电池管理系统				
学习情境一	BMS 通信故障检修				
学时	0.1 学时				
典型工作过程描述	1．确认故障现象；2．读取故障码；3．分析故障原因；4．绘制控制原理图；5．测试相关电路				
序号	检查项目		检查标准	学生自查	教师检查
1	关闭点火开关，确认车辆仪表未通电		关闭点火开关至 OFF 挡		
2	连接诊断插头至车辆诊断接口		诊断接头与主机是否连接成功		
3	打开诊断仪主机，打开点火开关，选择车型及相应系统		选择是否正确		
4	读取故障码		能否判断故障码属性		
5	再次读取故障码		是否重新运行该系统后再次读取		
检查评价	班级		第____组	组长签字	
	教师签字		日期		
	评语：				

典型工作环节 2 读取故障码的评价单

学习场二	检修动力电池管理系统				
学习情境一	BMS 通信故障检修				
学时	0.1 学时				
典型工作过程描述	1．确认故障现象；2．读取故障码；3．分析故障原因；4．绘制控制原理图；5．测试相关电路				
评价项目	评价子项目	学生自评		组内评价	教师评价
小组 1 读取故障码的阶段性评价结果	确认能否读取故障码或是否完整记录故障码				
小组 2 读取故障码的阶段性评价结果	确认能否读取故障码或是否完整记录故障码				
小组 3 读取故障码的阶段性评价结果	确认能否读取故障码或是否完整记录故障码				
小组 4 读取故障码的阶段性评价结果	确认能否读取故障码或是否完整记录故障码				
评价	班级		第____组	组长签字	
	教师签字		日期		
	评语：				

典型工作环节 3　分析故障原因的资讯单

学习场二	检修动力电池管理系统
学习情境一	BMS 通信故障检修
学时	0.1 学时
典型工作过程描述	1．确认故障现象；2．读取故障码；3．分析故障原因；4．绘制控制原理图；5．测试相关电路
收集资讯的方式	线下书籍及线上资源相结合
资讯描述	（1）从 BMS 自身分析故障原因：BMS 为电池管理系统，主要功能有充放电管理、接触器控制、功率控制、电池异常状态报警和保护、SOC 计算、自检和通信功能等，若该系统完全失效，则车辆无法上电，若该系统部分失效，可能导致功率限制； （2）从 BMS 与其他系统的通信关系分析故障原因：BMS 需要将电池包相关参数发送给整车控制器、充电系统、仪表等多个控制系统，若其通信线路异常，则导致无法与其他系统交换信息，使车辆无法在不安全环境下运行，导致车辆无法上电； （3）结合故障码或仪表显示情况分析故障原因：结合故障码可初步判断，该故障属于单一系统故障或多系统故障，通过仪器设备诊断，可缩小故障范围，提高工作效率
对学生的要求	（1）掌握 BMS 的作用； （2）掌握 BMS 在整个车辆控制系统中的通信关系； （3）掌握仪表信息中反映出的故障现象，结合解码器更容易缩小故障范围
参考资料	（1）《纯电动汽车维护、检测、诊断技术规范》(JT/T 1344—2020)； （2）比亚迪秦 EV 维修手册

典型工作环节 3　分析故障原因的计划单

<table>
<tr><td>学习场二</td><td colspan="5">检修动力电池管理系统</td></tr>
<tr><td>学习情境一</td><td colspan="5">BMS 通信故障检修</td></tr>
<tr><td>学时</td><td colspan="5">0.1 学时</td></tr>
<tr><td>典型工作过程描述</td><td colspan="5">1．确认故障现象；2．读取故障码；3．分析故障原因；4．绘制控制原理图；5．测试相关电路</td></tr>
<tr><td>计划制订的方式</td><td colspan="5">小组讨论</td></tr>
<tr><td>序号</td><td colspan="2">工作步骤</td><td colspan="3">注意事项</td></tr>
<tr><td>1</td><td colspan="2">从 BMS 自身分析故障原因</td><td colspan="3">从 BMS 自身无法工作的原因分析</td></tr>
<tr><td>2</td><td colspan="2">从 BMS 与其他系统的通信关系分析故障原因</td><td colspan="3"></td></tr>
<tr><td>3</td><td colspan="2">结合故障码或仪表显示情况分析故障原因</td><td colspan="3">若解码器无法进入该系统，却可以进入其他系统，可以在其他系统内读取相关故障码，再结合仪表显示情况来分析故障原因</td></tr>
<tr><td rowspan="3">计划评价</td><td>班级</td><td></td><td>第____组</td><td>组长签字</td><td></td></tr>
<tr><td>教师签字</td><td></td><td>日期</td><td colspan="2"></td></tr>
<tr><td colspan="5">评语：</td></tr>
</table>

典型工作环节 3　分析故障原因的决策单

学习场二	检修动力电池管理系统				
学习情境一	BMS 通信故障检修				
学时	0.1 学时				
典型工作过程描述	1. 确认故障现象；2. 读取故障码；3. 分析故障原因；4. 绘制控制原理图；5. 测试相关电路				
计划对比					
序号	计划的可行性	计划的经济性	计划的可操作性	计划的实施难度	综合评价
1					
2					
3					
N					
决策评价	班级		第____组	组长签字	
	教师签字		日期		
	评语：				

典型工作环节 3　分析故障原因的实施单

学习场二	检修动力电池管理系统	
学习情境一	BMS 通信故障检修	
学时	0.1 学时	
典型工作过程描述	1. 确认故障现象；2. 读取故障码；3. 分析故障原因；4. 绘制控制原理图；5. 测试相关电路	
序号	实施步骤	注意事项
1	从 BMS 自身分析故障原因	从 BMS 自身无法工作的原因分析
2	从 BMS 与其他系统的通信关系分析故障原因	
3	结合故障码或仪表显示情况分析故障原因	若解码器无法进入该系统，却可以进入其他系统，可以在其他系统内读取相关故障码，再结合仪表显示情况来分析故障原因
实施说明： （1）掌握 BMS 作用，从自身工作条件分析； （2）掌握 BMS 在整个车辆控制系统中的通信关系； （3）掌握仪表信息中反映出的故障现象，结合解码器更容易缩小故障范围		

实施评价	班级		第____组	组长签字	
	教师签字		日期		
	评语：				

典型工作环节 3　分析故障原因的检查单

<table>
<tr><td colspan="2">学习场二</td><td colspan="5">检修动力电池管理系统</td></tr>
<tr><td colspan="2">学习情境一</td><td colspan="5">BMS 通信故障检修</td></tr>
<tr><td colspan="2">学时</td><td colspan="5">0.1 学时</td></tr>
<tr><td colspan="2">典型工作过程描述</td><td colspan="5">1. 确认故障现象；2. 读取故障码；3. 分析故障原因；4. 绘制控制原理图；5. 测试相关电路</td></tr>
<tr><td>序号</td><td>检查项目</td><td>检查标准</td><td colspan="2">学生自查</td><td colspan="2">教师检查</td></tr>
<tr><td>1</td><td>自身原因是否分析全面</td><td>是否分析到元器件自身层面</td><td colspan="2"></td><td colspan="2"></td></tr>
<tr><td>2</td><td>通信关系是否掌握</td><td>是否分析到通信关系层面</td><td colspan="2"></td><td colspan="2"></td></tr>
<tr><td>3</td><td>仪表显示是否分析全面</td><td>是否根据仪表故障灯，提示语分析原因</td><td colspan="2"></td><td colspan="2"></td></tr>
<tr><td rowspan="3">检查评价</td><td>班级</td><td></td><td>第____组</td><td>组长签字</td><td colspan="2"></td></tr>
<tr><td>教师签字</td><td></td><td>日期</td><td colspan="3"></td></tr>
<tr><td colspan="6">评语：</td></tr>
</table>

典型工作环节 3　分析故障原因的评价单

<table>
<tr><td>学习场二</td><td colspan="5">检修动力电池管理系统</td></tr>
<tr><td>学习情境一</td><td colspan="5">BMS 通信故障检修</td></tr>
<tr><td>学时</td><td colspan="5">0.1 学时</td></tr>
<tr><td>典型工作过程描述</td><td colspan="5">1. 确认故障现象；2. 读取故障码；3. 分析故障原因；4. 绘制控制原理图；5. 测试相关电路</td></tr>
<tr><td>评价项目</td><td>评价子项目</td><td>学生自评</td><td colspan="2">组内评价</td><td>教师评价</td></tr>
<tr><td>小组 1
分析故障原因的阶段性评价结果</td><td>故障原因是否分析全面</td><td></td><td colspan="2"></td><td></td></tr>
<tr><td>小组 2
分析故障原因的阶段性评价结果</td><td>故障原因是否分析全面</td><td></td><td colspan="2"></td><td></td></tr>
<tr><td>小组 3
分析故障原因的阶段性评价结果</td><td>故障原因是否分析全面</td><td></td><td colspan="2"></td><td></td></tr>
<tr><td>小组 4
分析故障原因的阶段性评价结果</td><td>故障原因是否分析全面</td><td></td><td colspan="2"></td><td></td></tr>
<tr><td rowspan="3">评价</td><td>班级</td><td></td><td>第____组</td><td>组长签字</td><td></td></tr>
<tr><td>教师签字</td><td></td><td>日期</td><td colspan="2"></td></tr>
<tr><td colspan="5">评语：</td></tr>
</table>

典型工作环节 4　绘制控制原理图的资讯单

学习场二	检修动力电池管理系统
学习情境一	BMS 通信故障检修
学时	0.1 学时
典型工作过程描述	1. 确认故障现象；2. 读取故障码；3. 分析故障原因；4. 绘制控制原理图；5. 测试相关电路
收集资讯的方式	线下书籍及线上资源相结合
资讯描述	（1）根据典型工作环节 3 中分析的可能原因，在电路图中找到 BMS 电路图； （2）绘制出 BMS 的供电、接地、通信相关控制原理图； （3）标明端子号，在车辆中找到相关熔断器、线束插接器等元器件； （4）绘制诊断表格，设计填写各元器件或线路实测电压、电阻、波形等相关数据的表格； （5）查阅资料，在诊断表格中填写好各元器件或线路标准电压、电阻、波形等相关数据
对学生的要求	（1）掌握电路图识图方法； （2）能在电路图中完整地找出所需系统的相关电路； （3）在控制原理图中标明端子号，以便在测量过程中准确找到测量端子； （4）绘制诊断表格，根据原理图设计完整、科学的测试路径；训练诊断思路； （5）查阅资料，在诊断表格中填写好各元器件或线路标准电压、电阻、波形等相关数据，训练使用维修手册、电路图等维修资料的能力，以及诊断故障所需要的严谨态度。若资料中查阅不到标准参数，可在正常车辆中进行测量并记录，形成维修资料，以便以后的维修中参考查阅，养成良好的记笔记习惯，可以提高工作效率
参考资料	（1）《纯电动汽车维护、检测、诊断技术规范》(JT/T 1344—2020)； （2）比亚迪秦 EV 维修手册

典型工作环节 4　绘制控制原理图的计划单

<table>
<tr><td colspan="2">学习场二</td><td colspan="4">检修动力电池管理系统</td></tr>
<tr><td colspan="2">学习情境一</td><td colspan="4">BMS 通信故障检修</td></tr>
<tr><td colspan="2">学时</td><td colspan="4">0.1 学时</td></tr>
<tr><td colspan="2">典型工作过程描述</td><td colspan="4">1．确认故障现象；2．读取故障码；3．分析故障原因；4．绘制控制原理图；5．测试相关电路</td></tr>
<tr><td colspan="2">计划制订的方式</td><td colspan="4">小组讨论</td></tr>
<tr><td>序号</td><td colspan="2">工作步骤</td><td colspan="3">注意事项</td></tr>
<tr><td>1</td><td colspan="2">逐条列出可能原因</td><td colspan="3">根据典型工作环节 3 中分析的可能原因，在电路图中找到 BMS 电路图</td></tr>
<tr><td>2</td><td colspan="2">绘制出控制原理图</td><td colspan="3">根据列出的可能原因，查阅电路图，绘制出 BMS 的供电、接地、通信相关线路及元器件</td></tr>
<tr><td>3</td><td colspan="2">标明端子号</td><td colspan="3">在控制原理图中正确标注测试端子及元器件名称</td></tr>
<tr><td>4</td><td colspan="2">绘制诊断表格</td><td colspan="3">表格内容包括测试条件、测试设备、测试对象、实测值、标准值、实测波形、标准波形等基本信息</td></tr>
<tr><td>5</td><td colspan="2">查阅标准值</td><td colspan="3">通过查阅资料，查询测试对象的标准参数，以便出具诊断结论，若资料中查阅不到标准参数，可在正常车辆中进行测量，并记录，形成维修资料，以便以后的维修中参考查阅</td></tr>
<tr><td rowspan="3">计划评价</td><td>班级</td><td></td><td>第____组</td><td>组长签字</td><td></td></tr>
<tr><td>教师签字</td><td></td><td>日期</td><td colspan="2"></td></tr>
<tr><td colspan="5">评语：</td></tr>
</table>

典型工作环节 4　绘制控制原理图的决策单

<table>
<tr><td>学习场二</td><td colspan="5">检修动力电池管理系统</td></tr>
<tr><td>学习情境一</td><td colspan="5">BMS 通信故障检修</td></tr>
<tr><td>学时</td><td colspan="5">0.1 学时</td></tr>
<tr><td>典型工作过程描述</td><td colspan="5">1．确认故障现象；2．读取故障码；3．分析故障原因；4．绘制控制原理图；5．测试相关电路</td></tr>
<tr><td colspan="6">计划对比</td></tr>
<tr><td>序号</td><td>计划的可行性</td><td>计划的经济性</td><td>计划的可操作性</td><td>计划的实施难度</td><td>综合评价</td></tr>
<tr><td>1</td><td></td><td></td><td></td><td></td><td></td></tr>
<tr><td>2</td><td></td><td></td><td></td><td></td><td></td></tr>
<tr><td>3</td><td></td><td></td><td></td><td></td><td></td></tr>
<tr><td>N</td><td></td><td></td><td></td><td></td><td></td></tr>
<tr><td rowspan="3">决策评价</td><td>班级</td><td></td><td>第____组</td><td>组长签字</td><td></td></tr>
<tr><td>教师签字</td><td></td><td>日期</td><td colspan="2"></td></tr>
<tr><td colspan="5">评语：</td></tr>
</table>

典型工作环节 4　绘制控制原理图的实施单

学习场二	检修动力电池管理系统	
学习情境一	BMS 通信故障检修	
学时	0.1 学时	
典型工作过程描述	1. 确认故障现象；2. 读取故障码；3. 分析故障原因；4. 绘制控制原理图；5. 测试相关电路	
序号	实施步骤	注意事项
1	逐条列出可能原因：	根据典型工作环节 3 中分析的可能原因，在电路图中找到 BMS 系统电路图
2	绘制出控制原理图；	根据列出的可能原因，查阅电路图，绘制出 BMS 系统的供电、接地、通信相关线路及元器件
3	标明端子号	在控制原理图中正确标注测试端子及元器件名称
4	绘制诊断表格	表格内容包括测试条件、测试设备、测试对象、实测值、标准值、实测波形、标准波形等基本信息
5	查阅标准值	通过查阅资料，查询测试对象的标准参数，以便出具诊断结论，若资料中查阅不到标准参数，可在正常车辆中进行测量，并记录，形成维修资料，以便以后的维修中参考查阅

实施说明：

（1）掌握电路图识图方法，在电路图中找到相关元器件。

（2）在电路图中完整地找出所需系统的相关电路。

（3）在控制原理图中标明端子号，以便在测量过程中准确找到测量端子。

（4）绘制诊断表格，表格内容包括测试条件、测试设备、测试对象、实测值、标准值、实测波形、标准波形等基本信息。

测试条件		检测设备、仪器		
序号	测试对象	实测值	标准值	测试结论
1	FU21 熔断器上游电压			正常 / 异常
2	FU21 熔断器下游电压			正常 / 异常
3	整车控制器 GK49/55 对地电压			正常 / 异常
4				
5				

（5）查阅资料，在诊断表格中填写好各元器件或线路标准电压、电阻、波形等相关数据，训练使用维修手册、电路图等维修资料的能力，以及诊断故障所需要的严谨态度。若资料中查阅不到标准参数，可在正常车辆中进行测量并记录，形成维修资料，以便以后的维修中参考查阅，养成良好的记笔记习惯，可以提高工作效率

实施评价	班级		第____组	组长签字	
	教师签字		日期		
	评语：				

典型工作环节 4　绘制控制原理图的检查单

<table>
<tr><td colspan="2">学习场二</td><td colspan="4">检修动力电池管理系统</td></tr>
<tr><td colspan="2">学习情境一</td><td colspan="4">BMS 通信故障检修</td></tr>
<tr><td colspan="2">学时</td><td colspan="4">0.1 学时</td></tr>
<tr><td colspan="2">典型工作过程描述</td><td colspan="4">1．确认故障现象；2．读取故障码；3．分析故障原因；4．绘制控制原理图；5．测试相关电路</td></tr>
<tr><td>序号</td><td>检查项目</td><td>检查标准</td><td colspan="2">学生自查</td><td>教师检查</td></tr>
<tr><td>1</td><td>逐条列出可能原因</td><td>列出原因是否完整</td><td colspan="2"></td><td></td></tr>
<tr><td>2</td><td>绘制出控制原理图</td><td>原理图中元器件、线路是否绘制完整</td><td colspan="2"></td><td></td></tr>
<tr><td>3</td><td>标明端子号</td><td>端子号是否完整、正确</td><td colspan="2"></td><td></td></tr>
<tr><td>4</td><td>绘制诊断表格</td><td>设计表格是否完整，波形测试项目是否设计波形坐标</td><td colspan="2"></td><td></td></tr>
<tr><td>5</td><td>查阅标准值</td><td>标准参数查阅是否正确</td><td colspan="2"></td><td></td></tr>
<tr><td rowspan="3">检查评价</td><td>班级</td><td></td><td>第____组</td><td>组长签字</td><td></td></tr>
<tr><td>教师签字</td><td></td><td>日期</td><td colspan="2"></td></tr>
<tr><td colspan="5">评语：</td></tr>
</table>

典型工作环节 4　绘制控制原理图的评价单

<table>
<tr><td>学习场二</td><td colspan="5">检修动力电池管理系统</td></tr>
<tr><td>学习情境一</td><td colspan="5">BMS 通信故障检修</td></tr>
<tr><td>学时</td><td colspan="5">0.1 学时</td></tr>
<tr><td>典型工作过程描述</td><td colspan="5">1．确认故障现象；2．读取故障码；3．分析故障原因；4．绘制控制原理图；5．测试相关电路</td></tr>
<tr><td>评价项目</td><td colspan="2">评价子项目</td><td>学生自评</td><td>组内评价</td><td>教师评价</td></tr>
<tr><td>小组 1
绘制控制原理图
的阶段性评价结果</td><td colspan="2">（1）原因分析全面；
（2）原理图绘制完整；
（3）诊断表格设计合理</td><td></td><td></td><td></td></tr>
<tr><td>小组 2
绘制控制原理图
的阶段性评价结果</td><td colspan="2">（1）原因分析全面；
（2）原理图绘制完整；
（3）诊断表格设计合理</td><td></td><td></td><td></td></tr>
<tr><td>小组 3
绘制控制原理图
的阶段性评价结果</td><td colspan="2">（1）原因分析全面；
（2）原理图绘制完整；
（3）诊断表格设计合理</td><td></td><td></td><td></td></tr>
<tr><td>小组 4
绘制控制原理图
的阶段性评价结果</td><td colspan="2">（1）原因分析全面；
（2）原理图绘制完整；
（3）诊断表格设计合理</td><td></td><td></td><td></td></tr>
<tr><td rowspan="3">评价</td><td>班级</td><td></td><td>第____组</td><td>组长签字</td><td></td></tr>
<tr><td>教师签字</td><td></td><td>日期</td><td colspan="2"></td></tr>
<tr><td colspan="5">评语：</td></tr>
</table>

典型工作环节 5 测试相关电路的资讯单

学习场二	检修动力电池管理系统
学习情境一	BMS 通信故障检修
学时	0.1 学时
典型工作过程描述	1. 确认故障现象；2. 读取故障码；3. 分析故障原因；4. 绘制控制原理图；5. 测试相关电路
收集资讯的方式	线下书籍及线上资源相结合
资讯描述	（1）根据列出的故障原因，列出测试对象； （2）按照测试条件进行测试，并记录在所设计的故障诊断表中； （3）对比实测值与标准值，出具诊断结论，测试正常情况下进行下一可能原因测试； （4）找到异常元器件或线路，进行修复； （5）修复后验证故障现象是否消失，确认故障码最终是否清除
对学生的要求	（1）根据列出的故障原因，列出测试对象；此步骤需要根据故障诊断先简后繁的原则，按先后顺序列出测试对象；一般测试顺序为熔断器、线路、元器件、控制单元。 （2）按照测试条件进行测试，并记录在所设计的故障诊断表中；养成严谨的工作态度，防止漏测、错测导致测试结论错误，无法排除故障。 （3）对比实测值与标准值，出具诊断结论，测试正常情况下进行下一可能原因测试；有些故障可能不是单一故障，在对所列出的故障点逐个测试后也许并未排除故障，此时需要对故障现象再次验证，以免对故障原因分析不全面，锲而不舍、持之以恒的精神更容易成功。 （4）找到异常元器件或线路，进行修复；元器件更换或线路修复时需验证新件的工作状况，以免造成返工，或故障无法排出。 （5）修复后验证故障现象是否消失，确认故障码最终是否清除
参考资料	（1）《纯电动汽车维护、检测、诊断技术规范》(JT/T 1344—2020)； （2）比亚迪秦 EV 维修手册

典型工作环节 5　测试相关电路的计划单

学习场二	检修动力电池管理系统				
学习情境一	BMS 通信故障检修				
学时	0.1 学时				
典型工作过程描述	1. 确认故障现象；2. 读取故障码；3. 分析故障原因；4. 绘制控制原理图；5. 测试相关电路				
计划制订的方式	小组讨论				
序号	工作步骤		注意事项		
1	列出测试对象		根据故障诊断先简后繁的原则，按先后顺序列出测试对象		
2	测试并记录		明确测试条件，即通电或断电、静态或动态		
3	出具诊断结论		对比实测值与标准值，出具诊断结论，		
4	修复故障点		修复前确认新件工作状况		
5	验证故障现象		修复后确认故障现象是否消失		
计划评价	班级		第____组	组长签字	
	教师签字		日期		
	评语：				

典型工作环节 5　测试相关电路的决策单

学习场二	检修动力电池管理系统				
学习情境一	BMS 通信故障检修				
学时	0.1 学时				
典型工作过程描述	1. 确认故障现象；2. 读取故障码；3. 分析故障原因；4. 绘制控制原理图；5. 测试相关电路				
计划对比					
序号	计划的可行性	计划的经济性	计划的可操作性	计划的实施难度	综合评价
1					
2					
3					
N					
决策评价	班级		第____组	组长签字	
	教师签字		日期		
	评语：				

典型工作环节 5　测试相关电路的实施单

<table>
<tr><td colspan="2">学习场二</td><td colspan="4">检修动力电池管理系统</td></tr>
<tr><td colspan="2">学习情境一</td><td colspan="4">BMS 通信故障检修</td></tr>
<tr><td colspan="2">学时</td><td colspan="4">0.1 学时</td></tr>
<tr><td colspan="2">典型工作过程描述</td><td colspan="4">1. 确认故障现象；2. 读取故障码；3. 分析故障原因；4. 绘制控制原理图；5. 测试相关电路</td></tr>
<tr><td>序号</td><td>实施步骤</td><td colspan="4">注意事项</td></tr>
<tr><td>1</td><td>列出测试对象</td><td colspan="4">根据故障诊断先简后繁的原则，按先后顺序列出测试对象</td></tr>
<tr><td>2</td><td>测试并记录</td><td colspan="4">明确测试条件，通电或断电、静态或动态</td></tr>
<tr><td>3</td><td>出具诊断结论</td><td colspan="4">对比实测值与标准值，出具诊断结论，</td></tr>
<tr><td>4</td><td>修复故障点</td><td colspan="4">修复前确认新件工作状况</td></tr>
<tr><td>5</td><td>验证故障现象</td><td colspan="4">修复后确认故障现象是否消失</td></tr>
<tr><td colspan="6">实施说明：
（1）根据列出的故障原因，列出测试对象；此步骤需要根据故障诊断先简后繁的原则，按先后顺序列出测试对象；一般测试顺序为熔断器、线路、元器件、控制单元；
（2）按照测试条件进行测试，并记录在所设计的故障诊断表中；养成严谨的工作态度，防止漏测、错测导致测试结论错误，无法排除故障；
（3）对比实测值与标准值，出具诊断结论，测试正常情况下进行下一可能原因测试；有些故障可能不是单一故障，在对所列出的故障点逐个测试后也许并未排除故障，此时需要对故障现象再次验证，以免对故障原因分析不全面；
（4）找到异常元器件或线路，进行修复；元器件更换或线路修复时需验证新件的工作状况，以免造成返工，或故障无法排出；
（5）修复后验证故障现象是否消失，确认故障码最终是否清除</td></tr>
<tr><td rowspan="3">实施评价</td><td>班级</td><td></td><td>第____组</td><td>组长签字</td><td></td></tr>
<tr><td>教师签字</td><td></td><td>日期</td><td colspan="2"></td></tr>
<tr><td colspan="5">评语：</td></tr>
</table>

典型工作环节 5　测试相关电路的检查单

学习场二	检修动力电池管理系统					
学习情境一	BMS 通信故障检修					
学时	0.1 学时					
典型工作过程描述	1．确认故障现象；2．读取故障码；3．分析故障原因；4．绘制控制原理图；5．测试相关电路					
序号	检查项目		检查标准		学生自查	教师检查
1	列出测试对象		列出项目是否完整			
2	测试并记录		测试结果是否正确			
3	出具诊断结论		结果分析是否正确			
4	修复故障点		修复前是否验证元器件			
5	验证故障现象		修复后是否验证故障现象			
检查评价	班级		第____组		组长签字	
	教师签字		日期			
	评语：					

典型工作环节 5　测试相关电路的评价单

学习场二	检修动力电池管理系统					
学习情境一	BMS 通信故障检修					
学时	0.1 学时					
典型工作过程描述	1．确认故障现象；2．读取故障码；3．分析故障原因；4．绘制控制原理图；5．测试相关电路					
评价项目	评价子项目	学生自评	组内评价		教师评价	
小组 1 测试相关电路 的阶段性评价结果	（1）测试方法正确； （2）测试结果正确； （3）故障是否排除					
小组 2 测试相关电路 的阶段性评价结果	（1）测试方法正确； （2）测试结果正确； （3）故障是否排除					
小组 3 测试相关电路 的阶段性评价结果	（1）测试方法正确； （2）测试结果正确； （3）故障是否排除					
小组 4 测试相关电路 的阶段性评价结果	（1）测试方法正确； （2）测试结果正确； （3）故障是否排除					
评价	班级		第____组		组长签字	
	教师签字		日期			
	评语：					

学习情境二 BMS 高压互锁故障检修

微课：BMS 高压互锁故障检修

典型工作环节 1 确认故障现象的资讯单

学习场二	检修动力电池管理系统
学习情境二	BMS 高压互锁故障检修
学时	0.1 学时
典型工作过程描述	1. 确认故障现象；2. 读取故障码；3. 分析故障原因；4. 绘制控制原理图；5. 测试相关电路
收集资讯的方式	线下书籍与线上微课资源相结合
资讯描述	（1）踩下制动踏板，打开点火开关，观察仪表工作情况，并记录；观察“OK”指示灯是否点亮；若“OK”指示灯不亮，需要检查高压上电相关故障。 （2）使用驻车制动器，防止车辆检测过程中出现溜车等意外事故。 （3）记录仪表故障提示，一般情况下各系统故障时，仪表会显示文字提示语，用于确定故障范围，但此时所提示的故障范围通常较大，需要维修人员借助仪器设备进一步检查。 （4）记录仪表异常显示的故障指示灯，若仪表点亮某个系统的指示灯，说明该系统内的相关元器件或线路出现故障；若同时点亮多个系统故障灯，有可能为这几个系统的共性电路出现故障。 （5）记录车辆运行异常的现象（如声音、震动、抖动等），通过运行路试的方式，发现除仪表显示外的故障现象，用于确定故障范围
对学生的要求	（1）掌握该车辆所有电控系统，认识仪表中全部指示信息，以便打开点火开关后正确记录仪表显示情况； （2）使用驻车制动器，防止车辆检测过程中出现溜车等意外事故，强化安全责任意识； （3）记录仪表故障提示，通过仪表提示确定故障范围； （4）记录仪表异常显示的故障指示灯，不同的故障原因可能导致系统指示灯异常点亮或异常熄灭，掌握各系统指示灯含义； （5）发现除仪表显示外的故障现象，用于确定故障范围，如需路试行驶，必须由教师执行此步骤，防止安全事故产生
参考资料	（1）《纯电动汽车维护、检测、诊断技术规范》(JT/T 1344—2020)； （2）比亚迪秦 EV 维修手册

典型工作环节 1　确认故障现象的计划单

学习场二	检修动力电池管理系统	
学习情境二	BMS 高压互锁故障检修	
学时	0.1 学时	
典型工作过程描述	1．确认故障现象；2．读取故障码；3．分析故障原因；4．绘制控制原理图；5．测试相关电路	
计划制订的方式	小组讨论	
序号	工作步骤	注意事项
1	踩下制动踏板，打开点火开关，记录故障灯异常情况	观察仪表指示灯工作情况，观察仪表是否点亮，若仪表不亮，需检查低压电路是否故障；观察“OK”指示灯是否点亮，若“OK”指示灯不亮，需要检查高压上电相关故障
2	使用驻车制动器	防止车辆检测过程中出现溜车等意外事故
3	记录仪表故障提示，用于确定故障范围	一般情况下各系统故障时，仪表会显示文字提示语，但此时所提示的故障范围通常较大，需要维修人员借助仪器设备进一步检查
4	记录仪表异常显示的故障指示灯	观察全面，记录异常点亮或异常熄灭的指示灯
5	记录车辆运行异常的现象	如需路试行驶，必须由教师执行此步骤，防止安全事故产生

计划评价	班级		第____组	组长签字	
	教师签字		日期		
	评语：				

典型工作环节 1　确认故障现象的决策单

学习场二	检修动力电池管理系统				
学习情境二	BMS 高压互锁故障检修				
学时	0.1 学时				
典型工作过程描述	1．确认故障现象；2．读取故障码；3．分析故障原因；4．绘制控制原理图；5．测试相关电路				
计划对比					
序号	计划的可行性	计划的经济性	计划的可操作性	计划的实施难度	综合评价
1					
2					
3					
N					

决策评价	班级		第____组	组长签字	
	教师签字		日期		
	评语：				

典型工作环节 1　确认故障现象的实施单

学习场二	检修动力电池管理系统
学习情境二	BMS 高压互锁故障检修
学时	0.1 学时
典型工作过程描述	1．确认故障现象；2．读取故障码；3．分析故障原因；4．绘制控制原理图；5．测试相关电路

序号	实施步骤	注意事项
1	踩下制动踏板，打开点火开关，记录故障灯异常情况	观察仪表指示灯工作情况，观察仪表是否点亮，若仪表不亮，需检查低压电路故障；观察“OK”指示灯是否点亮，若“OK”指示灯不亮，需要检查高压上电相关故障
2	使用驻车制动器	防止车辆检测过程中出现溜车等意外事故
3	记录仪表故障提示，用于确定故障范围	一般情况下各系统故障时，仪表会显示文字提示语，但此时所提示的故障范围通常较大，需要维修人员借助仪器设备进一步检查
4	记录仪表异常显示的故障指示灯	观察全面，记录异常点亮或异常熄灭的指示灯
5	记录车辆运行异常的现象	如需路试行驶，必须由教师执行此步骤，防止安全事故产生

实施说明：

（1）掌握该车辆所有电控系统，认识仪表中全部指示信息，以便打开点火开关后正确记录仪表显示情况；

（2）使用驻车制动器，防止车辆检测过程中出现溜车等意外事故；

（3）记录仪表故障提示，通过仪表提示确定故障范围；

（4）记录仪表异常显示的故障指示灯，不同的故障原因可能导致系统指示灯异常点亮或异常熄灭，掌握各系统指示灯含义；

（5）发现除仪表显示外的故障现象，用于确定故障范围，如需路试行驶，必须由教师执行此步骤，防止安全事故产生

实施评价	班级		第____组	组长签字	
	教师签字		日期		
	评语：				

典型工作环节 1　确认故障现象的检查单

学习场二	检修动力电池管理系统				
学习情境二	BMS 高压互锁故障检修				
学时	0.1 学时				
典型工作过程描述	1．确认故障现象；2．读取故障码；3．分析故障原因；4．绘制控制原理图；5．测试相关电路				
序号	检查项目	检查标准	学生自查	教师检查	
1	踩下制动踏板，打开点火开关	是否记录故障指示灯			
2	使用驻车制动器	是否实施驻车制动			
3	记录仪表故障提示，用于确定故障范围	是否记录故障提示语			
4	记录仪表异常显示的故障指示灯	是否记录异常熄灭的指示灯			
5	记录车辆运行异常的现象	是否进行正确路试测试			
检查评价	班级		第____组	组长签字	
	教师签字		日期		
	评语：				

典型工作环节 1　确认故障现象的评价单

学习场二	检修动力电池管理系统					
学习情境二	BMS 高压互锁故障检修					
学时	0.1 学时					
典型工作过程描述	1．确认故障现象；2．读取故障码；3．分析故障原因；4．绘制控制原理图；5．测试相关电路					
评价项目	评价子项目	学生自评	组内评价	教师评价		
小组 1 确认故障现象的阶段性评价结果	故障现象描述是否完整					
小组 2 确认故障现象的阶段性评价结果	故障现象描述是否完整					
小组 3 确认故障现象的阶段性评价结果	故障现象描述是否完整					
小组 4 确认故障现象的阶段性评价结果	故障现象描述是否完整					
评价	班级		第____组	组长签字		
	教师签字		日期			
	评语：					

典型工作环节 2 读取故障码的资讯单

学习场二	检修动力电池管理系统
学习情境二	BMS 高压互锁故障检修
学时	0.1 学时
典型工作过程描述	1. 确认故障现象；2. 读取故障码；3. 分析故障原因；4. 绘制控制原理图；5. 测试相关电路
收集资讯的方式	线下书籍与线上微课资源相结合
资讯描述	（1）关闭点火开关，确认车辆仪表未通电，防止连接诊断插头过程中产生感应电流损坏车辆线路及元器件； （2）连接诊断插头至车辆诊断接口； （3）打开诊断仪主机，打开点火开关，在“车辆品牌”选择页面选择所诊断车辆的相应品牌，在“车型”选择页面选择相应车型，在“系统”选择页面选择所诊断系统，在无法确认哪一系统出现故障时，可选择“扫描全部系统”的方式对车辆所有系统进行全面诊断； （4）进入所选系统，在“功能”选项中选择“读取故障码”，观察所读取的故障码属性为“当前故障码”或“历史故障码”，并记录所读取的全部故障码，清除故障码； （5）关闭点火开关，重新打开点火开关，试车后，再次读取故障码，此时读取的故障码，可以确定为当前车辆的故障； （6）同时可以读取相关数据流，如“高压互锁”状态值为“锁止”或“未锁止”，来判断故障
对学生的要求	（1）连接仪器前确认关闭点火开关，此步骤为仪器使用规范，未按此步骤执行，可能导致车辆线路及元器件损坏； （2）选择正确的诊断接头，用导线连接或用无线方式连接到仪器，此步骤为仪器使用规范，要求熟练掌握仪器正确使用方法； （3）从选择品牌到选择系统，为车辆识别能力训练，训练车型识别的能力； （4）读取并清除故障码，训练对故障码属性的判断能力，能够正确引导维修人员确认故障范围； （5）读取数据流，训练对标准数据变化范围的掌握能力
参考资料	（1）《纯电动汽车维护、检测、诊断技术规范》(JT/T 1344—2020)； （2）比亚迪秦 EV 维修手册

典型工作环节 2　读取故障码的计划单

<table>
<tr><td>学习场二</td><td colspan="5">检修动力电池管理系统</td></tr>
<tr><td>学习情境二</td><td colspan="5">BMS 高压互锁故障检修</td></tr>
<tr><td>学时</td><td colspan="5">0.1 学时</td></tr>
<tr><td>典型工作过程描述</td><td colspan="5">1．确认故障现象；2．读取故障码；3．分析故障原因；4．绘制控制原理图；5．测试相关电路</td></tr>
<tr><td>计划制订的方式</td><td colspan="5">小组讨论</td></tr>
<tr><td>序号</td><td colspan="2">工作步骤</td><td colspan="3">注意事项</td></tr>
<tr><td>1</td><td colspan="2">关闭点火开关，确认车辆仪表未通电</td><td colspan="3">防止连接诊断插头过程中产生感应电流损坏车辆线路及元器件</td></tr>
<tr><td>2</td><td colspan="2">连接诊断插头至车辆诊断接口</td><td colspan="3"></td></tr>
<tr><td>3</td><td colspan="2">打开诊断仪主机，打开点火开关，选择车型及相应系统</td><td colspan="3">在“车辆品牌”选择页面选择所诊断车辆的相应品牌，在“车型”选择页面选择相应车型，在“系统”选择页面选择所诊断系统，在无法确认哪一系统出现故障时，可选择“扫描全部系统”的方式对车辆所有系统进行全面诊断</td></tr>
<tr><td>4</td><td colspan="2">读取故障码</td><td colspan="3">观察所读取的故障码属性为“当前故障码”或“历史故障码”，并记录所读取的全部故障码，清除故障码</td></tr>
<tr><td>5</td><td colspan="2">再次读取故障码</td><td colspan="3">关闭点火开关，重新打开点火开关，试车后再进行读取故障码</td></tr>
<tr><td>6</td><td colspan="2">读取相关数据流</td><td colspan="3">记录相关数据变化情况</td></tr>
<tr><td rowspan="3">计划评价</td><td>班级</td><td></td><td>第____组</td><td>组长签字</td><td></td></tr>
<tr><td>教师签字</td><td></td><td>日期</td><td colspan="2"></td></tr>
<tr><td colspan="5">评语：</td></tr>
</table>

典型工作环节 2　读取故障码的决策单

<table>
<tr><td>学习场二</td><td colspan="5">检修动力电池管理系统</td></tr>
<tr><td>学习情境二</td><td colspan="5">BMS 高压互锁故障检修</td></tr>
<tr><td>学时</td><td colspan="5">0.1 学时</td></tr>
<tr><td>典型工作过程描述</td><td colspan="5">1. 确认故障现象；2. 读取故障码；3. 分析故障原因；4. 绘制控制原理图；5. 测试相关电路</td></tr>
<tr><td colspan="6">计划对比</td></tr>
<tr><td>序号</td><td>计划的可行性</td><td>计划的经济性</td><td>计划的可操作性</td><td>计划的实施难度</td><td>综合评价</td></tr>
<tr><td>1</td><td></td><td></td><td></td><td></td><td></td></tr>
<tr><td>2</td><td></td><td></td><td></td><td></td><td></td></tr>
<tr><td>3</td><td></td><td></td><td></td><td></td><td></td></tr>
<tr><td>N</td><td></td><td></td><td></td><td></td><td></td></tr>
<tr><td rowspan="3">决策评价</td><td>班级</td><td></td><td>第____组</td><td>组长签字</td><td></td></tr>
<tr><td>教师签字</td><td></td><td>日期</td><td colspan="2"></td></tr>
<tr><td colspan="5">评语：</td></tr>
</table>

典型工作环节 2　读取故障码的实施单

学习场二	检修动力电池管理系统
学习情境二	BMS 高压互锁故障检修
学时	0.1 学时
典型工作过程描述	1. 确认故障现象；2. 读取故障码；3. 分析故障原因；4. 绘制控制原理图；5. 测试相关电路

序号	实施步骤	注意事项
1	关闭点火开关，确认车辆仪表未通电	防止连接诊断插头过程中产生感应电流损坏车辆线路及元器件
2	连接诊断插头至车辆诊断接口	
3	打开诊断仪主机，打开点火开关，选择车型及相应系统	在车辆品牌选择页面选择所诊断车辆的相应品牌，在车型选择页面选择相应车型，在系统选择页面选择所诊断系统，在无法确认哪一系统出现故障时，可选择“扫描全部系统”的方式对车辆所有系统进行全面诊断
4	读取故障码	观察所读取的故障码属性为“当前故障码”或“历史故障码”，并记录所读取的全部故障码，清除故障码
5	再次读取故障码	关闭点火开关，重新打开点火开关，试车后在进行读取故障码
6	读取相关数据流	记录相关数据变化情况

实施说明：

（1）连接仪器前确认关闭点火开关，此步骤为仪器使用规范，未按此步骤执行，可能导致车辆线路及元器件损坏；

（2）选择正确的诊断接头，用导线连接或用无线方式连接到仪器；

（3）车辆品牌、型号信息可从车辆“铭牌”中获取；

（4）读取并清除故障码，用于判断故障码属性，防止历史故障码或偶发性故障对故障判断造成误导；

（5）读取相关数据流，如“高压互锁”状态值为“锁止”或“未锁止”，来判断故障

实施评价	班级		第____组	组长签字	
	教师签字		日期		
	评语：				

典型工作环节 2　读取故障码的检查单

学习场二	检修动力电池管理系统			
学习情境二	BMS 高压互锁故障检修			
学时	0.1 学时			
典型工作过程描述	1．确认故障现象；2．读取故障码；3．分析故障原因；4．绘制控制原理图；5．测试相关电路			
序号	检查项目	检查标准	学生自查	教师检查
1	关闭点火开关，确认车辆仪表未通电	关闭点火开关至 OFF 挡		
2	连接诊断插头至车辆诊断接口	诊断接头与主机是否连接成功		
3	打开诊断仪主机，打开点火开关，选择车型及相应系统	选择是否正确		
4	读取故障码	能否判断故障码属性		
5	再次读取故障码	是否重新运行该系统后再次读取		
6	读取数据流	数据流选项是否与该故障相关		
检查评价	班级		第____组	组长签字
	教师签字		日期	
	评语：			

典型工作环节 2　读取故障码的评价单

学习场二	检修动力电池管理系统			
学习情境二	BMS 高压互锁故障检修			
学时	0.1 学时			
典型工作过程描述	1．确认故障现象；2．读取故障码；3．分析故障原因；4．绘制控制原理图；5．测试相关电路			
评价项目	评价子项目	学生自评	组内评价	教师评价
小组 1 读取故障码 的阶段性评价结果	（1）确认能否读取故障码； （2）是否完整记录故障码； （3）能否读取相关数据流			
小组 2 读取故障码 的阶段性评价结果	（1）确认能否读取故障码； （2）是否完整记录故障码； （3）能否读取相关数据流			
小组 3 读取故障码 的阶段性评价结果	（1）确认能否读取故障码； （2）是否完整记录故障码； （3）能否读取相关数据流			
小组 4 读取故障码 的阶段性评价结果	（1）确认能否读取故障码； （2）是否完整记录故障码； （3）能否读取相关数据流			
评价	班级		第____组	组长签字
	教师签字		日期	
	评语：			

典型工作环节 3　分析故障原因的资讯单

学习场二	检修动力电池管理系统
学习情境二	BMS 高压互锁故障检修
学时	0.1 学时
典型工作过程描述	1．确认故障现象；2．读取故障码；3．分析故障原因；4．绘制控制原理图；5．测试相关电路
收集资讯的方式	线下书籍及线上资源相结合
资讯描述	（1）EV 系列高压互锁线主要分为两路，即高压互锁 1 和高压互锁 2。高压互锁 1 用来检测直流高压接插件连接的完整性；高压互锁 2 用来检测交流（220 V）高压接插件连接的完整性。两路高压互锁均由动力电池管理系统进行检测，且高压互锁线信号采用串联、占空比监测的方式。 （2）高压互锁 1 由动力电池管理系统通过 BK45B/4 端子输出一个幅值为 4.2 V 左右的波形。通过 BK45B/5 端子输出一个幅值约为 4.2 的 PWM 占空比信号。波形信号通过高压互锁导线进入高压配电盒（车载充电机 OBC/DC-DC）的 BK46/13 端子，通过高压配电盒（车载充电机 OBC/DC-DC）高压接插件内部短路（导通），从高压配电盒（车载充电机 OBC/DC-DC）的 BK46/12 端子输出；再进入动力电池包的 BK51B/29 端子，通过动力电池包高压接插件内部短路（导通），从动力电池包的 BK51B/30 输出返回至动力电池管理系统通过 BK45B/4 端子，由于信号发生器的缘故，将 BMS 内部输出幅值为 4.2 V 左右的电压波形拉低为幅值约为 4.2 的 PWM 波形。 （3）动力电池管理系统内部检测此端子上波形信号后和内部存储的正常波形信号进行对比，如果波形信号的幅值、频率正常，BMS 即确认直流高压系统线路完整。如果波形信号的幅值、频率异常，或检测出幅值 4.2 V 左右的电压波形，BMS 即确认直流高压系统线路不完整，存在虚接、短路、断路故障，为了防止安全事故发生，BMS 将禁止高压上电或进行下电流程，车辆无法上电行驶，同时生成故障代码存储。 （4）高压互锁 2 检测原理与高压互锁 1 相同，动力电池管理系统通过 BK45B/10 端子输出一个幅值为 4.2 V 左右的电压波形。通过 BK45B/11 端子输出一个幅值约为 4.2 的 PWM 占空比信号。 （5）动力电池管理系统内部检测此端子上波形信号后和内部存储的正常波形信号进行对比，如果波形信号的幅值、频率正常，BMS 即确认交流充电高压系统线路完整。如果波形信号的幅值、频率异常，或检测出幅值 4.2 V 左右的电压波形，BMS 即确认交流充电高压系统线路不完整，存在虚接、短路、断路故障，为了防止安全事故发生，BMS 将禁止高压上电，车辆无法行驶及充电功能禁止，同时 BMS 生成故障代码存储
对学生的要求	（1）根据高压互锁 1 线路列出故障可能原因； （2）根据高压互锁 2 线路列出故障可能原因
参考资料	（1）《纯电动汽车维护、检测、诊断技术规范》(JT/T 1344—2020)； （2）比亚迪秦 EV 维修手册

典型工作环节 3 分析故障原因的计划单

学习场二	检修动力电池管理系统				
学习情境二	BMS 高压互锁故障检修				
学时	0.1 学时				
典型工作过程描述	1. 确认故障现象；2. 读取故障码；3. 分析故障原因；4. 绘制控制原理图；5. 测试相关电路				
计划制订的方式	小组讨论				
序号	工作步骤		注意事项		
1	列出高压互锁 1 电路中的可能原因		考虑虚接、断路等故障原因		
2	列出高压互锁 2 电路中的可能原因		考虑虚接、断路等故障原因		
计划评价	班级		第____组	组长签字	
	教师签字		日期		
	评语：				

典型工作环节 3 分析故障原因的决策单

学习场二	检修动力电池管理系统				
学习情境二	BMS 高压互锁故障检修				
学时	0.1 学时				
典型工作过程描述	1. 确认故障现象；2. 读取故障码；3. 分析故障原因；4. 绘制控制原理图；5. 测试相关电路				
计划对比					
序号	计划的可行性	计划的经济性	计划的可操作性	计划的实施难度	综合评价
1					
2					
3					
N					
决策评价	班级		第____组	组长签字	
	教师签字		日期		
	评语：				

典型工作环节 3　分析故障原因的实施单

学习场二	检修动力电池管理系统	
学习情境二	BMS 高压互锁故障检修	
学时	0.1 学时	
典型工作过程描述	1．确认故障现象；2．读取故障码；3．分析故障原因；4．绘制控制原理图；5．测试相关电路	
序号	实施步骤	注意事项
1	列出高压互锁 1 电路中的可能原因	考虑虚接、断路等故障原因
2	列出高压互锁 2 电路中的可能原因	考虑虚接、断路等故障原因

实施说明：
（1）掌握 BMS 作用，从自身工作条件分析；
（2）掌握 BMS 系统在整个车辆控制系统中的通信关系；
（3）掌握仪表信息中反映出的故障现象，结合解码器更容易缩小故障范围

实施评价	班级		第____组	组长签字	
	教师签字		日期		
	评语：				

典型工作环节 3　分析故障原因的检查单

学习场二	检修动力电池管理系统			
学习情境二	BMS 高压互锁故障检修			
学时	0.1 学时			
典型工作过程描述	1．确认故障现象；2．读取故障码；3．分析故障原因；4．绘制控制原理图；5．测试相关电路			
序号	检查项目	检查标准	学生自查	教师检查
1	列出高压互锁 1 电路中的可能原因是否全面	故障点是否全面		
2	列出高压互锁 2 电路中的可能原因是否全面	故障点是否全面		

检查评价	班级		第____组	组长签字	
	教师签字		日期		
	评语：				

典型工作环节 3　分析故障原因的评价单

<table>
<tr><td>学习场二</td><td colspan="6">检修动力电池管理系统</td></tr>
<tr><td>学习情境二</td><td colspan="6">BMS 高压互锁故障检修</td></tr>
<tr><td>学时</td><td colspan="6">0.1 学时</td></tr>
<tr><td>典型工作过程描述</td><td colspan="6">1．确认故障现象；2．读取故障码；3．分析故障原因；4．绘制控制原理图；5．测试相关电路</td></tr>
<tr><td>评价项目</td><td colspan="2">评价子项目</td><td>学生自评</td><td>组内评价</td><td colspan="2">教师评价</td></tr>
<tr><td>小组 1
分析故障原因的阶段性评价结果</td><td colspan="2">故障原因是否分析全面</td><td></td><td></td><td colspan="2"></td></tr>
<tr><td>小组 2
分析故障原因的阶段性评价结果</td><td colspan="2">故障原因是否分析全面</td><td></td><td></td><td colspan="2"></td></tr>
<tr><td>小组 3
分析故障原因的阶段性评价结果</td><td colspan="2">故障原因是否分析全面</td><td></td><td></td><td colspan="2"></td></tr>
<tr><td>小组 4
分析故障原因的阶段性评价结果</td><td colspan="2">故障原因是否分析全面</td><td></td><td></td><td colspan="2"></td></tr>
<tr><td rowspan="3">评价</td><td>班级</td><td></td><td>第____组</td><td>组长签字</td><td></td><td></td></tr>
<tr><td>教师签字</td><td></td><td>日期</td><td colspan="3"></td></tr>
<tr><td colspan="6">评语：</td></tr>
</table>

典型工作环节 4　绘制控制原理图的资讯单

学习场二	检修动力电池管理系统
学习情境二	BMS 高压互锁故障检修
学时	0.1 学时
典型工作过程描述	1．确认故障现象；2．读取故障码；3．分析故障原因；4．绘制控制原理图；5．测试相关电路
收集资讯的方式	线下书籍及线上资源相结合
资讯描述	（1）观察 BMS 高压互锁控制图，从图 1 中找到两路高压互锁检测线路。 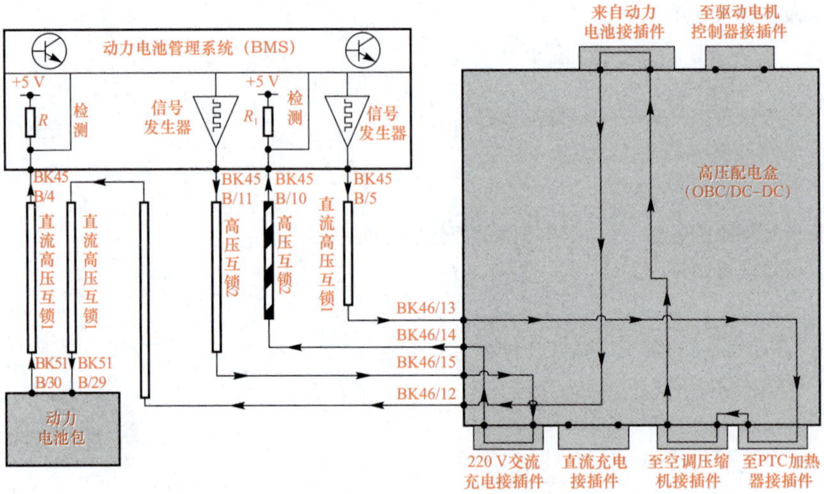 **图 1　BMS 高压互锁控制图** （2）高压互锁 1 由动力电池管理系统通过 BK45B/4 端子输出一个幅值为 4.2 V 左右的波形。通过 BK45B/5 端子输出一个幅值约为 4.2 的 PWM 占空比信号。波形信号通过高压互锁导线进入高压配电盒（车载充电机 OBC/DC–DC）的 BK46/13 端子，通过高压配电盒（车载充电机 OBC/DC–DC）高压接插件内部短路（导通），从高压配电盒（车载充电机 OBC/DC–DC）的 BK46/12 端子输出；再进入动力电池包的 BKB51/29 端子，通过动力电池包高压接插件内部短路（导通），从动力电池包的 BK51B/30 输出返回至动力电池管理系统通过 BK45B/4 端子，由于信号发生器的缘故，将 BMS 内部输出幅值为 4.2 V 左右的电压波形拉低为幅值约为 4.2 的 PWM 波形。 （3）动力电池管理系统内部检测此端子上波形信号后和内部存储的正常波形信号进行对比，如果波形信号的幅值、频率正常，BMS 即确认直流高压系统线路完整。如果波形信号的幅值、频率异常，或检测出幅值 4.2 V 左右的电压波形，BMS 即确认直流高压系统线路不完整，存在虚接、短路、断路故障，为了防止安全事故发生，BMS 将禁止高压上电或进行下电流程，车辆无法上电行驶，同时生成故障代码存储。 （4）高压互锁 2 检测原理与高压互锁 1 相同，动力电池管理系统通过 BK45B/10 端子输出一个幅值为 4.2 V 左右的电压波形。通过 BK45B/11 端子输出一个幅值约为 4.2 的 PWM 占空比信号

续表

资讯描述	（5）动力电池管理系统内部检测此端子上波形信号后和内部存储的正常波形信号进行对比，如果波形信号的幅值、频率正常，BMS 即确认交流充电高压系统线路完整。如果波形信号的幅值、频率异常，或检测出幅值 4.2 V 左右的电压波形，BMS 即确认交流充电高压系统线路不完整，存在虚接、短路、断路故障，为了防止安全事故发生，BMS 将禁止高压上电，车辆无法行驶及充电功能禁止，同时 BMS 生成故障代码存储
对学生的要求	（1）掌握电路图识图方法。 （2）能在电路图中完整地找出所需系统的相关电路。 （3）在控制原理图中标明端子号，以便在测量过程中准确找到测量端子。 （4）绘制诊断表格，根据原理图设计完整、科学的测试路径；训练诊断思路。 （5）查阅资料，在诊断表格中填写好各元器件或线路标准电压、电阻、波形等相关数据，训练使用维修手册、电路图等维修资料的能力，以及诊断故障所需要的严谨态度。若资料中查阅不到标准参数，可在正常车辆中进行测量并记录，形成维修资料，以便以后的维修中参考查阅，养成良好的记笔记习惯，可以提高工作效率
参考资料	（1）《纯电动汽车维护、检测、诊断技术规范》(JT/T 1344—2020)； （2）比亚迪秦 EV 维修手册

典型工作环节 4　绘制控制原理图的计划单

学习场二	检修动力电池管理系统				
学习情境二	BMS 高压互锁故障检修				
学时	0.1 学时				
典型工作过程描述	1. 确认故障现象；2. 读取故障码；3. 分析故障原因；4. 绘制控制原理图；5. 测试相关电路				
计划制订的方式	小组讨论				
序号	工作步骤	注意事项			
1	逐条列出可能原因	根据典型工作环节 3 中分析的可能原因，在电路图中找到 BMS 电路图			
2	绘制出控制原理图	根据列出的可能原因，查阅电路图，绘制出 BMS 的供电、接地、通信相关线路及元器件			
3	标明端子号	在控制原理图中正确标注测试端子及元器件名称			
4	绘制诊断表格	表格内容包括测试条件、测试设备、测试对象、实测值、标准值、实测波形、标准波形等基本信息			
5	查阅标准值	通过查阅资料，查询测试对象的标准参数，以便出具诊断结论，若资料中查阅不到标准参数，可在正常车辆中进行测量并记录，形成维修资料，以便以后的维修中参考查阅			
计划评价	班级		第____组	组长签字	
	教师签字		日期		
	评语：				

典型工作环节 4　绘制控制原理图的决策单

<table>
<tr><td>学习场二</td><td colspan="6">检修动力电池管理系统</td></tr>
<tr><td>学习情境二</td><td colspan="6">BMS 高压互锁故障检修</td></tr>
<tr><td>学时</td><td colspan="6">0.1 学时</td></tr>
<tr><td>典型工作过程描述</td><td colspan="6">1．确认故障现象；2．读取故障码；3．分析故障原因；4．绘制控制原理图；5．测试相关电路</td></tr>
<tr><td colspan="7">计划对比</td></tr>
<tr><td>序号</td><td>计划的可行性</td><td>计划的经济性</td><td>计划的可操作性</td><td colspan="2">计划的实施难度</td><td>综合评价</td></tr>
<tr><td>1</td><td></td><td></td><td></td><td colspan="2"></td><td></td></tr>
<tr><td>2</td><td></td><td></td><td></td><td colspan="2"></td><td></td></tr>
<tr><td>3</td><td></td><td></td><td></td><td colspan="2"></td><td></td></tr>
<tr><td>N</td><td></td><td></td><td></td><td colspan="2"></td><td></td></tr>
<tr><td rowspan="3">决策评价</td><td>班级</td><td></td><td>第____组</td><td>组长签字</td><td colspan="2"></td></tr>
<tr><td>教师签字</td><td></td><td>日期</td><td colspan="3"></td></tr>
<tr><td colspan="6">评语：</td></tr>
</table>

典型工作环节 4　绘制控制原理图的实施单

学习场二	检修动力电池管理系统	
学习情境二	BMS 高压互锁故障检修	
学时	0.1 学时	
典型工作过程描述	1. 确认故障现象；2. 读取故障码；3. 分析故障原因；4. 绘制控制原理图；5. 测试相关电路	
序号	实施步骤	注意事项
1	逐条列出可能原因	根据典型工作环节 3 中分析的可能原因，在电路图中找到 BMS 系统电路图
2	绘制出控制原理图	根据列出的可能原因，查阅电路图，绘制出 BMS 系统的供电、接地、通信相关线路及元器件
3	标明端子号	在控制原理图中正确标注测试端子及元器件名称
4	绘制诊断表格	表格内容包括测试条件、测试设备、测试对象、实测值、标准值、实测波形、标准波形等基本信息
5	查阅标准值	通过查阅资料，查询测试对象的标准参数，以便出具诊断结论，若资料中查阅不到标准参数，可在正常车辆中进行测量，并记录，形成维修资料，以便以后的维修中参考查阅

实施说明：

（1）掌握电路图识图方法，在电路图中找到相关元器件。

（2）在电路图中完整地找出所需系统的相关电路。

（3）在控制原理图中标明端子号，以便在测量过程中准确找到测量端子。

（4）绘制诊断表格，表格内容包括测试条件、测试设备、测试对象、实测值、标准值、实测波形、标准波形等基本信息。

测试条件		检测设备、仪器		
序号	测试对象	实测值	标准值	测试结论
1	FU21 熔断器上游电压			正常 / 异常
2	FU21 熔断器下游电压			正常 / 异常
3	整车控制器 GK49/55 对地电压			正常 / 异常
4				
5				

（5）查阅资料，在诊断表格中填写好各元器件或线路标准电压、电阻、波形等相关数据，训练使用维修手册、电路图等维修资料的能力，以及诊断故障所需要的严谨态度。若资料中查阅不到标准参数，可在正常车辆中进行测量并记录，形成维修资料，以便以后的维修中参考查阅，养成良好的记笔记习惯，可以提高工作效率

实施评价	班级		第____组	组长签字	
	教师签字		日期		
	评语：				

典型工作环节 4　绘制控制原理图的检查单

学习场二	检修动力电池管理系统					
学习情境二	BMS 高压互锁故障检修					
学时	0.1 学时					
典型工作过程描述	1. 确认故障现象；2. 读取故障码；3. 分析故障原因；4. 绘制控制原理图；5. 测试相关电路					
序号	检查项目		检查标准		学生自查	教师检查
1	逐条列出可能原因		列出原因是否完整			
2	绘制出控制原理图		原理图中元器件、线路是否绘制完整			
3	标明端子号		端子号是否完整、正确			
4	绘制诊断表格		设计表格是否完整，波形测试项目是否设计波形坐标			
5	查阅标准值		标准参数查阅是否正确			
检查评价	班级		第____组	组长签字		
	教师签字		日期			
	评语：					

典型工作环节 4　绘制控制原理图的评价单

学习场二	检修动力电池管理系统					
学习情境二	BMS 高压互锁故障检修					
学时	0.1 学时					
典型工作过程描述	1. 确认故障现象；2. 读取故障码；3. 分析故障原因；4. 绘制控制原理图；5. 测试相关电路					
评价项目	评价子项目		学生自评		组内评价	教师评价
小组 1 绘制控制原理图的阶段性评价结果	（1）原因分析全面； （2）原理图绘制完整； （3）诊断表格设计合理					
小组 2 绘制控制原理图的阶段性评价结果	（1）原因分析全面； （2）原理图绘制完整； （3）诊断表格设计合理					
小组 3 绘制控制原理图的阶段性评价结果	（1）原因分析全面； （2）原理图绘制完整； （3）诊断表格设计合理					
小组 4 绘制控制原理图的阶段性评价结果	（1）原因分析全面； （2）原理图绘制完整； （3）诊断表格设计合理					
评价	班级		第____组	组长签字		
	教师签字		日期			
	评语：					

典型工作环节 5　测试相关电路的资讯单

学习场二	检修动力电池管理系统
学习情境二	BMS 高压互锁故障检修
学时	0.1 学时
典型工作过程描述	1．确认故障现象；2．读取故障码；3．分析故障原因；4．绘制控制原理图；5．测试相关电路
收集资讯的方式	线下书籍及线上资源相结合
资讯描述	（1）根据列出的故障原因，列出测试对象； （2）按照测试条件进行测试，并记录在所设计的故障诊断表中； （3）对比实测值与标准值，出具诊断结论，测试正常情况下进行下一可能原因测试； （4）找到异常元器件或线路，进行修复； （5）修复后验证故障现象是否消失，确认故障码最终是否清除
对学生的要求	（1）根据列出的故障原因，列出测试对象；此步骤需要根据故障诊断先简后繁的原则，按先后顺序列出测试对象。 （2）按照测试条件进行测试，并记录在所设计的故障诊断表中；养成严谨的工作态度，防止漏测、错测导致测试结论错误，无法排除故障。 （3）对比实测值与标准值，出具诊断结论，测试正常情况下进行下一可能原因测试；有些故障可能不是单一故障，在对所列出的故障点逐个测试后也许并未排除故障，此时需要对故障现象再次验证，以免对故障原因分析不全面，锲而不舍、持之以恒的精神更容易成功。 （4）找到异常元器件或线路，进行修复；元器件更换或线路修复时需验证新件的工作状况，以免造成返工，或故障无法排出。 （5）修复后验证故障现象是否消失，确认故障码最终是否清除
参考资料	（1）《纯电动汽车维护、检测、诊断技术规范》(JT/T 1344—2020)； （2）比亚迪秦 EV 维修手册

典型工作环节 5　测试相关电路的计划单

学习场二		检修动力电池管理系统			
学习情境二		BMS 高压互锁故障检修			
学时		0.1 学时			
典型工作过程描述		1．确认故障现象；2．读取故障码；3．分析故障原因；4．绘制控制原理图；5．测试相关电路			
计划制订的方式		小组讨论			
序号	工作步骤	注意事项			
1	列出测试对象	根据故障诊断先简后繁的原则，按先后顺序列出测试对象			
2	测试并记录	明确测试条件，通电或断电、静态或动态			
3	出具诊断结论	对比实测值与标准值，出具诊断结论			
4	修复故障点	修复前确认新件工作状况			
5	验证故障现象	修复后确认故障现象是否消失			
计划评价	班级		第____组	组长签字	
	教师签字		日期		
	评语：				

典型工作环节 5　测试相关电路的决策单

学习场二	检修动力电池管理系统				
学习情境二	BMS 高压互锁故障检修				
学时	0.1 学时				
典型工作过程描述	1．确认故障现象；2．读取故障码；3．分析故障原因；4．绘制控制原理图；5．测试相关电路				
计划对比					
序号	计划的可行性	计划的经济性	计划的可操作性	计划的实施难度	综合评价
1					
2					
3					
N					
决策评价	班级		第____组	组长签字	
	教师签字		日期		
	评语：				

典型工作环节 5　测试相关电路的实施单

学习场二	检修动力电池管理系统
学习情境二	BMS 高压互锁故障检修
学时	0.1 学时
典型工作过程描述	1. 确认故障现象；2. 读取故障码；3. 分析故障原因；4. 绘制控制原理图；5. 测试相关电路

序号	实施步骤	注意事项
1	列出测试对象	根据故障诊断先简后繁的原则，按先后顺序列出测试对象
2	测试并记录	明确测试条件，通电或断电、静态或动态
3	出具诊断结论	对比实测值与标准值，出具诊断结论
4	修复故障点	修复前确认新件工作状况
5	验证故障现象	修复后确认故障现象是否消失

实施说明：

（1）根据列出的故障原因，列出测试对象；此步骤需要根据故障诊断先简后繁的原则，按先后顺序列出测试对象。

（2）按照测试条件进行测试，并记录在所设计的故障诊断表中；养成严谨的工作态度，防止漏测、错测导致测试结论错误，无法排除故障。

（3）对比实测值与标准值，出具诊断结论，测试正常情况下进行下一可能原因测试；有些故障可能不是单一故障，在对所列出的故障点逐个测试后也许并未排除故障，此时需要对故障现象再次验证，以免对故障原因分析不全面。

（4）找到异常元器件或线路，进行修复；元器件更换或线路修复时需验证新件的工作状况，以免造成返工，或故障无法排除。

（5）修复后验证故障现象是否消失，确认故障码最终是否清除

实施评价	班级		第____组	组长签字	
	教师签字		日期		
	评语：				

典型工作环节 5 测试相关电路的检查单

学习场二	检修动力电池管理系统					
学习情境二	BMS 高压互锁故障检修					
学时	0.1 学时					
典型工作过程描述	1．确认故障现象；2．读取故障码；3．分析故障原因；4．绘制控制原理图；5．测试相关电路					
序号	检查项目	检查标准		学生自查	教师检查	
1	列出测试对象	列出项目是否完整				
2	测试并记录	测试结果是否正确				
3	出具诊断结论	结果分析是否正确				
4	修复故障点	修复前是否验证元器件				
5	验证故障现象	修复后是否验证故障现象				
检查评价	班级		第____组	组长签字		
	教师签字		日期			
	评语：					

典型工作环节 5 测试相关电路的评价单

学习场二	检修动力电池管理系统			
学习情境二	BMS 高压互锁故障检修			
学时	0.1 学时			
典型工作过程描述	1．确认故障现象；2．读取故障码；3．分析故障原因；4．绘制控制原理图；5．测试相关电路			
评价项目	评价子项目	学生自评	组内评价	教师评价
小组 1 测试相关电路 的阶段性评价结果	（1）测试方法正确； （2）测试结果正确； （3）故障是否排除			
小组 2 测试相关电路 的阶段性评价结果	（1）测试方法正确； （2）测试结果正确； （3）故障是否排除			
小组 3 测试相关电路 的阶段性评价结果	（1）测试方法正确； （2）测试结果正确； （3）故障是否排除			
小组 4 测试相关电路 的阶段性评价结果	（1）测试方法正确； （2）测试结果正确； （3）故障是否排除			
评价	班级		第____组	组长签字
	教师签字		日期	
	评语：			

学习情境三　BMS 供电故障检修

微课：BMS 供电故障检修

典型工作环节 1　确认故障现象的资讯单

学习场二	检修动力电池管理系统
学习情境三	BMS 供电故障检修
学时	0.1 学时
典型工作过程描述	1. 确认故障现象；2. 读取故障码；3. 分析故障原因；4. 绘制控制原理图；5. 测试相关电路
收集资讯的方式	线下书籍与线上微课资源相结合
资讯描述	（1）踩下制动踏板，打开点火开关，观察仪表工作情况，并记录；观察“OK”指示灯是否点亮。 （2）观察主警告灯（黄色）、动力系统故障指示灯（红色）、动力电池 SOC 显示等指示情况。 （3）记录仪表故障提示，一般情况下各系统故障时，仪表会显示文字提示语，用于确定故障范围，但此时所提示的故障范围通常较大，需要维修人员借助仪器设备进一步检查。 （4）记录仪表异常显示的故障指示灯，若仪表点亮某个系统的指示灯，说明该系统内的相关元器件或线路出现故障；若同时点亮多个系统故障灯，有可能为这几个系统的共性电路出现故障。 （5）记录车辆运行异常的现象（如继电器吸合声音、震动、抖动等），通过运行的方式，发现除仪表显示外的故障现象，用于确定故障范围
对学生的要求	（1）掌握该车辆所有电控系统，认识仪表中全部指示信息，以便打开点火开关后正确记录仪表显示情况； （2）使用驻车制动器，防止车辆检测过程中出现溜车等意外事故，强化安全责任意识； （3）记录仪表故障提示，通过仪表提示确定故障范围； （4）记录仪表异常显示的故障指示灯，不同的故障原因可能导致系统指示灯异常点亮或异常熄灭，掌握各系统指示灯含义； （5）发现除仪表显示外的故障现象，用于确定故障范围，如需路试行驶，必须由教师执行此步骤，防止安全事故产生
参考资料	（1）《纯电动汽车维护、检测、诊断技术规范》(JT/T 1344—2020)； （2）比亚迪秦 EV 维修手册

典型工作环节 1　确认故障现象的计划单

<table>
<tr><td>学习场二</td><td colspan="5">检修动力电池管理系统</td></tr>
<tr><td>学习情境三</td><td colspan="5">BMS 供电故障检修</td></tr>
<tr><td>学时</td><td colspan="5">0.1 学时</td></tr>
<tr><td>典型工作过程描述</td><td colspan="5">1. 确认故障现象；2. 读取故障码；3. 分析故障原因；4. 绘制控制原理图；5. 测试相关电路</td></tr>
<tr><td>计划制订的方式</td><td colspan="5">小组讨论</td></tr>
<tr><td>序号</td><td colspan="2">工作步骤</td><td colspan="3">注意事项</td></tr>
<tr><td>1</td><td colspan="2">踩下制动踏板，打开点火开关，记录故障灯异常情况</td><td colspan="3">观察仪表指示灯工作情况，观察仪表是否点亮，若仪表不亮，需检查低压电路故障，观察“OK”指示灯是否点亮</td></tr>
<tr><td>2</td><td colspan="2">观察并记录其他警告灯、指示灯工作情况</td><td colspan="3">主警告灯（黄色）、动力系统故障指示灯（红色）、动力电池 SOC 等指示情况</td></tr>
<tr><td>3</td><td colspan="2">记录仪表故障提示，用于确定故障范围</td><td colspan="3">一般情况下各系统故障时，仪表会显示文字提示语，但此时所提示的故障范围通常较大，需要维修人员借助仪器设备进一步检查</td></tr>
<tr><td>4</td><td colspan="2">记录仪表异常显示的故障指示灯</td><td colspan="3">观察全面，记录异常点亮或异常熄灭的指示灯</td></tr>
<tr><td>5</td><td colspan="2">记录车辆运行异常的现象</td><td colspan="3">如需路试行驶，必须由教师执行此步骤，防止安全事故产生</td></tr>
<tr><td rowspan="3">计划评价</td><td>班级</td><td></td><td>第____组</td><td>组长签字</td><td></td></tr>
<tr><td>教师签字</td><td></td><td>日期</td><td colspan="2"></td></tr>
<tr><td colspan="5">评语：</td></tr>
</table>

典型工作环节 1 确认故障现象的决策单

学习场二	检修动力电池管理系统				
学习情境三	BMS 供电故障检修				
学时	0.1 学时				
典型工作过程描述	1. 确认故障现象；2. 读取故障码；3. 分析故障原因；4. 绘制控制原理图；5. 测试相关电路				
计划对比					
序号	计划的可行性	计划的经济性	计划的可操作性	计划的实施难度	综合评价
1					
2					
3					
N					
决策评价	班级		第____组	组长签字	
	教师签字		日期		
	评语：				

典型工作环节 1 确认故障现象的实施单

学习场二	检修动力电池管理系统	
学习情境三	BMS 供电故障检修	
学时	0.1 学时	
典型工作过程描述	1. 确认故障现象；2. 读取故障码；3. 分析故障原因；4. 绘制控制原理图；5. 测试相关电路	
序号	实施步骤	注意事项
1	踩下制动踏板，打开点火开关，记录故障灯异常情况：	观察仪表指示灯工作情况，观察仪表是否点亮，若仪表不亮，需检查低压电路故障，观察“OK”指示灯是否点亮
2	观察并记录其他警告灯、指示灯工作情况	主警告灯（黄色）、动力系统故障指示灯（红色）、动力电池 SOC 等指示情况
3	记录仪表故障提示，用于确定故障范围	一般情况下各系统故障时，仪表会显示文字提示语，但此时所提示的故障范围通常较大，需要维修人员借助仪器设备进一步检查
4	记录仪表异常显示的故障指示灯	观察全面，记录异常点亮或异常熄灭的指示灯
5	记录车辆运行异常的现象	如需路试行驶，必须由教师执行此步骤，防止安全事故产生
实施说明： （1）掌握该车辆所有电控系统，认识仪表中全部指示信息，以便打开点火开关后正确记录仪表显示情况； （2）使用驻车制动器，防止车辆检测过程中出现溜车等意外事故； （3）记录仪表故障提示，通过仪表提示确定故障范围； （4）记录仪表异常显示的故障指示灯，不同的故障原因可能导致系统指示灯异常点亮或异常熄灭，掌握各系统指示灯含义； （5）发现除仪表显示外的故障现象，用于确定故障范围，如需路试行驶，必须由教师执行此步骤，防止安全事故产生		

实施评价	班级		第____组	组长签字	
	教师签字		日期		
	评语：				

典型工作环节 1　确认故障现象的检查单

学习场二	检修动力电池管理系统				
学习情境三	BMS 供电故障检修				
学时	0.1 学时				
典型工作过程描述	1. 确认故障现象；2. 读取故障码；3. 分析故障原因；4. 绘制控制原理图；5. 测试相关电路				
序号	检查项目	检查标准	学生自查	教师检查	
1	踩下制动踏板，打开点火开关	是否记录故障指示灯			
2	使用驻车制动器	是否实施驻车制动			
3	记录仪表故障提示，用于确定故障范围	是否记录故障提示语			
4	记录仪表异常显示的故障指示灯	是否记录异常熄灭的指示灯			
5	记录车辆运行异常的现象	是否进行正确路试测试			
检查评价	班级		第____组	组长签字	
	教师签字		日期		
	评语：				

典型工作环节 1　确认故障现象的评价单

学习场二	检修动力电池管理系统				
学习情境三	BMS 供电故障检修				
学时	0.1 学时				
典型工作过程描述	1. 确认故障现象；2. 读取故障码；3. 分析故障原因；4. 绘制控制原理图；5. 测试相关电路				
评价项目	评价子项目	学生自评	组内评价	教师评价	
小组 1 确认故障现象的阶段性评价结果	故障现象描述是否完整				
小组 2 确认故障现象的阶段性评价结果	故障现象描述是否完整				
小组 3 确认故障现象的阶段性评价结果	故障现象描述是否完整				
小组 4 确认故障现象的阶段性评价结果	故障现象描述是否完整				
评价	班级		第____组	组长签字	
	教师签字		日期		
	评语：				

典型工作环节 2　读取故障码的资讯单

学习场二	检修动力电池管理系统
学习情境三	BMS 供电故障检修
学时	0.1 学时
典型工作过程描述	1. 确认故障现象；2. 读取故障码；3. 分析故障原因；4. 绘制控制原理图；5. 测试相关电路
收集资讯的方式	线下书籍与线上微课资源相结合
资讯描述	（1）关闭点火开关，确认车辆仪表未通电，防止连接诊断插头过程中产生感应电流损坏车辆线路及元器件； （2）连接诊断插头至车辆诊断接口； （3）打开诊断仪主机，打开点火开关，在“车辆品牌”选择页面选择所诊断车辆的相应品牌，在“车型”选择页面选择相应车型，在“系统”选择页面选择所诊断系统，在无法确认哪一系统出现故障时，可选择“扫描全部系统”的方式对车辆所有系统进行全面诊断； （4）进入所选系统，在“功能”选项中选择“读取故障码”，观察所读取的故障码属性为“当前故障码”或“历史故障码”，并记录所读取的全部故障码，清除故障码； （5）关闭点火开关，重新打开点火开关，试车后，再次读取故障码，此时读取的故障码，可以确定为当前车辆的故障； （6）若解码器无法进入所选系统，应考虑 BMS 电源电路是否正常
对学生的要求	（1）连接仪器前确认关闭点火开关，此步骤为仪器使用规范，未按此步骤执行，可能导致车辆线路及元器件损坏； （2）选择正确的诊断接头，用导线连接或用无线方式连接到仪器，此步骤为仪器使用规范，要求熟练掌握仪器正确使用方法； （3）从选择品牌到选择系统为车辆识别能力训练，训练车型识别的能力； （4）读取并清除故障码，训练对故障码属性的判断能力，能够正确引导维修人员确认故障范围； （5）无法进入系统，则需要对该系统电源电路进行分析诊断
参考资料	（1）《纯电动汽车维护、检测、诊断技术规范》(JT/T 1344—2020)； （2）比亚迪秦 EV 维修手册

典型工作环节 2 读取故障码的计划单

学习场二	检修动力电池管理系统				
学习情境三	BMS 供电故障检修				
学时	0.1 学时				
典型工作过程描述	1．确认故障现象；2．读取故障码；3．分析故障原因；4．绘制控制原理图；5．测试相关电路				
计划制订的方式	小组讨论				
序号	工作步骤		注意事项		
1	关闭点火开关，确认车辆仪表未通电		防止连接诊断插头过程中产生感应电流损坏车辆线路及元器件		
2	连接诊断插头至车辆诊断接口				
3	打开诊断仪主机，打开点火开关，选择车型及相应系统		在“车辆品牌”选择页面选择所诊断车辆的相应品牌，在“车型”选择页面选择相应车型，在“系统”选择页面选择所诊断系统，在无法确认哪一系统出现故障时，可选择“扫描全部系统”的方式对车辆所有系统进行全面诊断		
4	读取故障码		观察所读取的故障码属性为“当前故障码”或“历史故障码”，并记录所读取的全部故障码，清除故障码		
5	再次读取故障码		关闭点火开关，重新打开点火开关，试车后再读取故障码		
6	无法进入系统		需检查 BMS 电源电路		
计划评价	班级		第____组	组长签字	
	教师签字		日期		
	评语：				

典型工作环节 2　读取故障码的决策单

<table>
<tr><td>学习场二</td><td colspan="5">检修动力电池管理系统</td></tr>
<tr><td>学习情境三</td><td colspan="5">BMS 供电故障检修</td></tr>
<tr><td>学时</td><td colspan="5">0.1 学时</td></tr>
<tr><td>典型工作过程描述</td><td colspan="5">1．确认故障现象；2．读取故障码；3．分析故障原因；4．绘制控制原理图；5．测试相关电路</td></tr>
<tr><td colspan="6">计划对比</td></tr>
<tr><td>序号</td><td>计划的可行性</td><td>计划的经济性</td><td>计划的可操作性</td><td>计划的实施难度</td><td>综合评价</td></tr>
<tr><td>1</td><td></td><td></td><td></td><td></td><td></td></tr>
<tr><td>2</td><td></td><td></td><td></td><td></td><td></td></tr>
<tr><td>3</td><td></td><td></td><td></td><td></td><td></td></tr>
<tr><td>N</td><td></td><td></td><td></td><td></td><td></td></tr>
<tr><td rowspan="3">决策评价</td><td>班级</td><td></td><td>第____组</td><td>组长签字</td><td></td></tr>
<tr><td>教师签字</td><td></td><td>日期</td><td colspan="2"></td></tr>
<tr><td colspan="5">评语：</td></tr>
</table>

典型工作环节 2　读取故障码的实施单

<table>
<tr><td colspan="2">学习场二</td><td colspan="4">检修动力电池管理系统</td></tr>
<tr><td colspan="2">学习情境三</td><td colspan="4">BMS 供电故障检修</td></tr>
<tr><td colspan="2">学时</td><td colspan="4">0.1 学时</td></tr>
<tr><td colspan="2">典型工作过程描述</td><td colspan="4">1．确认故障现象；2．读取故障码；3．分析故障原因；4．绘制控制原理图；5．测试相关电路</td></tr>
<tr><td>序号</td><td colspan="2">实施步骤</td><td colspan="3">注意事项</td></tr>
<tr><td>1</td><td colspan="2">关闭点火开关，确认车辆仪表未通电</td><td colspan="3">防止连接诊断插头过程中产生感应电流损坏车辆线路及元器件</td></tr>
<tr><td>2</td><td colspan="2">连接诊断插头至车辆诊断接口</td><td colspan="3"></td></tr>
<tr><td>3</td><td colspan="2">打开诊断仪主机，打开点火开关，选择车型及相应系统</td><td colspan="3">在车辆品牌选择页面选择所诊断车辆的相应品牌，在车型选择页面选择相应车型，在系统选择页面选择所诊断系统，在无法确认哪一系统出现故障时，可选择“扫描全部系统”的方式对车辆所有系统进行全面诊断</td></tr>
<tr><td>4</td><td colspan="2">读取故障码</td><td colspan="3">观察所读取的故障码属性为“当前故障码”或“历史故障码”，并记录所读取的全部故障码，清除故障码</td></tr>
<tr><td>5</td><td colspan="2">再次读取故障码</td><td colspan="3">关闭点火开关，重新打开点火开关，试车后在进行读取故障码</td></tr>
<tr><td>6</td><td colspan="2">无法进入系统</td><td colspan="3">需检查 BMS 电源电路</td></tr>
<tr><td colspan="6">实施说明：
（1）连接仪器前确认关闭点火开关，此步骤为仪器使用规范，未按此步骤执行，可能导致车辆线路及元器件损坏；
（2）选择正确的诊断接头，用导线连接或用无线方式连接到仪器；
（3）车辆品牌、型号信息可从车辆“铭牌”中获取；
（4）读取并清除故障码，用于判断故障码属性，防止历史故障码或偶发性故障对故障判断造成误导；
（5）无法进入 BMS，则需要对该系统电源电路进行分析诊断</td></tr>
<tr><td rowspan="3">实施评价</td><td>班级</td><td></td><td>第____组</td><td>组长签字</td><td></td></tr>
<tr><td>教师签字</td><td></td><td>日期</td><td colspan="2"></td></tr>
<tr><td colspan="5">评语：</td></tr>
</table>

典型工作环节 2　读取故障码的检查单

学习场二	检修动力电池管理系统			
学习情境三	BMS 供电故障检修			
学时	0.1 学时			
典型工作过程描述	1．确认故障现象；2．读取故障码；3．分析故障原因；4．绘制控制原理图；5．测试相关电路			
序号	检查项目	检查标准	学生自查	教师检查
1	关闭点火开关，确认车辆仪表未通电	关闭点火开关至 OFF 挡		
2	连接诊断插头至车辆诊断接口	诊断接头与主机是否连接成功		
3	打开诊断仪主机，打开点火开关，选择车型及相应系统	选择是否正确		
4	读取故障码	能否判断故障码属性		
5	再次读取故障码	是否重新运行该系统后再次读取		
6	无法进入系统	应当考虑检查哪些方面		

检查评价	班级		第____组	组长签字	
	教师签字		日期		
	评语：				

典型工作环节 2　读取故障码的评价单

学习场二	检修动力电池管理系统			
学习情境三	BMS 供电故障检修			
学时	0.1 学时			
典型工作过程描述	1．确认故障现象；2．读取故障码；3．分析故障原因；4．绘制控制原理图；5．测试相关电路			
评价项目	评价子项目	学生自评	组内评价	教师评价
小组 1 读取故障码的阶段性评价结果	能否对无法进入系统给出修理意见			
小组 2 读取故障码的阶段性评价结果	能否对无法进入系统给出修理意见			
小组 3 读取故障码的阶段性评价结果	能否对无法进入系统给出修理意见			
小组 4 读取故障码的阶段性评价结果	能否对无法进入系统给出修理意见			

评价	班级		第____组	组长签字	
	教师签字		日期		
	评语：				

典型工作环节 3　分析故障原因的资讯单

学习场二	检修动力电池管理系统
学习情境三	BMS 供电故障检修
学时	0.1 学时
典型工作过程描述	1. 确认故障现象；2. 读取故障码；3. 分析故障原因；4. 绘制控制原理图；5. 测试相关电路
收集资讯的方式	线下书籍及线上资源相结合
资讯描述	（1）诊断仪器和 BMS 无法通信，但和 VCU 通信正常，且读取到 U011287 与 BMS 通信丢失的故障代码。VCU 和 BMS 通过动力 CAN 总线进行通信，要保证它们之间的通信，首先要满足 VCU、BMS 供电电源正常，其次是动力 CAN 总线连接正常，无虚接、开路、短路等故障，同时两个模块内部元器件及 PCB 电路正常。 根据故障代码定义，说明动力蓄电池管理系统（BMS）在点火开关打开时未工作，导致这个故障的可能原因如下： 1）动力蓄电池管理系统模块常火供电线路（开路、虚接、短路）故障； 2）动力蓄电池管理系统与整车控制器（VCU）之间动力 CAN 总线（开路、虚接、短路）故障； 3）动力蓄电池管理系统模块自身故障。 （2）为了进一步确认故障部位，此时可关闭点火开关，移除辅助蓄电池负极 1 分钟以上，然后复位。踩制动踏板打开点火开关，如果此时仪表上其他信息没有变化，只是动力蓄电池电量 SOC 信息值丢失，动力蓄电池低电量指示灯（黄色）亮起，即可确认 BMS 的通信 CAN 总线出现异常，导致 BMS 和 VCU 无法通信，动力蓄电池电量丢失，动力蓄电池故障灯点亮。 （3）如果动力蓄电池管理系统电源线路或动力 CAN 通信线路存在故障，造成 BMS 无法启动运行及信息传输，将会使整车控制器（VCU）无法正常接收到 BMS 发送的动力蓄电池电量、电压、故障、温度等状态信息，从而无法确认动力蓄电池的工作状态，VCU 启动整车保护功能，导致整车高压系统不上电
对学生的要求	（1）能全面分析 BMS 无法通信的故障范围； （2）能对 BMS 自身故障、电源故障、通信故障进行区分
参考资料	（1）《纯电动汽车维护、检测、诊断技术规范》(JT/T 1344—2020)； （2）比亚迪秦 EV 维修手册

典型工作环节 3 分析故障原因的计划单

学习场二	检修动力电池管理系统				
学习情境三	BMS 供电故障检修				
学时	0.1 学时				
典型工作过程描述	1．确认故障现象；2．读取故障码；3．分析故障原因；4．绘制控制原理图；5．测试相关电路				
计划制订的方式	小组讨论				
序号	工作步骤		注意事项		
1	分析 BMS 自身故障点		结合电路图列出故障范围		
2	分析 BMS 电源故障点		结合电路图列出故障范围		
3	分析 BMS 通信故障点		结合电路图列出故障范围		
计划评价	班级		第____组	组长签字	
	教师签字		日期		
	评语：				

典型工作环节 3 分析故障原因的决策单

学习场二	检修动力电池管理系统				
学习情境三	BMS 供电故障检修				
学时	0.1 学时				
典型工作过程描述	1．确认故障现象；2．读取故障码；3．分析故障原因；4．绘制控制原理图；5．测试相关电路				
计划对比					
序号	计划的可行性	计划的经济性	计划的可操作性	计划的实施难度	综合评价
1					
2					
3					
N					
决策评价	班级		第____组	组长签字	
	教师签字		日期		
	评语：				

典型工作环节 3　分析故障原因的实施单

<table>
<tr><td>学习场二</td><td colspan="4">检修动力电池管理系统</td></tr>
<tr><td>学习情境三</td><td colspan="4">BMS 供电故障检修</td></tr>
<tr><td>学时</td><td colspan="4">0.1 学时</td></tr>
<tr><td>典型工作过程描述</td><td colspan="4">1. 确认故障现象；2. 读取故障码；3. 分析故障原因；4. 绘制控制原理图；5. 测试相关电路</td></tr>
<tr><td>序号</td><td colspan="2">实施步骤</td><td colspan="2">注意事项</td></tr>
<tr><td>1</td><td colspan="2">分析 BMS 自身故障点</td><td colspan="2">结合电路图列出故障范围</td></tr>
<tr><td>2</td><td colspan="2">分析 BMS 电源故障点</td><td colspan="2">结合电路图列出故障范围</td></tr>
<tr><td>3</td><td colspan="2">分析 BMS 通信故障点</td><td colspan="2">结合电路图列出故障范围</td></tr>
<tr><td colspan="5">实施说明：
（1）掌握 BMS 作用，从自身工作条件分析；
（2）掌握 BMS 系统在整个车辆控制系统中的通信关系；
（3）掌握仪表信息中反映出的故障现象，结合解码器更容易缩小故障范围</td></tr>
<tr><td rowspan="3">实施评价</td><td>班级</td><td></td><td>第____组</td><td>组长签字</td></tr>
<tr><td>教师签字</td><td></td><td>日期</td><td></td></tr>
<tr><td colspan="4">评语：</td></tr>
</table>

典型工作环节 3　分析故障原因的检查单

<table>
<tr><td>学习场二</td><td colspan="5">检修动力电池管理系统</td></tr>
<tr><td>学习情境三</td><td colspan="5">BMS 供电故障检修</td></tr>
<tr><td>学时</td><td colspan="5">0.1 学时</td></tr>
<tr><td>典型工作过程描述</td><td colspan="5">1. 确认故障现象；2. 读取故障码；3. 分析故障原因；4. 绘制控制原理图；5. 测试相关电路</td></tr>
<tr><td>序号</td><td colspan="2">检查项目</td><td>检查标准</td><td>学生自查</td><td>教师检查</td></tr>
<tr><td>1</td><td colspan="2">BMS 自身可能原因是否全面</td><td>是否分析到 BMS 自身故障层面</td><td></td><td></td></tr>
<tr><td>2</td><td colspan="2">BMS 电源可能原因是否全面</td><td>是否分析到 BMS 供电故障层面</td><td></td><td></td></tr>
<tr><td>3</td><td colspan="2">BMS 通信可能原因是否全面</td><td>是否分析到 BMS 通信故障层面</td><td></td><td></td></tr>
<tr><td rowspan="3">检查评价</td><td>班级</td><td></td><td>第____组</td><td>组长签字</td><td></td></tr>
<tr><td>教师签字</td><td></td><td>日期</td><td colspan="2"></td></tr>
<tr><td colspan="5">评语：</td></tr>
</table>

典型工作环节 3 分析故障原因的评价单

<table>
<tr><td>学习场二</td><td colspan="6">检修动力电池管理系统</td></tr>
<tr><td>学习情境三</td><td colspan="6">BMS 供电故障检修</td></tr>
<tr><td>学时</td><td colspan="6">0.1 学时</td></tr>
<tr><td>典型工作过程描述</td><td colspan="6">1. 确认故障现象；2. 读取故障码；3. 分析故障原因；4. 绘制控制原理图；5. 测试相关电路</td></tr>
<tr><td>评价项目</td><td colspan="2">评价子项目</td><td>学生自评</td><td>组内评价</td><td colspan="2">教师评价</td></tr>
<tr><td>小组 1
分析故障原因的阶段性评价结果</td><td colspan="2">故障原因是否分析全面</td><td></td><td></td><td colspan="2"></td></tr>
<tr><td>小组 2
分析故障原因的阶段性评价结果</td><td colspan="2">故障原因是否分析全面</td><td></td><td></td><td colspan="2"></td></tr>
<tr><td>小组 3
分析故障原因的阶段性评价结果</td><td colspan="2">故障原因是否分析全面</td><td></td><td></td><td colspan="2"></td></tr>
<tr><td>小组 4
分析故障原因的阶段性评价结果</td><td colspan="2">故障原因是否分析全面</td><td></td><td></td><td colspan="2"></td></tr>
<tr><td rowspan="3">评价</td><td>班级</td><td colspan="2"></td><td>第____组</td><td>组长签字</td><td></td></tr>
<tr><td>教师签字</td><td colspan="2"></td><td>日期</td><td colspan="2"></td></tr>
<tr><td colspan="6">评语：</td></tr>
</table>

典型工作环节 4　绘制控制原理图的资讯单

学习场二	检修动力电池管理系统
学习情境三	BMS 供电故障检修
学时	0.1 学时
典型工作过程描述	1. 确认故障现象；2. 读取故障码；3. 分析故障原因；4. 绘制控制原理图；5. 测试相关电路
收集资讯的方式	线下书籍及线上资源相结合
资讯描述	（1）根据典型工作环节 3 中分析的可能原因，在电路图中找到 BMS 电路图； （2）绘制出 BMS 的供电、接地、通信相关控制原理图； （3）标明端子号，在车辆中找到相关熔断器、线束插接器等元器件； （4）绘制诊断表格，设计填写各元器件或线路实测电压、电阻、波形等相关数据的表格； （5）查阅资料，在诊断表格中填写好各元器件或线路标准电压、电阻、波形等相关数据
对学生的要求	（1）掌握电路图识图方法。 （2）能在电路图中完整地找出所需系统的相关电路。 （3）在控制原理图中标明端子号，以便在测量过程中准确找到测量端子。 （4）绘制诊断表格，根据原理图设计完整、科学的测试路径；训练诊断思路。 （5）查阅资料，在诊断表格中填写好各元器件或线路标准电压、电阻、波形等相关数据，训练使用维修手册、电路图等维修资料的能力，以及诊断故障所需要的严谨态度。若资料中查阅不到标准参数，可在正常车辆中进行测量并记录，形成维修资料，以便以后的维修中参考查阅，养成良好的记笔记习惯，可以提高工作效率
参考资料	（1）《纯电动汽车维护、检测、诊断技术规范》(JT/T 1344—2020)； （2）比亚迪秦 EV 维修手册

典型工作环节 4　绘制控制原理图的计划单

学习场二	检修动力电池管理系统				
学习情境三	BMS 供电故障检修				
学时	0.1 学时				
典型工作过程描述	1. 确认故障现象；2. 读取故障码；3. 分析故障原因；4. 绘制控制原理图；5. 测试相关电路				
计划制订的方式	小组讨论				
序号	工作步骤	注意事项			
1	逐条列出可能原因	根据典型工作环节 3 中分析的可能原因，在电路图中找到 BMS 电路图			
2	绘制出控制原理图	根据列出的可能原因，查阅电路图，绘制出 BMS 的供电、接地、通信相关线路及元器件			
3	标明端子号	在控制原理图中正确标注测试端子及元器件名称			
4	绘制诊断表格	表格内容包括测试条件、测试设备、测试对象、实测值、标准值、实测波形、标准波形等基本信息			
5	查阅标准值	通过查阅资料，查询测试对象的标准参数，以便出具诊断结论，若资料中查阅不到标准参数，可在正常车辆中进行测量并记录，形成维修资料，以便以后的维修中参考查阅			
计划评价	班级		第____组	组长签字	
	教师签字		日期		
	评语：				

典型工作环节 4　绘制控制原理图的决策单

学习场二	检修动力电池管理系统				
学习情境三	BMS 供电故障检修				
学时	0.1 学时				
典型工作过程描述	1. 确认故障现象；2. 读取故障码；3. 分析故障原因；4. 绘制控制原理图；5. 测试相关电路				
计划对比					
序号	计划的可行性	计划的经济性	计划的可操作性	计划的实施难度	综合评价
1					
2					
3					
N					
决策评价	班级		第____组	组长签字	
	教师签字		日期		
	评语：				

典型工作环节 4　绘制控制原理图的实施单

学习场二	检修动力电池管理系统
学习情境三	BMS 供电故障检修
学时	0.1 学时
典型工作过程描述	1．确认故障现象；2．读取故障码；3．分析故障原因；4．绘制控制原理图；5．测试相关电路

序号	实施步骤	注意事项
1	逐条列出可能原因	根据典型工作环节 3 中分析的可能原因，在电路图中找到 BMS 系统电路图
2	绘制出控制原理图	根据列出的可能原因，查阅电路图，绘制出 BMS 系统的供电、接地、通信相关线路及元件
3	标明端子号	在控制原理图中正确标注测试端子及元件名称
4	绘制诊断表格	表格内容包括测试条件、测试设备、测试对象、实测值、标准值、实测波形、标准波形等基本信息
5	查阅标准值	通过查阅资料，查询测试对象的标准参数，以便出具诊断结论，若资料中查阅不到标准参数，可在正常车辆中进行测量，并记录，形成维修资料，以便以后的维修中参考查阅

实施说明：

（1）掌握电路图识图方法，在电路图中找到相关元器件。

（2）在电路图中完整地找出所需系统的相关电路。

（3）在控制原理图中标明端子号，以便在测量过程中准确找到测量端子。

（4）绘制诊断表格，表格内容包括测试条件、测试设备、测试对象、实测值、标准值、实测波形、标准波形等基本信息。

测试条件		检测设备、仪器		
序号	测试对象	实测值	标准值	测试结论
1				正常 / 异常
2				正常 / 异常
3				正常 / 异常
4				正常 / 异常
5				正常 / 异常

（5）查阅资料，在诊断表格中填写好各元器件或线路标准电压、电阻、波形等相关数据，训练使用维修手册、电路图等维修资料的能力，以及诊断故障所需要的严谨态度。若资料中查阅不到标准参数，可在正常车辆中进行测量，并记录，形成维修资料，以便以后的维修中参考查阅，养成良好的记笔记习惯，可以提高工作效率

实施评价	班级		第____组	组长签字	
	教师签字		日期		
	评语：				

典型工作环节 4　绘制控制原理图的检查单

学习场二		检修动力电池管理系统			
学习情境三		BMS 供电故障检修			
学时		0.1 学时			
典型工作过程描述		1．确认故障现象；2．读取故障码；3．分析故障原因；4．绘制控制原理图；5．测试相关电路			
序号	检查项目	检查标准		学生自查	教师检查
1	逐条列出可能原因	列出原因是否完整			
2	绘制出控制原理图	原理图中元器件、线路是否绘制完整			
3	标明端子号	端子号是否完整、正确			
4	绘制诊断表格	设计表格是否完整，波形测试项目是否设计波形坐标			
5	查阅标准值	标准参数查阅是否正确			
检查评价	班级		第____组	组长签字	
	教师签字		日期		
	评语：				

典型工作环节 4　绘制控制原理图的评价单

学习场二	检修动力电池管理系统				
学习情境三	BMS 供电故障检修				
学时	0.1 学时				
典型工作过程描述	1．确认故障现象；2．读取故障码；3．分析故障原因；4．绘制控制原理图；5．测试相关电路				
评价项目	评价子项目		学生自评	组内评价	教师评价
小组 1 绘制控制原理图的阶段性评价结果	（1）原因分析全面； （2）原理图绘制完整； （3）诊断表格设计合理				
小组 2 绘制控制原理图的阶段性评价结果	（1）原因分析全面； （2）原理图绘制完整； （3）诊断表格设计合理				
小组 3 绘制控制原理图的阶段性评价结果	（1）原因分析全面； （2）原理图绘制完整； （3）诊断表格设计合理				
小组 4 绘制控制原理图的阶段性评价结果	（1）原因分析全面； （2）原理图绘制完整； （3）诊断表格设计合理				
评价	班级		第____组	组长签字	
	教师签字		日期		
	评语：				

典型工作环节 5　测试相关电路的资讯单

学习场二	检修动力电池管理系统
学习情境三	BMS 供电故障检修
学时	0.1 学时
典型工作过程描述	1．确认故障现象；2．读取故障码；3．分析故障原因；4．绘制控制原理图；5．测试相关电路
收集资讯的方式	线下书籍及线上资源相结合
资讯描述	（1）根据列出的故障原因，列出测试对象； （2）按照测试条件进行测试，并记录在所设计的故障诊断表中； （3）对比实测值与标准值，出具诊断结论，测试正常情况下进行下一可能原因测试； （4）找到异常元器件或线路，进行修复； （5）修复后验证故障现象是否消失，确认故障码最终是否清除
对学生的要求	（1）根据列出的故障原因，列出测试对象；此步骤需要根据故障诊断先简后繁的原则，按先后顺序列出测试对象。 （2）按照测试条件进行测试，并记录在所设计的故障诊断表中；养成严谨的工作态度，防止漏测、错测导致测试结论错误，无法排除故障。 （3）对比实测值与标准值，出具诊断结论，测试正常情况下进行下一可能原因测试；有些故障可能不是单一故障，在对所列出的故障点逐个测试后也许并未排除故障，此时需要对故障现象再次验证，以免对故障原因分析不全面，锲而不舍、持之以恒的精神更容易成功。 （4）找到异常元器件或线路，进行修复；元器件更换或线路修复时需验证新件的工作状况，以免造成返工，或故障无法排出。 （5）修复后验证故障现象是否消失，确认故障码最终是否清除
参考资料	（1）《纯电动汽车维护、检测、诊断技术规范》(JT/T 1344—2020)； （2）比亚迪秦 EV 维修手册

典型工作环节 5　测试相关电路的计划单

学习场二	检修动力电池管理系统				
学习情境三	BMS 供电故障检修				
学时	0.1 学时				
典型工作过程描述	1. 确认故障现象；2. 读取故障码；3. 分析故障原因；4. 绘制控制原理图；5. 测试相关电路				
计划制订的方式	小组讨论				
序号	工作步骤		注意事项		
1	列出测试对象		根据故障诊断先简后繁的原则，按先后顺序列出测试对象		
2	测试并记录		明确测试条件，通电或断电、静态或动态		
3	出具诊断结论		对比实测值与标准值，出具诊断结论		
4	修复故障点		修复前确认新件工作状况		
5	验证故障现象		修复后确认故障现象是否消失		
计划评价	班级		第____组	组长签字	
	教师签字		日期		
	评语：				

典型工作环节 5　测试相关电路的决策单

学习场二	检修动力电池管理系统				
学习情境三	BMS 供电故障检修				
学时	0.1 学时				
典型工作过程描述	1. 确认故障现象；2. 读取故障码；3. 分析故障原因；4. 绘制控制原理图；5. 测试相关电路				
计划对比					
序号	计划的可行性	计划的经济性	计划的可操作性	计划的实施难度	综合评价
1					
2					
3					
N					
决策评价	班级		第____组	组长签字	
	教师签字		日期		
	评语：				

典型工作环节 5　测试相关电路的实施单

学习场二	检修动力电池管理系统
学习情境三	BMS 供电故障检修
学时	0.1 学时
典型工作过程描述	1．确认故障现象；2．读取故障码；3．分析故障原因；4．绘制控制原理图；5．测试相关电路

序号	实施步骤	注意事项
1	列出测试对象	根据故障诊断先简后繁的原则，按先后顺序列出测试对象
2	测试并记录	明确测试条件，通电或断电、静态或动态
3	出具诊断结论	对比实测值与标准值，出具诊断结论
4	修复故障点	修复前确认新件工作状况
5	验证故障现象	修复后确认故障现象是否消失

实施说明：

（1）根据列出的故障原因，列出测试对象；此步骤需要根据故障诊断先简后繁的原则，按先后顺序列出测试对象。

（2）按照测试条件进行测试，并记录在所设计的故障诊断表中；养成严谨的工作态度，防止漏测、错测导致测试结论错误，无法排除故障。

（3）对比实测值与标准值，出具诊断结论，测试正常情况下进行下一可能原因测试；有些故障可能不是单一故障，在对所列出的故障点逐个测试后也许并未排除故障，此时需要对故障现象再次验证，以免对故障原因分析不全面。

（4）找到异常元器件或线路，进行修复；元器件更换或线路修复时需验证新件的工作状况，以免造成返工，或故障无法排出。

（5）修复后验证故障现象是否消失，确认故障码最终是否清除

实施评价	班级		第____组	组长签字	
	教师签字		日期		
	评语：				

典型工作环节 5　测试相关电路的检查单

学习场二	检修动力电池管理系统					
学习情境三	BMS 供电故障检修					
学时	0.1 学时					
典型工作过程描述	1．确认故障现象；2．读取故障码；3．分析故障原因；4．绘制控制原理图；5．测试相关电路					
序号	检查项目	检查标准		学生自查		教师检查
1	列出测试对象	列出项目是否完整				
2	测试并记录	测试结果是否正确				
3	出具诊断结论	结果分析是否正确				
4	修复故障点	修复前是否验证元器件				
5	验证故障现象	修复后是否验证故障现象				
检查评价	班级		第____组		组长签字	
	教师签字		日期			
	评语：					

典型工作环节 5　测试相关电路的评价单

学习场二	检修动力电池管理系统			
学习情境三	BMS 供电故障检修			
学时	0.1 学时			
典型工作过程描述	1．确认故障现象；2．读取故障码；3．分析故障原因；4．绘制控制原理图；5．测试相关电路			
评价项目	评价子项目	学生自评	组内评价	教师评价
小组 1 测试相关电路 的阶段性评价结果	（1）测试方法正确； （2）测试结果正确； （3）故障是否排除			
小组 2 测试相关电路 的阶段性评价结果	（1）测试方法正确； （2）测试结果正确； （3）故障是否排除			
小组 3 测试相关电路 的阶段性评价结果	（1）测试方法正确； （2）测试结果正确； （3）故障是否排除			
小组 4 测试相关电路 的阶段性评价结果	（1）测试方法正确； （2）测试结果正确； （3）故障是否排除			
评价	班级		第____组	组长签字
	教师签字		日期	
	评语：			

学习情境四　BMS 漏电传感器故障检修

微课：预充失败故障诊断

典型工作环节 1　确认故障现象的资讯单

学习场二	检修动力电池管理系统
学习情境四	BMS 漏电传感器故障检修
学时	0.1 学时
典型工作过程描述	1. 确认故障现象；2. 读取故障码；3. 分析故障原因；4. 高压部件漏电检查；5. 高压线束漏电检查
收集资讯的方式	线下书籍与线上微课资源相结合
资讯描述	（1）新能源汽车高压系统设置有漏电传感器，其主要用于对电动汽车直流动力电源主线与其外壳及车身底盘之间的绝缘阻抗进行检测。通过检测与动力电池输出相连接的负极导线与车身底盘之间的绝缘电阻大小，来判断高压部件的漏电程度，不同车型漏电传感器安装位置不同，比亚迪秦车型的漏电传感器安装于车身后围搁物板前加强横梁上。当动力电池包或高压部件有漏电时，传感器会发出一个信号给电池管理控制器。电池管理控制器接收到漏电信号后，会采取禁止充、放电等相关保护操作并报警，从而防止动力电池包及高压部件的高压电外泄，造成人或物品的伤害和损失。 （2）踩下制动踏板，打开点火开关，观察仪表指示灯工作情况，观察仪表是否点亮，如仪表指示灯不亮，需要检查低压供电系统。 （3）观察仪表故障提示内容，如提示检查动力系统等相关信息，则需要检查高压上电控制部分；若存在漏电故障，则仪表同样会提示检查动力系统、EV 功能受限等。 （4）观察“OK”指示灯是否点亮；如果在点火开关 ON 位置时漏电，则可初步判断是动力电池包漏电；如果在“OK”指示灯位置漏电，则初步可判定是系统高压部件漏电
对学生的要求	（1）掌握该车辆所有电控系统，认识仪表中全部指示信息，以便打开点火开关后正确记录仪表显示情况； （2）使用驻车制动器，防止车辆检测过程中出现溜车等意外事故，强化安全责任意识； （3）记录仪表故障提示，通过仪表提示确定故障范围； （4）记录仪表异常显示的故障指示灯，不同的故障原因可能导致系统指示灯异常点亮或异常熄灭，掌握各系统指示灯含义
参考资料	（1）《纯电动汽车维护、检测、诊断技术规范》(JT/T 1344—2020)； （2）比亚迪秦 EV 维修手册

典型工作环节 1 确认故障现象的计划单

<table>
<tr><td>学习场二</td><td colspan="3">检修动力电池管理系统</td></tr>
<tr><td>学习情境四</td><td colspan="3">BMS 漏电传感器故障检修</td></tr>
<tr><td>学时</td><td colspan="3">0.1 学时</td></tr>
<tr><td>典型工作过程描述</td><td colspan="3">1. 确认故障现象；2. 读取故障码；3. 分析故障原因；4. 高压部件漏电检查；5. 高压线束漏电检查</td></tr>
<tr><td>计划制订的方式</td><td colspan="3">小组讨论</td></tr>
<tr><td>序号</td><td>工作步骤</td><td colspan="2">注意事项</td></tr>
<tr><td>1</td><td>踩下制动踏板，打开点火开关，记录故障灯异常情况</td><td colspan="2">观察仪表指示灯工作情况，观察仪表是否点亮，若仪表不亮，需检查低压电路故障，观察“OK”指示灯是否点亮；若“OK”指示灯不亮，需要检查高压上电相关故障</td></tr>
<tr><td>2</td><td>记录仪表故障提示，用于确定故障范围</td><td colspan="2">一般情况下各系统故障时，仪表会显示文字提示语，但此时所提示的故障范围通常较大，需要维修人员借助仪器设备进一步检查</td></tr>
<tr><td>3</td><td>记录仪表异常显示的故障指示灯</td><td colspan="2">观察全面，记录异常点亮或异常熄灭的指示灯</td></tr>
</table>

<table>
<tr><td rowspan="3">计划评价</td><td>班级</td><td></td><td>第____组</td><td>组长签字</td><td></td></tr>
<tr><td>教师签字</td><td></td><td>日期</td><td colspan="2"></td></tr>
<tr><td colspan="5">评语：</td></tr>
</table>

典型工作环节 1 确认故障现象的决策单

<table>
<tr><td>学习场二</td><td colspan="5">检修动力电池管理系统</td></tr>
<tr><td>学习情境四</td><td colspan="5">BMS 漏电传感器故障检修</td></tr>
<tr><td>学时</td><td colspan="5">0.1 学时</td></tr>
<tr><td>典型工作过程描述</td><td colspan="5">1. 确认故障现象；2. 读取故障码；3. 分析故障原因；4. 高压部件漏电检查；5. 高压线束漏电检查</td></tr>
<tr><td colspan="6">计划对比</td></tr>
<tr><td>序号</td><td>计划的可行性</td><td>计划的经济性</td><td>计划的可操作性</td><td>计划的实施难度</td><td>综合评价</td></tr>
<tr><td>1</td><td></td><td></td><td></td><td></td><td></td></tr>
<tr><td>2</td><td></td><td></td><td></td><td></td><td></td></tr>
<tr><td>3</td><td></td><td></td><td></td><td></td><td></td></tr>
<tr><td>N</td><td></td><td></td><td></td><td></td><td></td></tr>
</table>

<table>
<tr><td rowspan="3">决策评价</td><td>班级</td><td></td><td>第____组</td><td>组长签字</td><td></td></tr>
<tr><td>教师签字</td><td></td><td>日期</td><td colspan="2"></td></tr>
<tr><td colspan="5">评语：</td></tr>
</table>

典型工作环节 1 确认故障现象的实施单

<table>
<tr><td colspan="2">学习场二</td><td colspan="4">检修动力电池管理系统</td></tr>
<tr><td colspan="2">学习情境四</td><td colspan="4">BMS 漏电传感器故障检修</td></tr>
<tr><td colspan="2">学时</td><td colspan="4">0.1 学时</td></tr>
<tr><td colspan="2">典型工作过程描述</td><td colspan="4">1．确认故障现象；2．读取故障码；3．分析故障原因；4．高压部件漏电检查；5．高压线束漏电检查</td></tr>
<tr><td>序号</td><td colspan="2">实施步骤</td><td colspan="3">注意事项</td></tr>
<tr><td>1</td><td colspan="2">踩下制动踏板，打开点火开关，记录故障灯异常情况</td><td colspan="3">观察仪表指示灯工作情况，观察仪表是否点亮，若仪表不亮，需检查低压电路故障，观察“OK”指示灯是否点亮；若“OK”指示灯不亮，需要检查高压上电相关故障</td></tr>
<tr><td>2</td><td colspan="2">记录仪表故障提示，用于确定故障范围</td><td colspan="3">一般情况下各系统故障时，仪表会显示文字提示语，但此时所提示的故障范围通常较大，需要维修人员借助仪器设备进一步检查</td></tr>
<tr><td>3</td><td colspan="2">记录仪表异常显示的故障指示灯</td><td colspan="3">观察全面，记录异常点亮或异常熄灭的指示灯</td></tr>
<tr><td colspan="6">实施说明：
（1）掌握该车辆所有电控系统，认识仪表中全部指示信息，以便打开点火开关后正确记录仪表显示情况；
（2）使用驻车制动器，防止车辆检测过程中出现溜车等意外事故；
（3）记录仪表故障提示，通过仪表提示确定故障范围；
（4）记录仪表异常显示的故障指示灯，不同的故障原因可能导致系统指示灯异常点亮或异常熄灭，掌握各系统指示灯含义；
（5）发现除仪表显示外的故障现象，用于确定故障范围，如需路试行驶，必须由教师执行此步骤，防止安全事故产生</td></tr>
<tr><td rowspan="3">实施评价</td><td>班级</td><td></td><td>第____组</td><td>组长签字</td><td></td></tr>
<tr><td>教师签字</td><td></td><td>日期</td><td colspan="2"></td></tr>
<tr><td colspan="5">评语：</td></tr>
</table>

典型工作环节 1　确认故障现象的检查单

学习场二	检修动力电池管理系统			
学习情境四	BMS 漏电传感器故障检修			
学时	0.1 学时			
典型工作过程描述	1. 确认故障现象；2. 读取故障码；3. 分析故障原因；4. 高压部件漏电检查；5. 高压线束漏电检查			
序号	检查项目	检查标准	学生自查	教师检查
1	踩下制动踏板，打开点火开关	是否记录故障指示灯		
2	使用驻车制动器	是否实施驻车制动		
3	记录仪表故障提示，用于确定故障范围	是否记录故障提示语		
4	记录仪表异常显示的故障指示灯	是否记录异常熄灭的指示灯		
5	记录车辆运行异常的现象	是否进行正确路试测试		

检查评价					
检查评价	班级		第____组	组长签字	
	教师签字		日期		
	评语：				

典型工作环节 1　确认故障现象的评价单

学习场二	检修动力电池管理系统			
学习情境四	BMS 漏电传感器故障检修			
学时	0.1 学时			
典型工作过程描述	1. 确认故障现象；2. 读取故障码；3. 分析故障原因；4. 高压部件漏电检查；5. 高压线束漏电检查			
评价项目	评价子项目	学生自评	组内评价	教师评价
小组 1 确认故障现象的阶段性评价结果	故障现象描述是否完整			
小组 2 确认故障现象的阶段性评价结果	故障现象描述是否完整			
小组 3 确认故障现象的阶段性评价结果	故障现象描述是否完整			
小组 4 确认故障现象的阶段性评价结果	故障现象描述是否完整			

评价					
评价	班级		第____组	组长签字	
	教师签字		日期		
	评语：				

典型工作环节 2　读取故障码的资讯单

<table>
<tr><td>学习场二</td><td>检修动力电池管理系统</td></tr>
<tr><td>学习情境四</td><td>BMS 漏电传感器故障检修</td></tr>
<tr><td>学时</td><td>0.1 学时</td></tr>
<tr><td>典型工作过程描述</td><td>1. 确认故障现象；2. 读取故障码；3. 分析故障原因；4. 高压部件漏电检查；5. 高压线束漏电检查</td></tr>
<tr><td>收集资讯的方式</td><td>线下书籍与线上微课资源相结合</td></tr>
<tr><td>资讯描述</td><td>（1）关闭点火开关，确认车辆仪表未通电，防止连接诊断插头过程中产生感应电流损坏车辆线路及元器件；
（2）连接诊断插头至车辆诊断接口；
（3）打开诊断仪主机，打开点火开关，在“车辆品牌”选择页面选择所诊断车辆的相应品牌，在“车型”选择页面选择相应车型，在“系统”选择页面选择所诊断系统，在无法确认哪一系统出现故障时，可选择“扫描全部系统”的方式对车辆所有系统进行全面诊断；
（4）进入所选系统，在“功能”选项中选择“读取故障码”，观察所读取的故障码属性为“当前故障码”或“历史故障码”，并记录所读取的全部故障码，清除故障码；
（5）关闭点火开关，重新打开点火开关，试车后，再次读取故障码，此时读取的故障码，可以确定为当前车辆的故障；
（6）故障码表
<table>
<tr><th>DTC</th><th>描述</th><th>应检查部位</th></tr>
<tr><td>P1A0000</td><td>严重漏电故障</td><td>动力电池、电驱动总成、充配电总成、空调压缩机、PTC 加热器</td></tr>
<tr><td>P1A0100</td><td>严重漏电故障</td><td>动力电池、电驱动总成、充配电总成、空调压缩机、PTC 加热器</td></tr>
<tr><td>P1CA000</td><td>严重漏电故障</td><td>整车高压电器、高压线路及电池包，检测绝缘电阻</td></tr>
<tr><td>P1A4C00</td><td>漏电传感器失效故障</td><td>漏电传感器、低压线束</td></tr>
<tr><td>P1CA000</td><td>漏电传感器自身故障</td><td>漏电传感器、低压线束</td></tr>
<tr><td>U02A100</td><td>与漏电传感器通信故障</td><td>漏电传感器、低压线束</td></tr>
</table></td></tr>
<tr><td>对学生的要求</td><td>（1）连接仪器前确认关闭点火开关，此步骤为仪器使用规范，未按此步骤执行，可能导致车辆线路及元器件损坏；
（2）选择正确的诊断接头，用导线连接或用无线方式连接到仪器，此步骤为仪器使用规范，要求熟练掌握仪器正确使用方法；
（3）从选择品牌到选择系统为车辆识别能力训练，训练车型识别的能力；
（4）读取并清除故障码，训练对故障码属性的判断能力，能够正确引导维修人员确认故障范围</td></tr>
<tr><td>参考资料</td><td>（1）《纯电动汽车维护、检测、诊断技术规范》(JT/T 1344—2020)；
（2）比亚迪秦 EV 维修手册</td></tr>
</table>

典型工作环节 2　读取故障码的计划单

学习场二	检修动力电池管理系统				
学习情境四	BMS 漏电传感器故障检修				
学时	0.1 学时				
典型工作过程描述	1．确认故障现象；2．读取故障码；3．分析故障原因；4．高压部件漏电检查；5．高压线束漏电检查				
计划制订的方式	小组讨论				
序号	工作步骤		注意事项		
1	关闭点火开关，确认车辆仪表未通电		防止连接诊断插头过程中产生感应电流损坏车辆线路及元器件		
2	连接诊断插头至车辆诊断接口				
3	打开诊断仪主机，打开点火开关，选择车型及相应系统		在“车辆品牌”选择页面选择所诊断车辆的相应品牌，在“车型”选择页面选择相应车型，在“系统”选择页面选择所诊断系统，在无法确认哪一系统出现故障时，可选择“扫描全部系统”的方式对车辆所有系统进行全面诊断		
4	读取故障码		观察所读取的故障码属性为“当前故障码”或“历史故障码”，并记录所读取的全部故障码，清除故障码		
5	再次读取故障码		关闭点火开关，重新打开点火开关，试车后再进行读取故障码		
计划评价	班级		第____组	组长签字	
	教师签字		日期		
	评语：				

典型工作环节 2　读取故障码的决策单

学习场二	检修动力电池管理系统				
学习情境四	BMS 漏电传感器故障检修				
学时	0.1 学时				
典型工作过程描述	1．确认故障现象；2．读取故障码；3．分析故障原因；4．高压部件漏电检查；5．高压线束漏电检查				
计划对比					
序号	计划的可行性	计划的经济性	计划的可操作性	计划的实施难度	综合评价
1					
2					
3					
N					
决策评价	班级		第____组	组长签字	
	教师签字		日期		
	评语：				

典型工作环节 2 读取故障码的实施单

<table>
<tr><td colspan="2">学习场二</td><td colspan="4">检修动力电池管理系统</td></tr>
<tr><td colspan="2">学习情境四</td><td colspan="4">BMS 漏电传感器故障检修</td></tr>
<tr><td colspan="2">学时</td><td colspan="4">0.1 学时</td></tr>
<tr><td colspan="2">典型工作过程描述</td><td colspan="4">1. 确认故障现象；2. 读取故障码；3. 分析故障原因；4. 高压部件漏电检查；5. 高压线束漏电检查</td></tr>
<tr><td>序号</td><td colspan="2">实施步骤</td><td colspan="3">注意事项</td></tr>
<tr><td>1</td><td colspan="2">关闭点火开关，确认车辆仪表未通电</td><td colspan="3">防止连接诊断插头过程中产生感应电流损坏车辆线路及元器件</td></tr>
<tr><td>2</td><td colspan="2">连接诊断插头至车辆诊断接口</td><td colspan="3"></td></tr>
<tr><td>3</td><td colspan="2">打开诊断仪主机，打开点火开关，选择车型及相应系统</td><td colspan="3">在车辆品牌选择页面选择所诊断车辆的相应品牌，在车型选择页面选择相应车型，在系统选择页面选择所诊断系统，在无法确认哪一系统出现故障时，可选择“扫描全部系统”的方式对车辆所有系统进行全面诊断</td></tr>
<tr><td>4</td><td colspan="2">读取故障码</td><td colspan="3">观察所读取的故障码属性为“当前故障码”或“历史故障码”，并记录所读取的全部故障码，清除故障码</td></tr>
<tr><td>5</td><td colspan="2">再次读取故障码</td><td colspan="3">关闭点火开关，重新打开点火开关，试车后在进行读取故障码</td></tr>
<tr><td colspan="6">实施说明：
（1）连接仪器前确认关闭点火开关，此步骤为仪器使用规范，未按此步骤执行，可能导致车辆线路及元器件损坏；
（2）选择正确的诊断接头，用导线连接或用无线方式连接到仪器；
（3）车辆品牌、型号信息可从车辆“铭牌”中获取；
（4）读取并清除故障码，用于判断故障码属性，防止历史故障码或偶发性故障对故障判断造成误导</td></tr>
<tr><td rowspan="3">实施评价</td><td>班级</td><td></td><td>第____组</td><td>组长签字</td><td></td></tr>
<tr><td>教师签字</td><td></td><td>日期</td><td colspan="2"></td></tr>
<tr><td colspan="5">评语：</td></tr>
</table>

典型工作环节 2　读取故障码的检查单

学习场二	检修动力电池管理系统			
学习情境四	BMS 漏电传感器故障检修			
学时	0.1 学时			
典型工作过程描述	1．确认故障现象；2．读取故障码；3．分析故障原因；4．高压部件漏电检查；5．高压线束漏电检查			
序号	检查项目	检查标准	学生自查	教师检查
1	关闭点火开关，确认车辆仪表未通电	关闭点火开关至 OFF 挡		
2	连接诊断插头至车辆诊断接口	诊断接头与主机是否连接成功		
3	打开诊断仪主机，打开点火开关，选择车型及相应系统	选择是否正确		
4	读取故障码	能否判断故障码属性		
5	再次读取故障码	是否重新运行该系统后再次读取		
检查评价	班级		第____组	组长签字
	教师签字		日期	
	评语：			

典型工作环节 2　读取故障码的评价单

学习场二	检修动力电池管理系统			
学习情境四	BMS 漏电传感器故障检修			
学时	0.1 学时			
典型工作过程描述	1．确认故障现象；2．读取故障码；3．分析故障原因；4．高压部件漏电检查；5．高压线束漏电检查			
评价项目	评价子项目	学生自评	组内评价	教师评价
小组 1 读取故障码的阶段性评价结果	确认能否读取故障码或是否完整记录故障码			
小组 2 读取故障码的阶段性评价结果	确认能否读取故障码或是否完整记录故障码			
小组 3 读取故障码的阶段性评价结果	确认能否读取故障码或是否完整记录故障码			
小组 4 读取故障码的阶段性评价结果	确认能否读取故障码或是否完整记录故障码			
评价	班级		第____组	组长签字
	教师签字		日期	
	评语：			

典型工作环节 3　分析故障原因的资讯单

学习场二	检修动力电池管理系统
学习情境四	BMS 漏电传感器故障检修
学时	0.1 学时
典型工作过程描述	1．确认故障现象；2．读取故障码；3．分析故障原因；4．高压部件漏电检查；5．高压线束漏电检查
收集资讯的方式	线下书籍及线上资源相结合
资讯描述	（1）当高压电池管理器系统（BMS）报漏电故障时，故障原因可能是整车上所有的高压控制单元（动力电池包、维修开关、高压配电箱、电机控制器及 DC 总成、电动空调压缩机、PTC 加热器及车载充电器等）、橙色高压线束、漏电传感器及连接线束漏电。这些部件漏电均有可能产生高压漏电故障，并报漏电故障码。 （2）在点火开关打开状态下进行漏电检查，清除故障码后使车辆处于“ON”位置状态，用诊断仪查询 BMS 有无漏电故障码，然后读取数据流。如显示分压接触器吸合，说明动力电池不漏电；如显示分压接触器断开，且 BMS 也报漏电故障码 P1A0000 或 P1A0100，则可初步判断为动力电池包漏电，需进行动力电池包的高压漏电检查。操作中应该反复使车辆处于“ON”位置状态，从而确认是否每次在“ON”挡状态时均会报漏电故障。 （3）在“OK”指示灯点亮状态下的漏电检查，踩下制动踏板并按启动按钮，使车辆处于“OK”状态，然后进行漏电检测，仪表显示“请检查动力系统”。此时连接诊断仪，查阅 BMS，如报故障码 P1A0000，则为严重漏电故障；如报 P1A0100，则为一般漏电故障。清除故障码后重新使车辆处于“OK”状态，如故障码再现，则查阅 BMS 中的数据流，如果分压接触器断开，则可确认该车是因为漏电故障导致无法使用 EV 模式。而且因为车辆处于“OK”状态时报漏电故障，所以可判定为动力电池包以外的高压部件存在漏电风险
对学生的要求	（1）掌握漏电检测原理； （2）掌握出现漏电故障后的车辆保护措施； （3）掌握故障码结合数据流确认故障范围的能力
参考资料	（1）《纯电动汽车维护、检测、诊断技术规范》(JT/T 1344—2020)； （2）比亚迪秦 EV 维修手册

典型工作环节 3　分析故障原因的计划单

<table>
<tr><td>学习场二</td><td colspan="5">检修动力电池管理系统</td></tr>
<tr><td>学习情境四</td><td colspan="5">BMS 漏电传感器故障检修</td></tr>
<tr><td>学时</td><td colspan="5">0.1 学时</td></tr>
<tr><td>典型工作过程描述</td><td colspan="5">1. 确认故障现象；2. 读取故障码；3. 分析故障原因；4. 高压部件漏电检查；5. 高压线束漏电检查</td></tr>
<tr><td>计划制订的方式</td><td colspan="5">小组讨论</td></tr>
<tr><td>序号</td><td colspan="2">工作步骤</td><td colspan="3">注意事项</td></tr>
<tr><td>1</td><td colspan="2">描述漏电故障的可能原因</td><td colspan="3">分析全面</td></tr>
<tr><td>2</td><td colspan="2">车辆“ON”状态时的漏电分析</td><td colspan="3">分析全面</td></tr>
<tr><td>3</td><td colspan="2">车辆“OK”状态时的漏电分析</td><td colspan="3">分析全面</td></tr>
<tr><td rowspan="3">计划评价</td><td>班级</td><td></td><td>第____组</td><td>组长签字</td><td></td></tr>
<tr><td>教师签字</td><td></td><td>日期</td><td colspan="2"></td></tr>
<tr><td colspan="5">评语：</td></tr>
</table>

典型工作环节 3　分析故障原因的决策单

<table>
<tr><td>学习场二</td><td colspan="5">检修动力电池管理系统</td></tr>
<tr><td>学习情境四</td><td colspan="5">BMS 漏电传感器故障检修</td></tr>
<tr><td>学时</td><td colspan="5">0.1 学时</td></tr>
<tr><td>典型工作过程描述</td><td colspan="5">1. 确认故障现象；2. 读取故障码；3. 分析故障原因；4. 高压部件漏电检查；5. 高压线束漏电检查</td></tr>
<tr><td colspan="6">计划对比</td></tr>
<tr><td>序号</td><td>计划的可行性</td><td>计划的经济性</td><td>计划的可操作性</td><td>计划的实施难度</td><td>综合评价</td></tr>
<tr><td>1</td><td></td><td></td><td></td><td></td><td></td></tr>
<tr><td>2</td><td></td><td></td><td></td><td></td><td></td></tr>
<tr><td>3</td><td></td><td></td><td></td><td></td><td></td></tr>
<tr><td>N</td><td></td><td></td><td></td><td></td><td></td></tr>
<tr><td rowspan="3">决策评价</td><td>班级</td><td></td><td>第____组</td><td>组长签字</td><td></td></tr>
<tr><td>教师签字</td><td></td><td>日期</td><td colspan="2"></td></tr>
<tr><td colspan="5">评语：</td></tr>
</table>

典型工作环节 3　分析故障原因的实施单

学习场二	检修动力电池管理系统				
学习情境四	BMS 漏电传感器故障检修				
学时	0.1 学时				
典型工作过程描述	1．确认故障现象；2．读取故障码；3．分析故障原因；4．高压部件漏电检查；5．高压线束漏电检查				
序号	实施步骤		注意事项		
1	描述漏电故障的可能原因		分析全面		
2	车辆“ON”状态时的漏电分析		分析全面		
3	车辆“OK”状态时的漏电分析		分析全面		
实施说明： （1）掌握漏电检测原理； （2）掌握出现漏电故障后的车辆保护措施； （3）掌握故障码结合数据流确认故障范围的能力					
实施评价	班级		第____组	组长签字	
	教师签字		日期		
	评语：				

典型工作环节 3　分析故障原因的检查单

学习场二	检修动力电池管理系统			
学习情境四	BMS 漏电传感器故障检修			
学时	0.1 学时			
典型工作过程描述	1．确认故障现象；2．读取故障码；3．分析故障原因；4．高压部件漏电检查；5．高压线束漏电检查			
序号	检查项目	检查标准	学生自查	教师检查
1	描述漏电故障的可能原因	是否列全		
2	车辆“ON”状态时的漏电分析	是否读取数据流		
3	车辆“OK”状态时的漏电分析	是否读取数据流		
检查评价	班级		第____组	组长签字
	教师签字		日期	
	评语：			

典型工作环节 3　分析故障原因的评价单

学习场二	检修动力电池管理系统			
学习情境四	BMS 漏电传感器故障检修			
学时	0.1 学时			
典型工作过程描述	1. 确认故障现象；2. 读取故障码；3. 分析故障原因；4. 高压部件漏电检查；5. 高压线束漏电检查			
评价项目	评价子项目	学生自评	组内评价	教师评价
小组 1 分析故障原因的阶段性评价结果	故障原因是否分析全面			
小组 2 分析故障原因的阶段性评价结果	故障原因是否分析全面			
小组 3 分析故障原因的阶段性评价结果	故障原因是否分析全面			
小组 4 分析故障原因的阶段性评价结果	故障原因是否分析全面			
评价	班级		第____组	组长签字
	教师签字		日期	
	评语：			

典型工作环节 4　高压部件漏电检查的资讯单

学习场二	检修动力电池管理系统
学习情境四	BMS 漏电传感器故障检修
学时	0.1 学时
典型工作过程描述	1．确认故障现象；2．读取故障码；3．分析故障原因；4．高压部件漏电检查；5．高压线束漏电检查
收集资讯的方式	线下书籍及线上资源相结合
资讯描述	（1）处于“OFF”挡状态，先断开紧急维修开关，再断开电动压缩机高压线束插接器；装上紧急维修开关，并处于“OK”挡进行检查。用诊断仪读取故障，如果不漏电，则判断为电动压缩机漏电；如果仍漏电，则判断电动压缩机正常，再继续断开其他高压控制单元进行检测。 （2）处于“OFF”挡状态，先断开紧急维修开关，再断开 PTC 加热器高压线束插接器；装上紧急维修开关，并处于“OK”挡进行检查。用诊断仪读取故障，如果不漏电，则可判断为 PTC 加热器高压漏电；如果仍漏电，则判断 PTC 加热器正常，再继续断开其他高压控制单元进行检测。 （3）处于“OFF”挡状态，先断开紧急维修开关，再断开空调配电盒输入端高压线束插接器；装上紧急维修开关，并处于“OK”挡进行检查。用诊断仪读取故障，如果不漏电，则判断空调配电盒及线束漏电；如果仍漏电，则判断 PTC 加热器及线束正常。 （4）处于“OFF”挡状态，先断开紧急维修开关，再断开车载充电器直流侧插接器；装上紧急维修开关，并处于“OK”挡进行检查。如不漏电，则为车载充电器故障，如漏电，则继续断开 DC 直流输入插接器（互锁开关短接）。当处于“OK”挡瞬间不再报漏电，则可能为电机及电机控制器漏电。为排除电机问题，连接 DC 直流输入并同时断开电机控制器三相输出，如处于“OK”挡瞬间依旧报漏电，则确定为电机控制器及 DC 总成漏电；如长时间报漏电，再继续断开其他高压控制单元
对学生的要求	（1）能够按照新能源汽车维修技术规范做好安全防护； （2）能够正确使用绝缘检测仪； （3）能够准确判断绝缘状态
参考资料	（1）《纯电动汽车维护、检测、诊断技术规范》(JT/T 1344—2020)； （2）比亚迪秦 EV 维修手册

典型工作环节 4 高压部件漏电检查的计划单

<table>
<tr><td colspan="2">学习场二</td><td colspan="4">检修动力电池管理系统</td></tr>
<tr><td colspan="2">学习情境四</td><td colspan="4">BMS 漏电传感器故障检修</td></tr>
<tr><td colspan="2">学时</td><td colspan="4">0.1 学时</td></tr>
<tr><td colspan="2">典型工作过程描述</td><td colspan="4">1. 确认故障现象；2. 读取故障码；3. 分析故障原因；4. 高压部件漏电检查；5. 高压线束漏电检查</td></tr>
<tr><td colspan="2">计划制订的方式</td><td colspan="4">小组讨论</td></tr>
<tr><td>序号</td><td>工作步骤</td><td colspan="4">注意事项</td></tr>
<tr><td>1</td><td>空调压缩机检查</td><td colspan="4">插接器断开后是否报漏电故障，并进行绝缘测试</td></tr>
<tr><td>2</td><td>PTC 加热器检查</td><td colspan="4">插接器断开后是否报漏电故障，并进行绝缘测试</td></tr>
<tr><td>3</td><td>空调配电盒检查</td><td colspan="4">插接器断开后是否报漏电故障，并进行绝缘测试</td></tr>
<tr><td>4</td><td>车载充电机检查</td><td colspan="4">插接器断开后是否报漏电故障，并进行绝缘测试</td></tr>
<tr><td>5</td><td>电机及电机控制器检查</td><td colspan="4">插接器断开后是否报漏电故障，并进行绝缘测试</td></tr>
<tr><td rowspan="3">计划评价</td><td>班级</td><td></td><td>第____组</td><td>组长签字</td><td></td></tr>
<tr><td>教师签字</td><td></td><td>日期</td><td colspan="2"></td></tr>
<tr><td colspan="5">评语：</td></tr>
</table>

典型工作环节 4 高压部件漏电检查的决策单

<table>
<tr><td>学习场二</td><td colspan="5">检修动力电池管理系统</td></tr>
<tr><td>学习情境四</td><td colspan="5">BMS 漏电传感器故障检修</td></tr>
<tr><td>学时</td><td colspan="5">0.1 学时</td></tr>
<tr><td>典型工作过程描述</td><td colspan="5">1. 确认故障现象；2. 读取故障码；3. 分析故障原因；4. 高压部件漏电检查；5. 高压线束漏电检查</td></tr>
<tr><td colspan="6">计划对比</td></tr>
<tr><td>序号</td><td>计划的可行性</td><td>计划的经济性</td><td>计划的可操作性</td><td>计划的实施难度</td><td>综合评价</td></tr>
<tr><td>1</td><td></td><td></td><td></td><td></td><td></td></tr>
<tr><td>2</td><td></td><td></td><td></td><td></td><td></td></tr>
<tr><td>3</td><td></td><td></td><td></td><td></td><td></td></tr>
<tr><td>N</td><td></td><td></td><td></td><td></td><td></td></tr>
<tr><td rowspan="3">决策评价</td><td>班级</td><td></td><td>第____组</td><td>组长签字</td><td></td></tr>
<tr><td>教师签字</td><td></td><td>日期</td><td colspan="2"></td></tr>
<tr><td colspan="5">评语：</td></tr>
</table>

典型工作环节 4　高压部件漏电检查的实施单

学习场二	检修动力电池管理系统	
学习情境四	BMS 漏电传感器故障检修	
学时	0.1 学时	
典型工作过程描述	1. 确认故障现象；2. 读取故障码；3. 分析故障原因；4. 高压部件漏电检查；5. 高压线束漏电检查	
序号	实施步骤	注意事项
1	空调压缩机检查	插接器断开后是否报漏电故障，并进行绝缘测试
2	PTC 加热器检查	插接器断开后是否报漏电故障，并进行绝缘测试
3	空调配电盒检查	插接器断开后是否报漏电故障，并进行绝缘测试
4	车载充电机检查	插接器断开后是否报漏电故障，并进行绝缘测试
5	电机及电机控制器检查	插接器断开后是否报漏电故障，并进行绝缘测试
实施说明： （1）按照以上方法，依次断开剩余高压控制单元，逐个对控制单元或高压线束进行漏电检查。在检查时，尽量重复操作几次，确认故障现象是否再次出现，从而避免误判。 （2）带有高压互锁的车型，在每次断开带高压互锁的高压部件后，需要先短接高压控制单元端互锁开关，再处于“OK”状态进行检查，最终判断漏电情况。 （3）确定漏电的高压部件后，用万用表检测高压部件的绝缘电阻，从而确认具体的漏电部位。检测绝缘电阻大于等于 500 kΩ 为正常，小于此数值则为漏电		

实施评价	班级		第____组	组长签字	
	教师签字		日期		
	评语：				

典型工作环节 4　高压部件漏电检查的检查单

学习场二	检修动力电池管理系统			
学习情境四	BMS 漏电传感器故障检修			
学时	0.1 学时			
典型工作过程描述	1. 确认故障现象；2. 读取故障码；3. 分析故障原因；4. 高压部件漏电检查；5. 高压线束漏电检查			
序号	检查项目	检查标准	学生自查	教师检查
1	空调压缩机检查	是否安全断开插接器，是否正确检测绝缘电阻		
2	PTC 加热器检查	是否安全断开插接器，是否正确检测绝缘电阻		
3	空调配电盒检查	是否安全断开插接器，是否正确检测绝缘电阻		
4	车载充电机检查	是否安全断开插接器，是否正确检测绝缘电阻		
5	电机及电机控制器检查	是否安全断开插接器，是否正确检测绝缘电阻		

检查评价	班级		第____组	组长签字	
	教师签字		日期		
	评语：				

典型工作环节 4　高压部件漏电检查的评价单

<table>
<tr><td>学习场二</td><td colspan="4">检修动力电池管理系统</td></tr>
<tr><td>学习情境四</td><td colspan="4">BMS 漏电传感器故障检修</td></tr>
<tr><td>学时</td><td colspan="4">0.1 学时</td></tr>
<tr><td>典型工作过程描述</td><td colspan="4">1．确认故障现象；2．读取故障码；3．分析故障原因；4．高压部件漏电检查；5．高压线束漏电检查</td></tr>
<tr><td>评价项目</td><td>评价子项目</td><td>学生自评</td><td>组内评价</td><td>教师评价</td></tr>
<tr><td>小组 1
高压部件漏电检查的阶段性评价结果</td><td>（1）检查位置正确；
（2）检测方法正确</td><td></td><td></td><td></td></tr>
<tr><td>小组 2
高压部件漏电检查的阶段性评价结果</td><td>（1）检查位置正确；
（2）检测方法正确</td><td></td><td></td><td></td></tr>
<tr><td>小组 3
高压部件漏电检查的阶段性评价结果</td><td>（1）检查位置正确；
（2）检测方法正确</td><td></td><td></td><td></td></tr>
<tr><td>小组 4
高压部件漏电检查的阶段性评价结果</td><td>（1）检查位置正确；
（2）检测方法正确</td><td></td><td></td><td></td></tr>
<tr><td rowspan="3">评价</td><td>班级</td><td></td><td>第____组</td><td>组长签字</td></tr>
<tr><td>教师签字</td><td></td><td>日期</td><td></td></tr>
<tr><td colspan="4">评语：</td></tr>
</table>

典型工作环节 5　高压线束漏电检查的资讯单

学习场二	检修动力电池管理系统
学习情境四	BMS 漏电传感器故障检修
学时	0.1 学时
典型工作过程描述	1．确认故障现象；2．读取故障码；3．分析故障原因；4．高压部件漏电检查；5．高压线束漏电检查
收集资讯的方式	线下书籍及线上资源相结合
资讯描述	（1）用诊断仪读取整车各控制单元软、硬件版本号及整车故障码并记录。 （2）用诊断仪清除整车故障码后，对车辆重新上电，用诊断仪读取 BMS 数据流、电池组漏电状态显示情况、故障码显示情况。 （3）将车辆处于“ON”挡位时，用诊断仪读取 BMS 数据流、分压接触器状态显示情况。 （4）从高压负载端逐一断开各高压控制单元的高压输入，如依旧报漏电故障，则进行下一步检查。 （5）从高压配电箱逐一断开各高压部件输入高压线束插接器。 （6）断开两端负载，用万用表测量线束端对线束屏蔽层的电阻值，正常标准应大于 500 kΩ，如阻值异常，则可判定为高压线束漏电。 （7）在维修高压线束时，必须采取绝缘保护措施，以确保安全
对学生的要求	（1）能够按照新能源汽车维修技术规范做好安全防护； （2）能够正确使用绝缘检测仪； （3）能够准确判断绝缘状态
参考资料	（1）《纯电动汽车维护、检测、诊断技术规范》(JT/T 1344—2020)； （2）比亚迪秦 EV 维修手册

典型工作环节 5　高压线束漏电检查的计划单

<table>
<tr><td colspan="2">学习场二</td><td colspan="6">检修动力电池管理系统</td></tr>
<tr><td colspan="2">学习情境四</td><td colspan="6">BMS 漏电传感器故障检修</td></tr>
<tr><td colspan="2">学时</td><td colspan="6">0.1 学时</td></tr>
<tr><td colspan="2">典型工作过程描述</td><td colspan="6">1．确认故障现象；2．读取故障码；3．分析故障原因；4．高压部件漏电检查；5．高压线束漏电检查</td></tr>
<tr><td colspan="2">计划制订的方式</td><td colspan="6">小组讨论</td></tr>
<tr><td>序号</td><td colspan="4">工作步骤</td><td colspan="3">注意事项</td></tr>
<tr><td>1</td><td colspan="4">读取整车故障码</td><td colspan="3">记录完整</td></tr>
<tr><td>2</td><td colspan="4">读取 BMS 数据流电池组漏电状态</td><td colspan="3">记录完整</td></tr>
<tr><td>3</td><td colspan="4">读取 BMS 数据流分压接触器状态</td><td colspan="3">记录完整</td></tr>
<tr><td>4</td><td colspan="4">断开各高压控制单元的高压输入</td><td colspan="3">从高压负载端逐一断开</td></tr>
<tr><td rowspan="3">计划评价</td><td colspan="2">班级</td><td></td><td colspan="2">第____组</td><td>组长签字</td><td></td></tr>
<tr><td colspan="2">教师签字</td><td></td><td colspan="2">日期</td><td colspan="2"></td></tr>
<tr><td colspan="7">评语：</td></tr>
</table>

典型工作环节 5　高压线束漏电检查的决策单

学习场二	检修动力电池管理系统				
学习情境四	BMS 漏电传感器故障检修				
学时	0.1 学时				
典型工作过程描述	1. 确认故障现象；2. 读取故障码；3. 分析故障原因；4. 高压部件漏电检查；5. 高压线束漏电检查				
计划对比					
序号	计划的可行性	计划的经济性	计划的可操作性	计划的实施难度	综合评价
1					
2					
3					
N					
决策评价	班级		第____组	组长签字	
	教师签字		日期		
	评语：				

典型工作环节 5　高压线束漏电检查的实施单

学习场二	检修动力电池管理系统	
学习情境四	BMS 漏电传感器故障检修	
学时	0.1 学时	
典型工作过程描述	1. 确认故障现象；2. 读取故障码；3. 分析故障原因；4. 高压部件漏电检查；5. 高压线束漏电检查	
序号	实施步骤	注意事项
1	读取整车故障码	记录完整
2	读取 BMS 数据流电池组漏电状态	记录完整
3	读取 BMS 数据流分压接触器状态	记录完整
4	断开各高压控制单元的高压输入	从高压负载端逐一断开

实施说明：

（1）断开动力电池直流母线。拔去前、后驱动电机控制器和车载充电器高压接插件，用绝缘阻值测试仪测量前、后电机控制器和车载充电器高压线端绝缘阻值，若阻值小于 500 kΩ，则该零部件漏电，需进行更换。

（2）断开动力电池直流母线。测量 PTC 加热器、压缩机和电池加热 PTC 线束端绝缘阻值，若小于 500 kΩ，则该零部件漏电，需进行更换。

（3）断开高压配电箱处的高压接插件，用绝缘阻值测试仪分别测试高压配电箱端高压接插件接口端子对地的绝缘阻值，若小于 500 kΩ，则该零部件漏电，需进行更换。

（4）若以上都正常，且在“OK”挡时一直报严重漏电，则更换动力电池包

实施评价	班级		第____组	组长签字	
	教师签字		日期		
	评语：				

典型工作环节 5 高压线束漏电检查的检查单

学习场二	检修动力电池管理系统					
学习情境四	BMS 漏电传感器故障检修					
学时	0.1 学时					
典型工作过程描述	1. 确认故障现象；2. 读取故障码；3. 分析故障原因；4. 高压部件漏电检查；5. 高压线束漏电检查					
序号	检查项目		检查标准	学生自查	教师检查	
1	读取整车故障码		是否记录完整			
2	读取 BMS 数据流电池组漏电状态		是否记录完整			
3	读取 BMS 数据流分压接触器状态		是否记录完整			
4	断开各高压控制单元的高压输入		是否安全操作			
检查评价	班级		第____组	组长签字		
	教师签字		日期			
	评语：					

典型工作环节 5 高压线束漏电检查的评价单

学习场二	检修动力电池管理系统					
学习情境四	BMS 漏电传感器故障检修					
学时	0.1 学时					
典型工作过程描述	1. 确认故障现象；2. 读取故障码；3. 分析故障原因；4. 高压部件漏电检查；5. 高压线束漏电检查					
评价项目	评价子项目		学生自评	组内评价	教师评价	
小组 1 高压线束漏电检查的阶段性评价结果	（1）测试方法正确； （2）测试结果正确； （3）故障是否排除					
小组 2 高压线束漏电检查的阶段性评价结果	（1）测试方法正确； （2）测试结果正确； （3）故障是否排除					
小组 3 高压线束漏电检查的阶段性评价结果	（1）测试方法正确； （2）测试结果正确； （3）故障是否排除					
小组 4 高压线束漏电检查的阶段性评价结果	（1）测试方法正确； （2）测试结果正确； （3）故障是否排除					
评价	班级		第____组	组长签字		
	教师签字		日期			
	评语：					

学习情境五　BMS 电流传感器故障检修

微课：蓄电池子网检测

典型工作环节 1　确认故障现象的资讯单

学习场二	检修动力电池管理系统
学习情境五	BMS 电流传感器故障检修
学时	0.1 学时
典型工作过程描述	1．确认故障现象；2．读取故障码；3．分析故障原因；4．绘制控制原理图；5．测试相关电路
收集资讯的方式	线下书籍与线上微课资源相结合
资讯描述	（1）电池电量管理是电池管理的核心内容之一，对于整个电池状态的控制、电动车辆续航里程的预测和估计具有重要的意义。 （2）在新能源汽车中，电流传感器可以准确地管理汽车蓄电池和混合动力汽车电池组。电流传感器可用于纯电动汽车的动力电池。连接 BMS，检测充放电电流，提高车辆蓄电池的使用效率。由于电流传感器与直流、交流或脉冲电流绝缘，因此具有良好的精度和稳定性。在电池充放电过程之中，BMS 可以使用电流传感器采集电动汽车动力电池组中每个电池的终端电压和温度，以及电池组的充放电电流和总电压，以防止电池过度充电或放电。 （3）电池 SOC 估算精度的影响因素。 1）充放电电流。大电流可充放电容量低于额定容量；反之亦然。 2）温度。不同温度下电池组的容量存在着一定的变化。 3）电池容量衰减。电池的容量在循环过程中会逐渐减少。 4）自放电。自放电大小主要与环境温度有关，具有不确定性。 5）一致性。电池组的一致性差别对电量的估算有重要的影响。 （4）踩下制动踏板，打开点火开关，观察仪表指示灯工作情况，观察 SOC 值显示情况。 （5）试车，在行驶过程中观察仪表 SOC 值显示有无异常跳变；续航里程是否异常跳变或静止不变；充放电电流显示是否异常。 （6）车辆快充、慢充功能是否正常
对学生的要求	（1）掌握仪表 SOC 值的含义； （2）掌握 SOC 估算精度的影响因素； （3）掌握行车过程中仪表信息反映车辆状态； （4）掌握充电过程中仪表信息反映车辆状态； （5）试车过程中培养安全驾驶、遵守交通法规的意识和能力
参考资料	（1）《纯电动汽车维护、检测、诊断技术规范》(JT/T 1344—2020)； （2）比亚迪秦 EV 维修手册

典型工作环节 1　确认故障现象的计划单

学习场二	检修动力电池管理系统				
学习情境五	BMS 电流传感器故障检修				
学时	0.1 学时				
典型工作过程描述	1. 确认故障现象；2. 读取故障码；3. 分析故障原因；4. 绘制控制原理图；5. 测试相关电路				
计划制订的方式	小组讨论				
序号	工作步骤		注意事项		
1	踩下制动踏板，打开点火开关，记录故障灯异常情况		观察仪表指示灯工作情况，观察 SOC 值显示情况		
2	试车并记录故障现象		在行驶过程中观察仪表 SOC 值显示有无异常跳变；续航里程是否异常跳变或静止不变；充放电电流显示是否异常		
3	车辆慢充并记录故障现象		对车辆进行慢充，观察仪表 SOC 值、充电电流、充电电压、充电功率、充电剩余时间等信息有无异常		
4	车辆快充并记录故障现象		对车辆进行快充，观察仪表 SOC 值、充电电流、充电电压、充电功率、充电剩余时间等信息有无异常		
计划评价	班级		第____组	组长签字	
	教师签字		日期		
	评语：				

典型工作环节 1　确认故障现象的决策单

学习场二	检修动力电池管理系统				
学习情境五	BMS 电流传感器故障检修				
学时	0.1 学时				
典型工作过程描述	1. 确认故障现象；2. 读取故障码；3. 分析故障原因；4. 绘制控制原理图；5. 测试相关电路				
计划对比					
序号	计划的可行性	计划的经济性	计划的可操作性	计划的实施难度	综合评价
1					
2					
3					
N					
决策评价	班级		第____组	组长签字	
	教师签字		日期		
	评语：				

典型工作环节 1　确认故障现象的实施单

学习场二	检修动力电池管理系统	
学习情境五	BMS 电流传感器故障检修	
学时	0.1 学时	
典型工作过程描述	1．确认故障现象；2．读取故障码；3．分析故障原因；4．绘制控制原理图；5．测试相关电路	
序号	实施步骤	注意事项
1	踩下制动踏板，打开点火开关，记录故障灯异常情况	观察仪表指示灯工作情况，观察 SOC 值显示情况
2	试车并记录故障现象	在行驶过程中观察仪表 SOC 值显示有无异常跳变；续航里程是否异常跳变或静止不变；充放电电流显示是否异常
3	车辆慢充并记录故障现象	对车辆进行慢充，观察仪表 SOC 值、充电电流、充电电压、充电功率、充电剩余时间等信息有无异常
4	车辆快充并记录故障现象	对车辆进行快充，观察仪表 SOC 值、充电电流、充电电压、充电功率、充电剩余时间等信息有无异常
5	踩下制动踏板，打开点火开关，记录故障灯异常情况	观察仪表指示灯工作情况，观察 SOC 值显示情况

实施说明：

（1）观察上电后车辆静态时仪表有无故障灯点亮，有无故障提示语，有无故障提示音；

（2）观察上电后车辆静态时仪表显示信息有无异常，如 SOC、续航里程等数据有无跳变情况；

（3）观察上电后车辆动态时仪表有无故障灯点亮，有无故障提示语，有无故障提示音；

（4）观察上电后车辆动态时仪表显示信息有无异常，如 SOC、续航里程、放电电流、能量回收电流等数据有无跳变或不变的情况；

（5）对车辆进行快充、慢充测试，观察仪表 SOC、充电电流、充电电压、充电功率、充电剩余时间等信息有无异常；

（6）发现除仪表显示外的故障现象，用于确定故障范围，如车辆的行驶过程状态等信息

实施评价	班级		第____组	组长签字	
	教师签字		日期		
	评语：				

典型工作环节 1　确认故障现象的检查单

学习场二	检修动力电池管理系统				
学习情境五	BMS 电流传感器故障检修				
学时	0.1 学时				
典型工作过程描述	1．确认故障现象；2．读取故障码；3．分析故障原因；4．绘制控制原理图；5．测试相关电路				
序号	检查项目	检查标准	学生自查	教师检查	
1	踩下制动踏板，打开点火开关，记录故障灯异常情况	记录是否完整			
2	试车并记录故障现象	记录是否完整			
3	车辆慢充并记录故障现象	记录是否完整			
4	车辆快充并记录故障现象	记录是否完整			
检查评价	班级		第____组	组长签字	
	教师签字		日期		
	评语：				

典型工作环节 1　确认故障现象的评价单

学习场二	检修动力电池管理系统				
学习情境五	BMS 电流传感器故障检修				
学时	0.1 学时				
典型工作过程描述	1．确认故障现象；2．读取故障码；3．分析故障原因；4．绘制控制原理图；5．测试相关电路				
评价项目	评价子项目	学生自评	组内评价	教师评价	
小组 1 确认故障现象的阶段性评价结果	故障现象描述是否完整				
小组 2 确认故障现象的阶段性评价结果	故障现象描述是否完整				
小组 3 确认故障现象的阶段性评价结果	故障现象描述是否完整				
小组 4 确认故障现象的阶段性评价结果	故障现象描述是否完整				
评价	班级		第____组	组长签字	
	教师签字		日期		
	评语：				

典型工作环节 2　读取故障码的资讯单

学习场二	检修动力电池管理系统
学习情境五	BMS 电流传感器故障检修
学时	0.1 学时
典型工作过程描述	1. 确认故障现象；2. 读取故障码；3. 分析故障原因；4. 绘制控制原理图；5. 测试相关电路
收集资讯的方式	线下书籍与线上微课资源相结合
资讯描述	（1）关闭点火开关，确认车辆仪表未通电，防止连接诊断插头过程中产生感应电流损坏车辆线路及元器件； （2）连接诊断插头至车辆诊断接口； （3）打开诊断仪主机，打开点火开关，在“车辆品牌”选择页面选择所诊断车辆的相应品牌，在“车型”选择页面选择相应车型，在“系统”选择页面选择所诊断系统，在无法确认哪一系统出现故障时，可选择“扫描全部系统”的方式对车辆所有系统进行全面诊断； （4）进入所选系统，在“功能”选项中选择“读取故障码”，观察所读取的故障码属性为“当前故障码”或“历史故障码”，并记录所读取的全部故障码，清除故障码； （5）关闭点火开关，重新打开点火开关，试车后，再次读取故障码，此时读取的故障码，可以确定为当前车辆的故障； （6）若无故障码，需在数据流中读取与故障现象相关的数据流
对学生的要求	（1）连接仪器前确认关闭点火开关，此步骤为仪器使用规范，未按此步骤执行，可能导致车辆线路及元件损坏； （2）选择正确的诊断接头，用导线连接或用无线方式连接到仪器，此步骤为仪器使用规范，要求熟练掌握仪器正确使用方法； （3）从选择品牌到选择系统为车辆识别能力训练，训练车型识别的能力； （4）读取并清除故障码，训练对故障码属性的判断能力，能够正确引导维修人员确认故障范围； （5）训练无故障码时故障现象与数据流的相关性掌握能力以及对数据流的分析能力
参考资料	（1）《纯电动汽车维护、检测、诊断技术规范》(JT/T 1344—2020)； （2）比亚迪秦 EV 维修手册

典型工作环节 2　读取故障码的计划单

学习场二	检修动力电池管理系统				
学习情境五	BMS 电流传感器故障检修				
学时	0.1 学时				
典型工作过程描述	1．确认故障现象；2．读取故障码；3．分析故障原因；4．绘制控制原理图；5．测试相关电路				
计划制订的方式	小组讨论				
序号	工作步骤	注意事项			
1	关闭点火开关，确认车辆仪表未通电	防止连接诊断插头过程中产生感应电流损坏车辆线路及元器件			
2	连接诊断插头至车辆诊断接口				
3	打开诊断仪主机，打开点火开关，选择车型及相应系统	在“车辆品牌”选择页面选择所诊断车辆的相应品牌，在“车型”选择页面选择相应车型，在“系统”选择页面选择所诊断系统，在无法确认哪一系统出现故障时，可选择“扫描全部系统”的方式对车辆所有系统进行全面诊断			
4	读取故障码	观察所读取的故障码属性为“当前故障码”或“历史故障码”，并记录所读取的全部故障码，清除故障码			
5	再次读取故障码	关闭点火开关，重新打开点火开关，试车后再进行读取故障码			
6	读取数据流	读取与故障现象相关的数据流			
计划评价	班级		第____组	组长签字	
	教师签字		日期		
	评语：				

典型工作环节 2　读取故障码的决策单

学习场二	检修动力电池管理系统				
学习情境五	BMS 电流传感器故障检修				
学时	0.1 学时				
典型工作过程描述	1．确认故障现象；2．读取故障码；3．分析故障原因；4．绘制控制原理图；5．测试相关电路				
计划对比					
序号	计划的可行性	计划的经济性	计划的可操作性	计划的实施难度	综合评价
1					
2					
3					
N					
决策评价	班级		第____组	组长签字	
	教师签字		日期		
	评语：				

典型工作环节 2　读取故障码的实施单

<table>
<tr><td colspan="2">学习场二</td><td colspan="2">检修动力电池管理系统</td></tr>
<tr><td colspan="2">学习情境五</td><td colspan="2">BMS 电流传感器故障检修</td></tr>
<tr><td colspan="2">学时</td><td colspan="2">0.1 学时</td></tr>
<tr><td colspan="2">典型工作过程描述</td><td colspan="2">1. 确认故障现象；2. 读取故障码；3. 分析故障原因；4. 绘制控制原理图；5. 测试相关电路</td></tr>
<tr><td>序号</td><td colspan="2">实施步骤</td><td>注意事项</td></tr>
<tr><td>1</td><td colspan="2">关闭点火开关，确认车辆仪表未通电</td><td>防止连接诊断插头过程中产生感应电流损坏车辆线路及元器件</td></tr>
<tr><td>2</td><td colspan="2">连接诊断插头至车辆诊断接口</td><td></td></tr>
<tr><td>3</td><td colspan="2">打开诊断仪主机，打开点火开关，选择车型及相应系统</td><td>在车辆品牌选择页面选择所诊断车辆的相应品牌，在车型选择页面选择相应车型，在系统选择页面选择所诊断系统，在无法确认哪一系统出现故障时，可选择“扫描全部系统”的方式对车辆所有系统进行全面诊断</td></tr>
<tr><td>4</td><td colspan="2">读取故障码</td><td>观察所读取的故障码属性为“当前故障码”或“历史故障码”，并记录所读取的全部故障码，清除故障码</td></tr>
<tr><td>5</td><td colspan="2">再次读取故障码</td><td>关闭点火开关，重新打开点火开关，试车后再进行读取故障码</td></tr>
<tr><td>6</td><td colspan="2">读取数据流</td><td>读取与故障现象相关的数据流</td></tr>
<tr><td colspan="4">实施说明：
（1）连接仪器前确认关闭点火开关，此步骤为仪器使用规范，未按此步骤执行，可能导致车辆线路及元器件损坏；
（2）选择正确的诊断接头，用导线连接或用无线方式连接到仪器；
（3）车辆品牌、型号信息可从车辆“铭牌”中获取；
（4）读取并清除故障码，用于判断故障码属性，防止历史故障码或偶发性故障对故障判断造成误导；
（5）若无故障码，需在数据流中读取与故障现象相关的数据流</td></tr>
</table>

<table>
<tr><td rowspan="3">实施评价</td><td>班级</td><td></td><td>第____组</td><td>组长签字</td><td></td></tr>
<tr><td>教师签字</td><td></td><td>日期</td><td colspan="2"></td></tr>
<tr><td colspan="5">评语：</td></tr>
</table>

典型工作环节 2　读取故障码的检查单

学习场二	检修动力电池管理系统					
学习情境五	BMS 电流传感器故障检修					
学时	0.1 学时					
典型工作过程描述	1．确认故障现象；2．读取故障码；3．分析故障原因；4．绘制控制原理图；5．测试相关电路					
序号	检查项目		检查标准		学生自查	教师检查
1	关闭点火开关，确认车辆仪表未通电		关闭点火开关至 OFF 挡			
2	连接诊断插头至车辆诊断接口		诊断接头与主机是否连接成功			
3	打开诊断仪主机，打开点火开关，选择车型及相应系统		选择是否正确			
4	读取故障码		能否判断故障码属性			
5	再次读取故障码		是否重新运行该系统后再次读取			
6	读取数据流		在无故障码时是否读取相关数据流			
检查评价	班级		第____组		组长签字	
	教师签字		日期			
	评语：					

典型工作环节 2　读取故障码的评价单

学习场二	检修动力电池管理系统					
学习情境五	BMS 电流传感器故障检修					
学时	0.1 学时					
典型工作过程描述	1．确认故障现象；2．读取故障码；3．分析故障原因；4．绘制控制原理图；5．测试相关电路					
评价项目	评价子项目		学生自评	组内评价	教师评价	
小组 1 读取故障码的阶段性评价结果	（1）确认能否读取故障码或是否完整记录故障码；（2）是否读取相关数据流					
小组 2 读取故障码的阶段性评价结果	（1）确认能否读取故障码或是否完整记录故障码；（2）是否读取相关数据流					
小组 3 读取故障码的阶段性评价结果	（1）确认能否读取故障码或是否完整记录故障码；（2）是否读取相关数据流					
小组 4 读取故障码的阶段性评价结果	（1）确认能否读取故障码或是否完整记录故障码；（2）是否读取相关数据流					
评价	班级		第____组	组长签字		
	教师签字		日期			
	评语：					

典型工作环节 3　分析故障原因的资讯单

学习场二	检修动力电池管理系统
学习情境五	BMS 电流传感器故障检修
学时	0.1 学时
典型工作过程描述	1. 确认故障现象；2. 读取故障码；3. 分析故障原因；4. 绘制控制原理图；5. 测试相关电路
收集资讯的方式	线下书籍及线上资源相结合
资讯描述	（1）BMS 中采用霍尔式电流传感器，用于检测电池包充放电电流，电流传感器异常会导致 BMS 电流信息采集错误，造成仪表显示错误信息或无法充电，甚至引起充电起火的危险。 （2）电流传感器异常，在行车过程中无法根据动力电池放电电流精确估算 SOC 值，导致续航里程显示不变或跳变现象；可以显示放电电流的车辆，行车过程中显示的放电电流或能量回收时显示的电流也不准确。 （3）电流传感器异常，在充电过程中，由于 BMS 无法准确检测充电电流，在充电电流过大的情况下可能导致充电线路发热，甚至起火。 （4）有些充电故障、温度报警故障可能是由于电流传感器信号异常产生的关联故障
对学生的要求	（1）掌握 BMS 中电流传感器的作用； （2）掌握正常的仪表显示内容，以免忽略故障； （3）掌握电流传感器的相关数据流分析能力
参考资料	（1）《纯电动汽车维护、检测、诊断技术规范》(JT/T 1344—2020)； （2）比亚迪秦 EV 维修手册

典型工作环节 3　分析故障原因的计划单

学习场二	检修动力电池管理系统				
学习情境五	BMS 电流传感器故障检修				
学时	0.1 学时				
典型工作过程描述	1. 确认故障现象；2. 读取故障码；3. 分析故障原因；4. 绘制控制原理图；5. 测试相关电路				
计划制订的方式	小组讨论				
序号	工作步骤		注意事项		
1	根据仪表显示内容分析故障原因		一般情况下，仪表提示语内容较为宽泛，如“EV 功能受限”“低压供电系统故障”等，出现此故障提示的原因众多，但可根据上电控制原理对故障范围进行初步判断		
2	根据故障码分析原因		一般情况下，故障码可以准确报出故障点或故障范围，但有些故障产生会报出相关的其他系统故障，反而本身故障无法报出，因此，在诊断过程中不能完全依赖故障码		
3	根据数据流分析故障原因		数据流能够真实地反映传感器的实时信号和执行器的工作状态，是分析故障原因的有效参照数据		
计划评价	班级		第____组	组长签字	
	教师签字		日期		
	评语：				

典型工作环节 3　分析故障原因的决策单

学习场二	检修动力电池管理系统				
学习情境五	BMS 电流传感器故障检修				
学时	0.1 学时				
典型工作过程描述	1. 确认故障现象；2. 读取故障码；3. 分析故障原因；4. 绘制控制原理图；5. 测试相关电路				
计划对比					
序号	计划的可行性	计划的经济性	计划的可操作性	计划的实施难度	综合评价
1					
2					
3					
N					
决策评价	班级		第____组	组长签字	
	教师签字		日期		
	评语：				

典型工作环节 3　分析故障原因的实施单

<table>
<tr><td colspan="2">学习场二</td><td colspan="5">检修动力电池管理系统</td></tr>
<tr><td colspan="2">学习情境五</td><td colspan="5">BMS 电流传感器故障检修</td></tr>
<tr><td colspan="2">学时</td><td colspan="5">0.1 学时</td></tr>
<tr><td colspan="2">典型工作过程描述</td><td colspan="5">1. 确认故障现象；2. 读取故障码；3. 分析故障原因；4. 绘制控制原理图；5. 测试相关电路</td></tr>
<tr><td>序号</td><td colspan="3">实施步骤</td><td colspan="3">注意事项</td></tr>
<tr><td>1</td><td colspan="3">根据仪表显示内容分析故障原因</td><td colspan="3">一般情况下，仪表提示语内容较为宽泛，如“EV 功能受限”“低压供电系统故障”等，出现此故障提示的原因众多，但可根据上电控制原理对故障范围进行初步判断</td></tr>
<tr><td>2</td><td colspan="3">根据故障码分析原因</td><td colspan="3">一般情况下，故障码可以准确报出故障点或故障范围，但有些故障产生会报出相关的其他系统故障，反而本身故障无法报出，所以，在诊断过程中不能完全依赖故障码</td></tr>
<tr><td>3</td><td colspan="3">根据数据流分析故障原因</td><td colspan="3">数据流能够真实反映传感器的实时信号和执行器的工作状态，是分析故障原因的有效参照数据</td></tr>
<tr><td colspan="7">实施说明：
（1）正确识别仪表显示内容，以免忽略故障；
（2）正确读取电流传感器的相关数据流</td></tr>
<tr><td rowspan="3">实施评价</td><td>班级</td><td></td><td>第____组</td><td>组长签字</td><td colspan="2"></td></tr>
<tr><td>教师签字</td><td></td><td>日期</td><td colspan="3"></td></tr>
<tr><td colspan="6">评语：</td></tr>
</table>

典型工作环节 3　分析故障原因的检查单

<table>
<tr><td>学习场二</td><td colspan="6">检修动力电池管理系统</td></tr>
<tr><td>学习情境五</td><td colspan="6">BMS 电流传感器故障检修</td></tr>
<tr><td>学时</td><td colspan="6">0.1 学时</td></tr>
<tr><td>典型工作过程描述</td><td colspan="6">1. 确认故障现象；2. 读取故障码；3. 分析故障原因；4. 绘制控制原理图；5. 测试相关电路</td></tr>
<tr><td>序号</td><td>检查项目</td><td colspan="2">检查标准</td><td>学生自查</td><td colspan="2">教师检查</td></tr>
<tr><td>1</td><td>根据仪表显示内容分析故障原因</td><td colspan="2">分析是否全面</td><td></td><td colspan="2"></td></tr>
<tr><td>2</td><td>根据故障码分析原因</td><td colspan="2">分析是否全面</td><td></td><td colspan="2"></td></tr>
<tr><td>3</td><td>根据数据流分析故障原因</td><td colspan="2">分析是否全面</td><td></td><td colspan="2"></td></tr>
<tr><td rowspan="3">检查评价</td><td>班级</td><td></td><td>第____组</td><td>组长签字</td><td colspan="2"></td></tr>
<tr><td>教师签字</td><td></td><td>日期</td><td colspan="3"></td></tr>
<tr><td colspan="6">评语：</td></tr>
</table>

典型工作环节 3　分析故障原因的评价单

学习场二	检修动力电池管理系统			
学习情境五	BMS 电流传感器故障检修			
学时	0.1 学时			
典型工作过程描述	1．确认故障现象；2．读取故障码；3．分析故障原因；4．绘制控制原理图；5．测试相关电路			
评价项目	评价子项目	学生自评	组内评价	教师评价
小组 1 分析故障原因的阶段性评价结果	故障原因是否分析全面			
小组 2 分析故障原因的阶段性评价结果	故障原因是否分析全面			
小组 3 分析故障原因的阶段性评价结果	故障原因是否分析全面			
小组 4 分析故障原因的阶段性评价结果	故障原因是否分析全面			

<table>
<tr><td rowspan="3">评价</td><td>班级</td><td></td><td>第____组</td><td>组长签字</td><td></td></tr>
<tr><td>教师签字</td><td></td><td>日期</td><td colspan="2"></td></tr>
<tr><td colspan="5">评语：</td></tr>
</table>

典型工作环节 4　绘制控制原理图的资讯单

学习场二	检修动力电池管理系统
学习情境五	BMS 电流传感器故障检修
学时	0.1 学时
典型工作过程描述	1．确认故障现象；2．读取故障码；3．分析故障原因；4．绘制控制原理图；5．测试相关电路
收集资讯的方式	线下书籍及线上资源相结合
资讯描述	（1）根据典型工作环节 3 中分析的可能原因，在电路图中找到电流传感器的电路图； （2）绘制出 BMS 电流传感器相关控制原理图； （3）标明端子号，在车辆中找到相关线束插接器等元器件； （4）绘制诊断表格，设计填写各元器件或线路实测电压、电阻、波形等相关数据的表格； （5）查阅资料，在诊断表格中填写好各元器件或线路标准电压、电阻、波形等相关数据
对学生的要求	（1）掌握电路图识图方法； （2）能在电路图中完整地找出所需系统的相关电路； （3）在控制原理图中标明端子号，以便在测量过程中准确找到测量端子； （4）绘制诊断表格，根据原理图设计完整、科学的测试路径；训练诊断思路； （5）查阅资料，在诊断表格中填写好各元器件或线路标准电压、电阻、波形等相关数据，训练使用维修手册、电路图等维修资料的能力，以及诊断故障所需要的严谨态度。若资料中查阅不到标准参数，可在正常车辆中进行测量并记录，形成维修资料，以便在以后的维修中参考查阅，养成良好的记笔记习惯，可以提高工作效率
参考资料	（1）《纯电动汽车维护、检测、诊断技术规范》(JT/T 1344—2020)； （2）比亚迪秦 EV 维修手册

典型工作环节 4　绘制控制原理图的计划单

学习场二	检修动力电池管理系统				
学习情境五	BMS 电流传感器故障检修				
学时	0.1 学时				
典型工作过程描述	1．确认故障现象；2．读取故障码；3．分析故障原因；4．绘制控制原理图；5．测试相关电路				
计划制订的方式	小组讨论				
序号	工作步骤	注意事项			
1	逐条列出可能原因	根据典型工作环节 3 中分析的可能原因，在电路图中找到 BMS 系统的电流传感器电路图			
2	绘制出控制原理图	根据列出的可能原因，查阅电路图，绘制出 BMS 电流传感器相关线路及元器件			
3	标明端子号	在控制原理图中正确标注测试端子及元器件名称			
4	绘制诊断表格	表格内容包括测试条件、测试设备、测试对象、实测值、标准值、实测波形、标准波形等基本信息			
5	查阅标准值	通过查阅资料，查询测试对象的标准参数，以便出具诊断结论，若资料中查阅不到标准参数，可在正常车辆中进行测量并记录，形成维修资料，以便以后的维修中参考查阅			
计划评价	班级		第____组	组长签字	
	教师签字		日期		
	评语：				

典型工作环节 4　绘制控制原理图的决策单

学习场二	检修动力电池管理系统				
学习情境五	BMS 电流传感器故障检修				
学时	0.1 学时				
典型工作过程描述	1．确认故障现象；2．读取故障码；3．分析故障原因；4．绘制控制原理图；5．测试相关电路				
计划对比					
序号	计划的可行性	计划的经济性	计划的可操作性	计划的实施难度	综合评价
1					
2					
3					
N					
决策评价	班级		第____组	组长签字	
	教师签字		日期		
	评语：				

典型工作环节 4　绘制控制原理图的实施单

<table>
<tr><td colspan="2">学习场二</td><td>检修动力电池管理系统</td></tr>
<tr><td colspan="2">学习情境五</td><td>BMS 电流传感器故障检修</td></tr>
<tr><td colspan="2">学时</td><td>0.1 学时</td></tr>
<tr><td colspan="2">典型工作过程描述</td><td>1．确认故障现象；2．读取故障码；3．分析故障原因；4．绘制控制原理图；5．测试相关电路</td></tr>
<tr><td>序号</td><td>实施步骤</td><td>注意事项</td></tr>
<tr><td>1</td><td>逐条列出可能原因</td><td>根据典型工作环节 3 中分析的可能原因，在电路图中找到 BMS 系统的电流传感器电路图</td></tr>
<tr><td>2</td><td>绘制出控制原理图</td><td>根据列出的可能原因，查阅电路图，绘制出 BMS 系统电流传感器相关线路及元器件</td></tr>
<tr><td>3</td><td>标明端子号</td><td>在控制原理图中正确标注测试端子及元器件名称</td></tr>
<tr><td>4</td><td>绘制诊断表格</td><td>表格内容包括测试条件、测试设备、测试对象、实测值、标准值、实测波形、标准波形等基本信息</td></tr>
<tr><td>5</td><td>查阅标准值</td><td>通过查阅资料，查询测试对象的标准参数，以便出具诊断结论，若资料中查阅不到标准参数，可在正常车辆中进行测量，并记录，形成维修资料，以便以后的维修中参考查阅</td></tr>
</table>

实施说明：

（1）掌握电路图识图方法，在电路图中找到相关元器件。

（2）在电路图中完整地找出所需系统的相关电路。

（3）在控制原理图中标明端子号，以便在测量过程中准确找到测量端子。

（4）绘制诊断表格，表格内容包括测试条件、测试设备、测试对象、实测值、标准值、实测波形、标准波形等基本信息。

<table>
<tr><td>测试条件</td><td></td><td colspan="2">检测设备、仪器</td><td></td></tr>
<tr><td>序号</td><td>测试对象</td><td>实测值</td><td>标准值</td><td>测试结论</td></tr>
<tr><td>1</td><td></td><td></td><td></td><td></td></tr>
<tr><td>2</td><td></td><td></td><td></td><td></td></tr>
<tr><td>3</td><td></td><td></td><td></td><td></td></tr>
<tr><td>4</td><td></td><td></td><td></td><td></td></tr>
<tr><td>5</td><td></td><td></td><td></td><td></td></tr>
</table>

（5）查阅资料，在诊断表格中填写好各元器件或线路标准电压、电阻、波形等相关数据，训练使用维修手册、电路图等维修资料的能力，以及诊断故障所需要的严谨态度。若资料中查阅不到标准参数，可在正常车辆中进行测量，并记录，形成维修资料，以便以后的维修中参考查阅，养成良好的记笔记习惯，可以提高工作效率

<table>
<tr><td rowspan="3">实施评价</td><td>班级</td><td></td><td>第____组</td><td>组长签字</td><td></td></tr>
<tr><td>教师签字</td><td></td><td>日期</td><td colspan="2"></td></tr>
<tr><td colspan="5">评语：</td></tr>
</table>

典型工作环节 4　绘制控制原理图的检查单

学习场二	检修动力电池管理系统			
学习情境五	BMS 电流传感器故障检修			
学时	0.1 学时			
典型工作过程描述	1．确认故障现象；2．读取故障码；3．分析故障原因；4．绘制控制原理图；5．测试相关电路			
序号	检查项目	检查标准	学生自查	教师检查
1	逐条列出可能原因	列出原因是否完整		
2	绘制出控制原理图	原理图中元件、线路是否绘制完整		
3	标明端子号	端子号是否完整、正确		
4	绘制诊断表格	设计表格是否完整，波形测试项目是否设计波形坐标		
5	查阅标准值	标准参数查阅是否正确		
检查评价	班级		第____组	组长签字
	教师签字		日期	
	评语：			

典型工作环节 4　绘制控制原理图的评价单

学习场二	检修动力电池管理系统			
学习情境五	BMS 电流传感器故障检修			
学时	0.1 学时			
典型工作过程描述	1．确认故障现象；2．读取故障码；3．分析故障原因；4．绘制控制原理图；5．测试相关电路			
评价项目	评价子项目	学生自评	组内评价	教师评价
小组 1 绘制控制原理图的阶段性评价结果	（1）原因分析全面； （2）原理图绘制完整； （3）诊断表格设计合理			
小组 2 绘制控制原理图的阶段性评价结果	（1）原因分析全面； （2）原理图绘制完整； （3）诊断表格设计合理			
小组 3 绘制控制原理图的阶段性评价结果	（1）原因分析全面； （2）原理图绘制完整； （3）诊断表格设计合理			
小组 4 绘制控制原理图的阶段性评价结果	（1）原因分析全面； （2）原理图绘制完整； （3）诊断表格设计合理			
评价	班级		第____组	组长签字
	教师签字		日期	
	评语：			

典型工作环节 5　测试相关电路的资讯单

学习场二	检修动力电池管理系统
学习情境五	BMS 电流传感器故障检修
学时	0.1 学时
典型工作过程描述	1. 确认故障现象；2. 读取故障码；3. 分析故障原因；4. 绘制控制原理图；5. 测试相关电路
收集资讯的方式	线下书籍及线上资源相结合
资讯描述	（1）根据列出的故障原因，列出测试对象； （2）按照测试条件进行测试，并记录在所设计的故障诊断表中； （3）对比实测值与标准值，出具诊断结论，测试正常情况下进行下一可能原因测试； （4）找到异常元器件或线路，进行修复； （5）修复后验证故障现象是否消失，确认故障码最终是否清除
对学生的要求	（1）根据列出的故障原因，列出测试对象；此步骤需要根据故障诊断先简后繁的原则，按先后顺序列出测试对象；一般测试顺序为熔断器、线路、元器件、控制单元。 （2）按照测试条件进行测试，并记录在所设计的故障诊断表中；养成严谨的工作态度，防止漏测、错测导致测试结论错误，无法排除故障。 （3）对比实测值与标准值，出具诊断结论，测试正常情况下进行下一可能原因测试；有些故障可能不是单一故障，在对所列出的故障点逐个测试后也许并未排除故障，此时需要对故障现象再次验证，以免对故障原因分析不全面，具有锲而不舍、持之以恒的精神更容易成功。 （4）找到异常元器件或线路，进行修复；元器件更换或线路修复时需验证新件的工作状况，以免造成返工，或故障无法排除。 （5）修复后验证故障现象是否消失，确认故障码最终是否清除
参考资料	（1）《纯电动汽车维护、检测、诊断技术规范》(JT/T 1344—2020)； （2）比亚迪秦 EV 维修手册

典型工作环节 5　测试相关电路的计划单

学习场二	检修动力电池管理系统				
学习情境五	BMS 电流传感器故障检修				
学时	0.1 学时				
典型工作过程描述	1．确认故障现象；2．读取故障码；3．分析故障原因；4．绘制控制原理图；5．测试相关电路				
计划制订的方式	小组讨论				
序号	工作步骤		注意事项		
1	列出测试对象		根据故障诊断先简后繁的原则，按先后顺序列出测试对象		
2	测试并记录		明确测试条件，通电或断电、静态或动态		
3	出具诊断结论		对比实测值与标准值，出具诊断结论		
4	修复故障点		修复前确认新件工作状况		
5	验证故障现象		修复后确认故障现象是否消失		
计划评价	班级		第____组	组长签字	
	教师签字		日期		
	评语：				

典型工作环节 5　测试相关电路的决策单

学习场二	检修动力电池管理系统				
学习情境五	BMS 电流传感器故障检修				
学时	0.1 学时				
典型工作过程描述	1．确认故障现象；2．读取故障码；3．分析故障原因；4．绘制控制原理图；5．测试相关电路				
计划对比					
序号	计划的可行性	计划的经济性	计划的可操作性	计划的实施难度	综合评价
1					
2					
3					
N					
决策评价	班级		第____组	组长签字	
	教师签字		日期		
	评语：				

典型工作环节 5　测试相关电路的实施单

<table>
<tr><td colspan="2">学习场二</td><td colspan="5">检修动力电池管理系统</td></tr>
<tr><td colspan="2">学习情境五</td><td colspan="5">BMS 电流传感器故障检修</td></tr>
<tr><td colspan="2">学时</td><td colspan="5">0.1 学时</td></tr>
<tr><td colspan="2">典型工作过程描述</td><td colspan="5">1．确认故障现象；2．读取故障码；3．分析故障原因；4．绘制控制原理图；5．测试相关电路</td></tr>
<tr><td>序号</td><td colspan="2">实施步骤</td><td colspan="4">注意事项</td></tr>
<tr><td>1</td><td colspan="2">列出测试对象</td><td colspan="4">根据故障诊断先简后繁的原则，按先后顺序列出测试对象</td></tr>
<tr><td>2</td><td colspan="2">测试并记录</td><td colspan="4">明确测试条件，通电或断电、静态或动态</td></tr>
<tr><td>3</td><td colspan="2">出具诊断结论</td><td colspan="4">对比实测值与标准值，出具诊断结论，</td></tr>
<tr><td>4</td><td colspan="2">修复故障点</td><td colspan="4">修复前确认新件工作状况</td></tr>
<tr><td>5</td><td colspan="2">验证故障现象</td><td colspan="4">修复后确认故障现象是否消失</td></tr>
<tr><td colspan="7">实施说明：
（1）根据列出的故障原因，列出测试对象；此步骤需要根据故障诊断先简后繁的原则，按先后顺序列出测试对象；一般测试顺序为熔断器、线路、元器件、控制单元。
（2）按照测试条件进行测试，并记录在所设计的故障诊断表中；养成严谨的工作态度，防止漏测、错测导致测试结论错误，无法排除故障。
（3）对比实测值与标准值，出具诊断结论，测试正常情况下进行下一可能原因测试；有些故障可能不是单一故障，在对所列出的故障点逐个测试后也许并未排除故障，此时需要对故障现象再次验证，以免对故障原因分析不全面。
（4）找到异常元器件或线路，进行修复；元器件更换或线路修复时需验证新件的工作状况，以免造成返工，或故障无法排除。
（5）修复后验证故障现象是否消失，确认故障码最终是否清除</td></tr>
<tr><td rowspan="3">实施评价</td><td>班级</td><td colspan="2"></td><td>第____组</td><td>组长签字</td><td></td></tr>
<tr><td>教师签字</td><td colspan="2"></td><td>日期</td><td colspan="2"></td></tr>
<tr><td colspan="6">评语：</td></tr>
</table>

典型工作环节 5　测试相关电路的检查单

学习场二	检修动力电池管理系统			
学习情境五	BMS 电流传感器故障检修			
学时	0.1 学时			
典型工作过程描述	1. 确认故障现象；2. 读取故障码；3. 分析故障原因；4. 绘制控制原理图；5. 测试相关电路			
序号	检查项目	检查标准	学生自查	教师检查
1	列出测试对象	列出项目是否完整		
2	测试并记录	测试结果是否正确		
3	出具诊断结论	结果分析是否正确		
4	修复故障点	修复前是否验证元器件		
5	验证故障现象	修复后是否验证故障现象		
检查评价	班级		第____组	组长签字	
	教师签字		日期	
	评语：			

典型工作环节 5　测试相关电路的评价单

学习场二	检修动力电池管理系统			
学习情境五	BMS 电流传感器故障检修			
学时	0.1 学时			
典型工作过程描述	1. 确认故障现象；2. 读取故障码；3. 分析故障原因；4. 绘制控制原理图；5. 测试相关电路			
评价项目	评价子项目	学生自评	组内评价	教师评价
小组 1 测试相关电路 的阶段性评价结果	（1）测试方法正确； （2）测试结果正确； （3）故障是否排除			
小组 2 测试相关电路 的阶段性评价结果	（1）测试方法正确； （2）测试结果正确； （3）故障是否排除			
小组 3 测试相关电路 的阶段性评价结果	（1）测试方法正确； （2）测试结果正确； （3）故障是否排除			
小组 4 测试相关电路 的阶段性评价结果	（1）测试方法正确； （2）测试结果正确； （3）故障是否排除			
评价	班级		第____组	组长签字	
	教师签字		日期	
	评语：			

学习情境六 BMS 分压接触器故障检修

微课：绝缘检测

典型工作环节 1 确认故障现象的资讯单

学习场二	检修动力电池管理系统
学习情境六	BMS 分压接触器故障检修
学时	0.1 学时
典型工作过程描述	1. 确认故障现象；2. 读取故障码；3. 分析故障原因；4. 绘制控制原理图；5. 测试相关电路
收集资讯的方式	线下书籍与线上微课资源相结合
资讯描述	（1）目前之所以要求维修新能源汽车需要持有特种作业低压电工证，是因为新能源汽车动力电池电压高，存在维修安全风险，未经过专业培训的人员不建议检修新能源汽车，很多汽车厂商更是不允许未授权维修人员拆解动力电池箱。 （2）比亚迪秦 EV 动力电池电压高达 408.8 V，《电动和混合动力汽车推进电池系统安全性标准 锂基可充电电池》（SAE J2929—2013）中提到，电池系统自动断开后的 5 s 内，电池系统外部端子的电压不能超过 60 V。因此，比亚迪秦 EV 在动力电池箱总成的动力电池模组中安装了分压接触器，分压接触器是用来切断该电池模组与相邻电池模组的连接。当控制系统切断电源时，不但动力电池总正、总负电缆会被 BMS 控制的主正、主负继电器切断对外界用电设备的连接，在动力电池的内部也会因为分压接触器的断开，导致动力电池的串联连接被断开，这是一种双重安全措施，提高高压系统的安全性。 （3）踩下制动踏板，打开点火开关，观察仪表指示灯工作情况，观察“OK”指示灯是否点亮。 （4）记录仪表故障提示，一般情况下各系统故障时，仪表会显示文字提示语，用于确定故障范围，但此时所提示的故障范围通常较大，需要维修人员借助仪器设备进一步检查。 （5）观察挡位指示灯指示情况、挡位切换功能及有无其他故障现象
对学生的要求	（1）掌握该车辆所有电控系统，认识仪表中全部指示信息，以便打开点火开关后正确记录仪表显示情况； （2）记录仪表故障提示，通过仪表提示确定故障范围； （3）记录仪表异常显示的故障指示灯，不同的故障原因可能导致系统指示灯异常点亮或异常熄灭，掌握各系统指示灯含义； （4）观察挡位指示灯指示情况、挡位切换功能及有无其他故障现象，用于确定故障范围
参考资料	（1）《纯电动汽车维护、检测、诊断技术规范》（JT/T 1344—2020）； （2）《电动和混合动力汽车推进电池系统安全性标准 锂基可充电电池》（SAE J2929—2013）； （3）比亚迪秦 EV 维修手册

典型工作环节 1 确认故障现象的计划单

学习场二	检修动力电池管理系统	
学习情境六	BMS 分压接触器故障检修	
学时	0.1 学时	
典型工作过程描述	1．确认故障现象；2．读取故障码；3．分析故障原因；4．绘制控制原理图；5．测试相关电路	
计划制订的方式	小组讨论	
序号	工作步骤	注意事项
1	踩下制动踏板，打开点火开关	观察仪表指示灯工作情况，观察“OK”指示灯是否点亮
2	记录仪表故障提示	一般情况下，各系统故障时，仪表会显示文字提示语，用于确定故障范围，但此时所提示的故障范围通常较大，需要维修人员借助仪器设备进一步检查
3	记录其他故障现象	观察挡位指示灯指示情况、挡位切换功能以及有无其他故障现象

计划评价	班级		第____组	组长签字	
	教师签字		日期		
	评语：				

典型工作环节 1 确认故障现象的决策单

学习场二	检修动力电池管理系统				
学习情境六	BMS 分压接触器故障检修				
学时	0.1 学时				
典型工作过程描述	1．确认故障现象；2．读取故障码；3．分析故障原因；4．绘制控制原理图；5．测试相关电路				
计划对比					
序号	计划的可行性	计划的经济性	计划的可操作性	计划的实施难度	综合评价
1					
2					
3					
N					
决策评价	班级		第____组	组长签字	
	教师签字		日期		
	评语：				

典型工作环节 1　确认故障现象的实施单

学习场二	检修动力电池管理系统	
学习情境六	BMS 分压接触器故障检修	
学时	0.1 学时	
典型工作过程描述	1. 确认故障现象；2. 读取故障码；3. 分析故障原因；4. 绘制控制原理图；5. 测试相关电路	
序号	实施步骤	注意事项
1	踩下制动踏板，打开点火开关	观察仪表指示灯工作情况，观察“OK”灯是否点亮
2	记录仪表故障提示	一般情况下各系统故障时，仪表会显示文字提示语，用于确定故障范围，但此时所提示的故障范围通常较大，需要维修人员借助仪器设备进一步检查
3	记录其他故障现象	观察挡位指示灯指示情况、挡位切换功能及有无其他故障现象
实施说明： （1）踩下制动踏板，打开点火开关，观察仪表指示灯工作情况，观察“OK”指示灯是否点亮； （2）记录仪表故障提示，一般情况下各系统故障时，仪表会显示文字提示语，用于确定故障范围，但此时所提示的故障范围通常较大，需要维修人员借助仪器设备进一步检查； （3）观察挡位指示灯指示情况、挡位切换功能及有无其他故障现象		

实施评价	班级		第____组	组长签字	
	教师签字		日期		
	评语：				

典型工作环节 1　确认故障现象的检查单

学习场二	检修动力电池管理系统			
学习情境六	BMS 分压接触器故障检修			
学时	0.1 学时			
典型工作过程描述	1. 确认故障现象；2. 读取故障码；3. 分析故障原因；4. 绘制控制原理图；5. 测试相关电路			
序号	检查项目	检查标准	学生自查	教师检查
1	踩下制动踏板，打开点火开关	记录是否完整		
2	记录仪表故障提示	记录是否完整		
3	记录其他故障现象	记录是否完整		

检查评价	班级		第____组	组长签字	
	教师签字		日期		
	评语：				

典型工作环节 1　确认故障现象的评价单

<table>
<tr><td>学习场二</td><td colspan="5">检修动力电池管理系统</td></tr>
<tr><td>学习情境六</td><td colspan="5">BMS 分压接触器故障检修</td></tr>
<tr><td>学时</td><td colspan="5">0.1 学时</td></tr>
<tr><td>典型工作过程描述</td><td colspan="5">1．确认故障现象；2．读取故障码；3．分析故障原因；4．绘制控制原理图；5．测试相关电路</td></tr>
<tr><td>评价项目</td><td>评价子项目</td><td>学生自评</td><td colspan="2">组内评价</td><td>教师评价</td></tr>
<tr><td>小组 1
确认故障现象的阶段性评价结果</td><td>故障现象描述是否完整</td><td></td><td colspan="2"></td><td></td></tr>
<tr><td>小组 2
确认故障现象的阶段性评价结果</td><td>故障现象描述是否完整</td><td></td><td colspan="2"></td><td></td></tr>
<tr><td>小组 3
确认故障现象的阶段性评价结果</td><td>故障现象描述是否完整</td><td></td><td colspan="2"></td><td></td></tr>
<tr><td>小组 4
确认故障现象的阶段性评价结果</td><td>故障现象描述是否完整</td><td></td><td colspan="2"></td><td></td></tr>
<tr><td rowspan="3">评价</td><td>班级</td><td></td><td>第____组</td><td>组长签字</td><td></td></tr>
<tr><td>教师签字</td><td></td><td>日期</td><td colspan="2"></td></tr>
<tr><td colspan="5">评语：</td></tr>
</table>

典型工作环节 2　读取故障码的资讯单

学习场二	检修动力电池管理系统
学习情境六	BMS 分压接触器故障检修
学时	0.1 学时
典型工作过程描述	1. 确认故障现象；2. 读取故障码；3. 分析故障原因；4. 绘制控制原理图；5. 测试相关电路
收集资讯的方式	线下书籍与线上微课资源相结合
资讯描述	（1）关闭点火开关，确认车辆仪表未通电，防止连接诊断插头过程中产生感应电流损坏车辆线路及元器件； （2）连接诊断插头至车辆诊断接口； （3）打开诊断仪主机，打开点火开关，在“车辆品牌”选择页面选择所诊断车辆的相应品牌，在“车型”选择页面选择相应车型，在“系统”选择页面选择所诊断系统，在无法确认哪一系统出现故障时，可选择“扫描全部系统”的方式对车辆所有系统进行全面诊断； （4）进入所选系统，在“功能”选项中选择“读取故障码”，观察所读取的故障码属性为“当前故障码”或“历史故障码”，并记录所读取的全部故障码，清除故障码； （5）关闭点火开关，重新打开点火开关，试车后，再次读取故障码，此时读取的故障码，可以确定为当前车辆的故障； （6）若无故障码，需在数据流中读取与故障现象相关的数据流
对学生的要求	（1）连接仪器前确认关闭点火开关，此步骤为仪器使用规范，未按此步骤执行，可能导致车辆线路及元器件损坏； （2）选择正确的诊断接头，用导线连接或用无线方式连接到仪器，此步骤为仪器使用规范，要求熟练掌握仪器正确使用方法； （3）从选择品牌到选择系统为车辆识别能力训练，训练车型识别的能力； （4）读取并清除故障码，训练对故障码属性的判断能力，能够正确引导维修人员确认故障范围； （5）训练无故障码时故障现象与数据流的相关性掌握能力及对数据流的分析能力
参考资料	（1）《纯电动汽车维护、检测、诊断技术规范》(JT/T 1344—2020)； （2）比亚迪秦 EV 维修手册

典型工作环节 2　读取故障码的计划单

学习场二	检修动力电池管理系统	
学习情境六	BMS 分压接触器故障检修	
学时	0.1 学时	
典型工作过程描述	1．确认故障现象；2．读取故障码；3．分析故障原因；4．绘制控制原理图；5．测试相关电路	
计划制订的方式	小组讨论	
序号	工作步骤	注意事项
1	关闭点火开关，确认车辆仪表未通电	防止连接诊断插头过程中产生感应电流损坏车辆线路及元器件
2	连接诊断插头至车辆诊断接口	
3	打开诊断仪主机，打开点火开关，选择车型及相应系统	在“车辆品牌”选择页面选择所诊断车辆的相应品牌，在“车型”选择页面选择相应车型，在“系统”选择页面选择所诊断系统，在无法确认哪一系统出现故障时，可选择“扫描全部系统”的方式对车辆所有系统进行全面诊断
4	读取故障码	观察所读取的故障码属性为“当前故障码”或“历史故障码”，并记录所读取的全部故障码，清除故障码
5	再次读取故障码	关闭点火开关，重新打开点火开关，试车后再进行读取故障码
6	读取数据流	读取与故障现象相关的数据流

计划评价	班级		第____组	组长签字	
	教师签字		日期		
	评语：				

典型工作环节 2　读取故障码的决策单

学习场二	检修动力电池管理系统				
学习情境六	BMS 分压接触器故障检修				
学时	0.1 学时				
典型工作过程描述	1．确认故障现象；2．读取故障码；3．分析故障原因；4．绘制控制原理图；5．测试相关电路				
计划对比					
序号	计划的可行性	计划的经济性	计划的可操作性	计划的实施难度	综合评价
1					
2					
3					
N					
决策评价	班级		第____组	组长签字	
	教师签字		日期		
	评语：				

典型工作环节 2　读取故障码的实施单

学习场二	检修动力电池管理系统
学习情境六	BMS 分压接触器故障检修
学时	0.1 学时
典型工作过程描述	1. 确认故障现象；2. 读取故障码；3. 分析故障原因；4. 绘制控制原理图；5. 测试相关电路

序号	实施步骤	注意事项
1	关闭点火开关，确认车辆仪表未通电	防止连接诊断插头过程中产生感应电流损坏车辆线路及元器件
2	连接诊断插头至车辆诊断接口	
3	打开诊断仪主机，打开点火开关，选择车型及相应系统	在车辆品牌选择页面选择所诊断车辆的相应品牌，在车型选择页面选择相应车型，在系统选择页面选择所诊断系统，在无法确认哪一系统出现故障时，可选择“扫描全部系统”的方式对车辆所有系统进行全面诊断
4	读取故障码	观察所读取的故障码属性为“当前故障码”或“历史故障码”，并记录所读取的全部故障码，清除故障码
5	再次读取故障码	关闭点火开关，重新打开点火开关，试车后在进行读取故障码
6	读取数据流	读取与故障现象相关的数据流

实施说明：

（1）连接仪器前确认关闭点火开关，此步骤为仪器使用规范，未按此步骤执行，可能导致车辆线路及元器件损坏；

（2）选择正确的诊断接头，用导线连接或用无线方式连接到仪器；

（3）车辆品牌、型号信息可从车辆“铭牌”中获取；

（4）读取并清除故障码，用于判断故障码属性，防止历史故障码或偶发性故障对故障判断造成误导；

（5）若无故障码，则需在数据流中读取与故障现象相关的数据流

实施评价	班级		第____组	组长签字	
	教师签字		日期		
	评语：				

典型工作环节 2　读取故障码的检查单

学习场二	检修动力电池管理系统			
学习情境六	BMS 分压接触器故障检修			
学时	0.1 学时			
典型工作过程描述	1. 确认故障现象；2. 读取故障码；3. 分析故障原因；4. 绘制控制原理图；5. 测试相关电路			
序号	检查项目	检查标准	学生自查	教师检查
1	关闭点火开关，确认车辆仪表未通电	关闭点火开关至 OFF 挡		
2	连接诊断插头至车辆诊断接口	诊断接头与主机是否连接成功		
3	打开诊断仪主机，打开点火开关，选择车型及相应系统	选择是否正确		
4	读取故障码	能否判断故障码属性		
5	再次读取故障码	是否重新运行该系统后再次读取		
6	读取数据流	在无故障码时是否读取相关数据流		
检查评价	班级		第____组	组长签字
	教师签字		日期	
	评语：			

典型工作环节 2　读取故障码的评价单

学习场二	检修动力电池管理系统			
学习情境六	BMS 分压接触器故障检修			
学时	0.1 学时			
典型工作过程描述	1. 确认故障现象；2. 读取故障码；3. 分析故障原因；4. 绘制控制原理图；5. 测试相关电路			
评价项目	评价子项目	学生自评	组内评价	教师评价
小组 1 读取故障码 的阶段性评价结果	（1）确认能否读取故障码或是否完整记录故障码； （2）是否读取相关数据流			
小组 2 读取故障码 的阶段性评价结果	（1）确认能否读取故障码或是否完整记录故障码； （2）是否读取相关数据流			
小组 3 读取故障码 的阶段性评价结果	（1）确认能否读取故障码或是否完整记录故障码； （2）是否读取相关数据流			
小组 4 读取故障码 的阶段性评价结果	（1）确认能否读取故障码或是否完整记录故障码； （2）是否读取相关数据流			
评价	班级		第____组	组长签字
	教师签字		日期	
	评语：			

典型工作环节 3　分析故障原因的资讯单

学习场二	检修动力电池管理系统
学习情境六	BMS 分压接触器故障检修
学时	0.1 学时
典型工作过程描述	1. 确认故障现象；2. 读取故障码；3. 分析故障原因；4. 绘制控制原理图；5. 测试相关电路
收集资讯的方式	线下书籍及线上资源相结合
资讯描述	（1）仪表显示 EV 功能受限，“OK”指示灯不亮，可以确定为高压系统故障，但不能确定驱动电机、电机控制器、BMS 和动力电池箱总成中的哪一个系统出现问题。 （2）在典型工作环节 2 读取故障码时，显示故障码 P1A3400，表示预充失败；显示 P1A3D00，表示负极接触器回路检测故障。其中，P1A3D00 将故障范围确定为直流母线负极的接触器自身及其线路。 （3）分压接触器是提高动力电池安全性的重要元器件，其作用是连接或切断电池模组与电池模组的连接，分压接触器断开后，单个模组存在电压，动力电池箱总成输出电缆无电压输出或输出电压不足；故障码显示“预充失败”可能是因为分压接触器断路后导致电池模组与电池模组之间形成开路，无法完成预充，导致仪表“OK”指示灯不亮，车辆无法上电，仪表提示“EV 功能受限”
对学生的要求	（1）能够通过车辆表面故障现象初步确定故障范围； （2）能够根据故障码提示分析可能原因； （3）能够通过关键故障码缩小故障范围，尽量做到精准确定故障点
参考资料	（1）《纯电动汽车维护、检测、诊断技术规范》(JT/T 1344—2020)； （2）比亚迪秦 EV 维修手册

典型工作环节 3 分析故障原因的计划单

学习场二	检修动力电池管理系统				
学习情境六	BMS 分压接触器故障检修				
学时	0.1 学时				
典型工作过程描述	1. 确认故障现象；2. 读取故障码；3. 分析故障原因；4. 绘制控制原理图；5. 测试相关电路				
计划制订的方式	小组讨论				
序号	工作步骤		注意事项		
1	根据车辆表面故障现象初步确定故障范围并记录		结合仪表指示灯、提示语、机舱内的继电器、接触器吸合的声音等故障特点判断		
2	根据故障码提示分析可能原因并记录		故障码不一定能精确指出故障点，有时需要结合故障现象以及相关数据流进行分析		
3	根据关键故障码分析原因并确定检测对象		有时只能读出一个故障码，但它不一定就是关键故障码，如果与故障现象关联度高，则可以确定该故障码为关键故障码		
计划评价	班级		第____组	组长签字	
	教师签字		日期		
	评语：				

典型工作环节 3 分析故障原因的决策单

学习场二	检修动力电池管理系统				
学习情境六	BMS 分压接触器故障检修				
学时	0.1 学时				
典型工作过程描述	1. 确认故障现象；2. 读取故障码；3. 分析故障原因；4. 绘制控制原理图；5. 测试相关电路				
计划对比					
序号	计划的可行性	计划的经济性	计划的可操作性	计划的实施难度	综合评价
1					
2					
3					
N					
决策评价	班级		第____组	组长签字	
	教师签字		日期		
	评语：				

典型工作环节 3 分析故障原因的实施单

学习场二	检修动力电池管理系统	
学习情境六	BMS 分压接触器故障检修	
学时	0.1 学时	
典型工作过程描述	1. 确认故障现象；2. 读取故障码；3. 分析故障原因；4. 绘制控制原理图；5. 测试相关电路	
序号	实施步骤	注意事项
1	根据车辆表面故障现象初步确定故障范围并记录	结合仪表指示灯、提示语、机舱内的继电器、接触器吸合的声音等故障特点判断
2	根据故障码提示分析可能原因并记录	故障码不一定能精确指出故障点，有时需要结合故障现象及相关数据流进行分析
3	根据关键故障码分析原因并确定检测对象	有时只能读出一个故障码，但它不一定就是关键故障码，如果与故障现象关联度高，则可以确定该故障码为关键故障码
实施说明： （1）根据车辆表面故障现象初步确定故障范围并记录，结合仪表指示灯、提示语、机舱内的继电器、接触器吸合的声音等故障特点判断； （2）根据故障码提示分析可能原因并记录，故障码不一定能精确指出故障点，有时需要结合故障现象及相关数据流进行分析； （3）根据关键故障码分析原因并确定检测对象，有时只能读出一个故障码，但它不一定就是关键故障码，如果与故障现象关联度高，则可以确定该故障码为关键故障码		

实施评价	班级		第____组	组长签字	
	教师签字		日期		
	评语：				

典型工作环节 3 分析故障原因的检查单

学习场二	检修动力电池管理系统			
学习情境六	BMS 分压接触器故障检修			
学时	0.1 学时			
典型工作过程描述	1. 确认故障现象；2. 读取故障码；3. 分析故障原因；4. 绘制控制原理图；5. 测试相关电路			
序号	检查项目	检查标准	学生自查	教师检查
1	根据车辆表面故障现象初步确定故障范围	分析是否全面		
2	根据故障码提示分析可能原因	分析是否全面		
3	根据关键故障码分析原因	是否确认关键故障码		

检查评价	班级		第____组	组长签字	
	教师签字		日期		
	评语：				

典型工作环节 3　分析故障原因的评价单

<table>
<tr><td>学习场二</td><td colspan="6">检修动力电池管理系统</td></tr>
<tr><td>学习情境六</td><td colspan="6">BMS 分压接触器故障检修</td></tr>
<tr><td>学时</td><td colspan="6">0.1 学时</td></tr>
<tr><td>典型工作过程描述</td><td colspan="6">1. 确认故障现象；2. 读取故障码；3. 分析故障原因；4. 绘制控制原理图；5. 测试相关电路</td></tr>
<tr><td>评价项目</td><td colspan="2">评价子项目</td><td>学生自评</td><td>组内评价</td><td colspan="2">教师评价</td></tr>
<tr><td>小组 1
分析故障原因的阶段性评价结果</td><td colspan="2">故障原因是否分析全面</td><td></td><td></td><td colspan="2"></td></tr>
<tr><td>小组 2
分析故障原因的阶段性评价结果</td><td colspan="2">故障原因是否分析全面</td><td></td><td></td><td colspan="2"></td></tr>
<tr><td>小组 3
分析故障原因的阶段性评价结果</td><td colspan="2">故障原因是否分析全面</td><td></td><td></td><td colspan="2"></td></tr>
<tr><td>小组 4
分析故障原因的阶段性评价结果</td><td colspan="2">故障原因是否分析全面</td><td></td><td></td><td colspan="2"></td></tr>
<tr><td rowspan="3">评价</td><td>班级</td><td></td><td>第____组</td><td>组长签字</td><td colspan="2"></td></tr>
<tr><td>教师签字</td><td></td><td>日期</td><td colspan="3"></td></tr>
<tr><td colspan="6">评语：</td></tr>
</table>

典型工作环节 4　绘制控制原理图的资讯单

学习场二	检修动力电池管理系统
学习情境六	BMS 分压接触器故障检修
学时	0.1 学时
典型工作过程描述	1. 确认故障现象；2. 读取故障码；3. 分析故障原因；4. 绘制控制原理图；5. 测试相关电路
收集资讯的方式	线下书籍及线上资源相结合
资讯描述	（1）根据典型工作环节 3 中分析的可能原因，在电路图中找到 BMS 负极接触器电路图； （2）绘制出 BMS 负极接触器相关控制原理图； （3）标明端子号，在车辆中找到相关线束插接器等元器件； （4）绘制诊断表格，设计填写各元器件或线路的实测电压、电阻、波形等相关数据的表格； （5）查阅资料，在诊断表格中填写好各元器件或线路的标准电压、电阻、波形等相关数据
对学生的要求	（1）掌握电路图识图方法。 （2）能在电路图中完整地找出所需系统的相关电路。 （3）在控制原理图中标明端子号，以便在测量过程中准确找到测量端子。 （4）绘制诊断表格，根据原理图设计完整、科学的测试路径；训练诊断思路。 （5）查阅资料，在诊断表格中填写好各元器件或线路的标准电压、电阻、波形等相关数据，训练使用维修手册、电路图等维修资料的能力，以及诊断故障所需要的严谨态度。若资料中查阅不到标准参数，可在正常车辆中进行测量并记录，形成维修资料，以便在以后的维修中参考查阅，养成良好的记笔记习惯，可以提高工作效率
参考资料	（1）《纯电动汽车维护、检测、诊断技术规范》(JT/T 1344—2020)； （2）比亚迪秦 EV 维修手册

典型工作环节 4 绘制控制原理图的计划单

学习场二	检修动力电池管理系统				
学习情境六	BMS 分压接触器故障检修				
学时	0.1 学时				
典型工作过程描述	1. 确认故障现象；2. 读取故障码；3. 分析故障原因；4. 绘制控制原理图；5. 测试相关电路				
计划制订的方式	小组讨论				
序号	工作步骤	注意事项			
1	逐条列出可能原因	根据典型工作环节 3 中分析的可能原因，在电路图中找到 BMS 负极接触器电路图			
2	绘制出控制原理图	根据列出的可能原因，查阅电路图，绘制出 BMS 负极接触器相关线路及元器件			
3	标明端子号	在控制原理图中正确标注测试端子及元器件名称			
4	绘制诊断表格	表格内容包括测试条件、测试设备、测试对象、实测值、标准值、实测波形、标准波形等基本信息			
5	查阅标准值	通过查阅资料，查询测试对象的标准参数，以便出具诊断结论，若资料中查阅不到标准参数，可在正常车辆中进行测量并记录，形成维修资料，以便在以后的维修中参考查阅			
计划评价	班级		第____组	组长签字	
	教师签字		日期		
	评语：				

典型工作环节 4 绘制控制原理图的决策单

学习场二	检修动力电池管理系统				
学习情境六	BMS 分压接触器故障检修				
学时	0.1 学时				
典型工作过程描述	1. 确认故障现象；2. 读取故障码；3. 分析故障原因；4. 绘制控制原理图；5. 测试相关电路				
计划对比					
序号	计划的可行性	计划的经济性	计划的可操作性	计划的实施难度	综合评价
1					
2					
3					
N					
决策评价	班级		第____组	组长签字	
	教师签字		日期		
	评语：				

典型工作环节 4　绘制控制原理图的实施单

学习场二	检修动力电池管理系统	
学习情境六	BMS 分压接触器故障检修	
学时	0.1 学时	
典型工作过程描述	1．确认故障现象；2．读取故障码；3．分析故障原因；4．绘制控制原理图；5．测试相关电路	
序号	实施步骤	注意事项
1	逐条列出可能原因：	根据典型工作环节 3 中分析的可能原因，在电路图中找到 BMS 系统负极接触器电路图
2	绘制出控制原理图；	根据列出的可能原因，查阅电路图，绘制出 BMS 系统负极接触器相关线路及元器件
3	标明端子号	在控制原理图中正确标注测试端子及元器件名称
4	绘制诊断表格	表格内容包括测试条件、测试设备、测试对象、实测值、标准值、实测波形、标准波形等基本信息
5	查阅标准值	通过查阅资料，查询测试对象的标准参数，以便出具诊断结论，若资料中查阅不到标准参数，可在正常车辆中进行测量，并记录，形成维修资料，以便以后的维修中参考查阅

实施说明：

（1）掌握电路图识图方法，在电路图中找到相关元器件。

（2）在电路图中完整地找出所需系统的相关电路。

（3）在控制原理图中标明端子号，以便在测量过程中准确找到测量端子。

（4）绘制诊断表格，表格内容包括测试条件、测试设备、测试对象、实测值、标准值、测试结论等基本信息。

测试条件		检测设备、仪器		
序号	测试对象	实测值	标准值	测试结论
1				
2				
3				
4				
5				

（5）查阅资料，在诊断表格中填写好各元器件或线路标准电压、电阻、波形等相关数据，训练使用维修手册、电路图等维修资料的能力，以及诊断故障所需要的严谨态度。若资料中查阅不到标准参数，可在正常车辆中进行测量并记录，形成维修资料，以便在以后的维修中参考查阅，养成良好的记笔记习惯，可以提高工作效率

实施评价	班级		第____组	组长签字	
	教师签字		日期		
	评语：				

典型工作环节 4　绘制控制原理图的检查单

<table>
<tr><td colspan="2">学习场二</td><td colspan="3">检修动力电池管理系统</td></tr>
<tr><td colspan="2">学习情境六</td><td colspan="3">BMS 分压接触器故障检修</td></tr>
<tr><td colspan="2">学时</td><td colspan="3">0.1 学时</td></tr>
<tr><td colspan="2">典型工作过程描述</td><td colspan="3">1．确认故障现象；2．读取故障码；3．分析故障原因；4．绘制控制原理图；5．测试相关电路</td></tr>
<tr><td>序号</td><td>检查项目</td><td>检查标准</td><td>学生自查</td><td>教师检查</td></tr>
<tr><td>1</td><td>逐条列出可能原因</td><td>列出原因是否完整</td><td></td><td></td></tr>
<tr><td>2</td><td>绘制出控制原理图</td><td>原理图中元器件、线路是否绘制完整</td><td></td><td></td></tr>
<tr><td>3</td><td>标明端子号</td><td>端子号是否完整、正确</td><td></td><td></td></tr>
<tr><td>4</td><td>绘制诊断表格</td><td>设计表格是否完整，波形测试项目是否设计波形坐标</td><td></td><td></td></tr>
<tr><td>5</td><td>查阅标准值</td><td>标准参数查阅是否正确</td><td></td><td></td></tr>
<tr><td rowspan="3">检查评价</td><td>班级</td><td></td><td>第____组</td><td>组长签字</td></tr>
<tr><td>教师签字</td><td></td><td>日期</td><td></td></tr>
<tr><td colspan="4">评语：</td></tr>
</table>

典型工作环节 4　绘制控制原理图的评价单

<table>
<tr><td>学习场二</td><td colspan="4">检修动力电池管理系统</td></tr>
<tr><td>学习情境六</td><td colspan="4">BMS 分压接触器故障检修</td></tr>
<tr><td>学时</td><td colspan="4">0.1 学时</td></tr>
<tr><td>典型工作过程描述</td><td colspan="4">1．确认故障现象；2．读取故障码；3．分析故障原因；4．绘制控制原理图；5．测试相关电路</td></tr>
<tr><td>评价项目</td><td>评价子项目</td><td>学生自评</td><td>组内评价</td><td>教师评价</td></tr>
<tr><td>小组 1
绘制控制原理图
的阶段性评价结果</td><td>（1）原因分析全面；
（2）原理图绘制完整；
（3）诊断表格设计合理</td><td></td><td></td><td></td></tr>
<tr><td>小组 2
绘制控制原理图
的阶段性评价结果</td><td>（1）原因分析全面；
（2）原理图绘制完整；
（3）诊断表格设计合理</td><td></td><td></td><td></td></tr>
<tr><td>小组 3
绘制控制原理图
的阶段性评价结果</td><td>（1）原因分析全面；
（2）原理图绘制完整；
（3）诊断表格设计合理</td><td></td><td></td><td></td></tr>
<tr><td>小组 4
绘制控制原理图
的阶段性评价结果</td><td>（1）原因分析全面；
（2）原理图绘制完整；
（3）诊断表格设计合理</td><td></td><td></td><td></td></tr>
<tr><td rowspan="3">评价</td><td>班级</td><td></td><td>第____组</td><td>组长签字</td></tr>
<tr><td>教师签字</td><td></td><td>日期</td><td></td></tr>
<tr><td colspan="4">评语：</td></tr>
</table>

典型工作环节 5　测试相关电路的资讯单

学习场二	检修动力电池管理系统
学习情境六	BMS 分压接触器故障检修
学时	0.1 学时
典型工作过程描述	1．确认故障现象；2．读取故障码；3．分析故障原因；4．绘制控制原理图；5．测试相关电路
收集资讯的方式	线下书籍及线上资源相结合
资讯描述	（1）根据列出的故障原因，列出测试对象。 （2）按照测试条件进行测试，并记录在所设计的故障诊断表中。 （3）对比实测值与标准值，出具诊断结论，测试正常情况下进行下一可能原因的测试。 （4）找到异常元件或线路，进行修复。 （5）修复后验证故障现象是否消失，确认故障码最终是否清除
对学生的要求	（1）根据列出的故障原因，列出测试对象；此步骤需要根据故障诊断先简后繁的原则，按先后顺序列出测试对象；一般测试顺序为熔断器、线路、元器件、控制单元。 （2）按照测试条件进行测试，并记录在所设计的故障诊断表中；养成严谨的工作态度，防止漏测、错测导致测试结论错误，无法排除故障。 （3）对比实测值与标准值，出具诊断结论，测试正常情况下进行下一可能原因的测试；有些故障可能不是单一故障，在对所列出的故障点逐个测试后也许并未排除故障，此时需要对故障现象再次验证，以免对故障原因分析不全面，具备锲而不舍、持之以恒的精神更容易成功。 （4）找到异常元器件或线路，进行修复；元器件更换或线路修复时需验证新件的工作状况，以免造成返工，或故障无法排除。 （5）修复后验证故障现象是否消失，确认故障码最终是否清除
参考资料	（1）《纯电动汽车维护、检测、诊断技术规范》(JT/T 1344—2020)； （2）比亚迪秦 EV 维修手册

典型工作环节 5　测试相关电路的计划单

学习场二	检修动力电池管理系统				
学习情境六	BMS 分压接触器故障检修				
学时	0.1 学时				
典型工作过程描述	1．确认故障现象；2．读取故障码；3．分析故障原因；4．绘制控制原理图；5．测试相关电路				
计划制订的方式	小组讨论				
序号	工作步骤		注意事项		
1	列出测试对象		根据故障诊断先简后繁的原则，按先后顺序列出测试对象		
2	测试并记录		明确测试条件，通电或断电、静态或动态		
3	出具诊断结论		对比实测值与标准值，出具诊断结论		
4	修复故障点		修复前确认新件工作状况		
5	验证故障现象		修复后确认故障现象是否消失		
计划评价	班级		第____组	组长签字	
	教师签字		日期		
	评语：				

典型工作环节 5　测试相关电路的决策单

学习场二	检修动力电池管理系统				
学习情境六	BMS 分压接触器故障检修				
学时	0.1 学时				
典型工作过程描述	1．确认故障现象；2．读取故障码；3．分析故障原因；4．绘制控制原理图；5．测试相关电路				
计划对比					
序号	计划的可行性	计划的经济性	计划的可操作性	计划的实施难度	综合评价
1					
2					
3					
N					
决策评价	班级		第____组	组长签字	
	教师签字		日期		
	评语：				

典型工作环节 5　测试相关电路的实施单

学习场二	检修动力电池管理系统
学习情境六	BMS 分压接触器故障检修
学时	0.1 学时
典型工作过程描述	1. 确认故障现象；2. 读取故障码；3. 分析故障原因；4. 绘制控制原理图；5. 测试相关电路

序号	实施步骤	注意事项
1	列出测试对象	根据故障诊断先简后繁的原则，按先后顺序列出测试对象
2	测试并记录	明确测试条件，通电或断电、静态或动态
3	出具诊断结论	对比实测值与标准值，出具诊断结论
4	修复故障点	修复前确认新件工作状况
5	验证故障现象	修复后确认故障现象是否消失

实施说明：

（1）根据列出的故障原因，列出测试对象；此步骤需要根据故障诊断先简后繁的原则，按先后顺序列出测试对象；一般测试顺序为熔断器、线路、元器件、控制单元。

（2）按照测试条件进行测试，并记录在所设计的故障诊断表中；养成严谨的工作态度，防止漏测、错测导致测试结论错误，无法排除故障。

（3）对比实测值与标准值，出具诊断结论，测试正常情况下进行下一可能原因的测试；有些故障可能不是单一故障，在对所列出的故障点逐个测试后也许并未排除故障，此时需要对故障现象再次验证，以免对故障原因分析不全面。

（4）找到异常元器件或线路，进行修复；元器件更换或线路修复时需验证新件的工作状况，以免造成返工，或故障无法排除。

（5）修复后验证故障现象是否消失，确认故障码最终是否清除

<table>
<tr><td rowspan="3">实施评价</td><td>班级</td><td></td><td>第____组</td><td>组长签字</td><td></td></tr>
<tr><td>教师签字</td><td></td><td>日期</td><td colspan="2"></td></tr>
<tr><td colspan="5">评语：</td></tr>
</table>

典型工作环节 5　测试相关电路的检查单

学习场二	检修动力电池管理系统					
学习情境六	BMS 分压接触器故障检修					
学时	0.1 学时					
典型工作过程描述	1．确认故障现象；2．读取故障码；3．分析故障原因；4．绘制控制原理图；5．测试相关电路					
序号	检查项目	检查标准		学生自查	教师检查	
1	列出测试对象	列出项目是否完整				
2	测试并记录	测试结果是否正确				
3	出具诊断结论	结果分析是否正确				
4	修复故障点	修复前是否验证元器件				
5	验证故障现象	修复后是否验证故障现象				
检查评价	班级		第____组		组长签字	
	教师签字		日期			
	评语：					

典型工作环节 5　测试相关电路的评价单

学习场二	检修动力电池管理系统					
学习情境六	BMS 分压接触器故障检修					
学时	0.1 学时					
典型工作过程描述	1．确认故障现象；2．读取故障码；3．分析故障原因；4．绘制控制原理图；5．测试相关电路					
评价项目	评价子项目		学生自评	组内评价		教师评价
小组 1 测试相关电路 的阶段性评价结果	（1）测试方法正确； （2）测试结果正确； （3）故障是否排除					
小组 2 测试相关电路 的阶段性评价结果	（1）测试方法正确； （2）测试结果正确； （3）故障是否排除					
小组 3 测试相关电路 的阶段性评价结果	（1）测试方法正确； （2）测试结果正确； （3）故障是否排除					
小组 4 测试相关电路 的阶段性评价结果	（1）测试方法正确； （2）测试结果正确； （3）故障是否排除					
评价	班级		第____组		组长签字	
	教师签字		日期			
	评语：					

学习情境七　BMS 接触器回检故障检修

微课：动力电池 SOC 值的标定

典型工作环节 1　确认故障现象的资讯单

学习场二	检修动力电池管理系统
学习情境七	BMS 接触器回检故障检修
学时	0.1 学时
典型工作过程描述	1. 确认故障现象；2. 读取故障码；3. 分析故障原因；4. 绘制控制原理图；5. 测试相关电路
收集资讯的方式	线下书籍与线上微课资源相结合
资讯描述	（1）踩下制动踏板，打开点火开关，观察仪表指示灯工作情况，观察仪表是否点亮，若仪表不亮，需检查低压电路故障；观察“OK”指示灯是否点亮，若“OK”指示灯不亮，需要检查高压上电相关故障。 （2）检查驻车制动器，防止车辆检测过程中出现溜车等意外事故。 （3）记录仪表故障提示，一般情况下各系统故障时，仪表会显示文字提示语，用于确定故障范围，但此时所提示的故障范围通常较大，需要维修人员借助仪器设备进一步检查。 （4）记录仪表异常显示的故障指示灯，若仪表点亮某个系统的故障指示灯，则说明该系统内的相关元器件或线路出现故障；若同时点亮多个系统故障指示灯，有可能为这几个系统的共性电路出现故障
对学生的要求	（1）掌握该车辆所有电控系统，认识仪表中全部指示信息，以便打开点火开关后正确记录仪表显示情况； （2）检查驻车制动器，防止车辆检测过程中出现溜车等意外事故，强化安全责任意识； （3）记录仪表故障提示，通过仪表提示确定故障范围； （4）记录仪表异常显示的故障指示灯，不同的故障原因可能导致系统指示灯异常点亮或异常熄灭，掌握各系统指示灯的含义； （5）发现除仪表显示以外的故障现象，用于确定故障范围
参考资料	（1）《纯电动汽车维护、检测、诊断技术规范》(JT/T 1344—2020)； （2）比亚迪秦 EV 维修手册

典型工作环节 1　确认故障现象的计划单

<table>
<tr><td colspan="2">学习场二</td><td colspan="4">检修动力电池管理系统</td></tr>
<tr><td colspan="2">学习情境七</td><td colspan="4">BMS 接触器回检故障检修</td></tr>
<tr><td colspan="2">学时</td><td colspan="4">0.1 学时</td></tr>
<tr><td colspan="2">典型工作过程描述</td><td colspan="4">1．确认故障现象；2．读取故障码；3．分析故障原因；4．绘制控制原理图；5．测试相关电路</td></tr>
<tr><td colspan="2">计划制订的方式</td><td colspan="4">小组讨论</td></tr>
<tr><td>序号</td><td colspan="2">工作步骤</td><td colspan="3">注意事项</td></tr>
<tr><td>1</td><td colspan="2">踩下制动踏板，打开点火开关，记录故障灯异常情况</td><td colspan="3">观察仪表指示灯工作情况，观察仪表是否点亮，若仪表不亮，需要检查低压电路故障；观察“OK”指示灯是否点亮，若“OK”指示灯不亮，需要检查高压上电相关故障</td></tr>
<tr><td>2</td><td colspan="2">检查驻车制动器</td><td colspan="3">防止车辆检测过程中出现溜车等意外事故</td></tr>
<tr><td>3</td><td colspan="2">记录仪表故障提示，用于确定故障范围</td><td colspan="3">一般情况下各系统故障时，仪表会显示文字提示语，但此时所提示的故障范围通常较大，需要维修人员借助仪器设备进一步检查</td></tr>
<tr><td>4</td><td colspan="2">记录仪表异常显示的故障指示灯</td><td colspan="3">观察全面，记录异常点亮或异常熄灭的指示灯</td></tr>
<tr><td rowspan="3">计划评价</td><td>班级</td><td></td><td>第____组</td><td>组长签字</td><td></td></tr>
<tr><td>教师签字</td><td></td><td>日期</td><td colspan="2"></td></tr>
<tr><td colspan="5">评语：</td></tr>
</table>

典型工作环节 1　确认故障现象的决策单

<table>
<tr><td>学习场二</td><td colspan="6">检修动力电池管理系统</td></tr>
<tr><td>学习情境七</td><td colspan="6">BMS 接触器回检故障检修</td></tr>
<tr><td>学时</td><td colspan="6">0.1 学时</td></tr>
<tr><td>典型工作过程描述</td><td colspan="6">1．确认故障现象；2．读取故障码；3．分析故障原因；4．绘制控制原理图；5．测试相关电路</td></tr>
<tr><td colspan="7">计划对比</td></tr>
<tr><td>序号</td><td>计划的可行性</td><td>计划的经济性</td><td>计划的可操作性</td><td>计划的实施难度</td><td colspan="2">综合评价</td></tr>
<tr><td>1</td><td></td><td></td><td></td><td></td><td colspan="2"></td></tr>
<tr><td>2</td><td></td><td></td><td></td><td></td><td colspan="2"></td></tr>
<tr><td>3</td><td></td><td></td><td></td><td></td><td colspan="2"></td></tr>
<tr><td>N</td><td></td><td></td><td></td><td></td><td colspan="2"></td></tr>
<tr><td rowspan="3">决策评价</td><td>班级</td><td></td><td>第____组</td><td>组长签字</td><td colspan="2"></td></tr>
<tr><td>教师签字</td><td></td><td>日期</td><td colspan="3"></td></tr>
<tr><td colspan="6">评语：</td></tr>
</table>

典型工作环节 1　确认故障现象的实施单

<table>
<tr><td colspan="2">学习场二</td><td colspan="5">检修动力电池管理系统</td></tr>
<tr><td colspan="2">学习情境七</td><td colspan="5">BMS 接触器回检故障检修</td></tr>
<tr><td colspan="2">学时</td><td colspan="5">0.1 学时</td></tr>
<tr><td colspan="2">典型工作过程描述</td><td colspan="5">1．确认故障现象；2．读取故障码；3．分析故障原因；4．绘制控制原理图；5．测试相关电路</td></tr>
<tr><td>序号</td><td colspan="2">实施步骤</td><td colspan="4">注意事项</td></tr>
<tr><td>1</td><td colspan="2">踩下制动踏板，打开点火开关，记录故障灯异常情况</td><td colspan="4">观察仪表指示灯工作情况，观察仪表是否点亮，若仪表不亮，需要检查低压电路故障，观察“OK”指示灯是否点亮；若“OK”指示灯不亮，需要检查高压上电相关故障</td></tr>
<tr><td>2</td><td colspan="2">检查驻车制动器</td><td colspan="4">防止车辆检测过程中出现溜车等意外事故</td></tr>
<tr><td>3</td><td colspan="2">记录仪表故障提示，用于确定故障范围</td><td colspan="4">一般情况下各系统故障时，仪表会显示文字提示语，但此时所提示的故障范围通常较大，需要维修人员借助仪器设备进一步检查</td></tr>
<tr><td>4</td><td colspan="2">记录仪表异常显示的故障指示灯</td><td colspan="4">观察全面，记录异常点亮或异常熄灭的指示灯</td></tr>
<tr><td colspan="7">实施说明：
（1）掌握该车辆所有电控系统，认识仪表中全部指示信息，以便打开点火开关后正确记录仪表显示情况；
（2）检查驻车制动器，防止车辆检测过程中出现溜车等意外事故；
（3）记录仪表故障提示，通过仪表提示确定故障范围；
（4）记录仪表异常显示的故障指示灯，不同的故障原因可能导致系统指示灯异常点亮或异常熄灭，掌握各系统指示灯的含义；
（5）发现除仪表显示外的故障现象，用于确定故障范围</td></tr>
<tr><td rowspan="3">实施评价</td><td>班级</td><td></td><td>第____组</td><td>组长签字</td><td colspan="2"></td></tr>
<tr><td>教师签字</td><td></td><td>日期</td><td colspan="3"></td></tr>
<tr><td colspan="6">评语：</td></tr>
</table>

典型工作环节 1　确认故障现象的检查单

学习场二	检修动力电池管理系统				
学习情境七	BMS 接触器回检故障检修				
学时	0.1 学时				
典型工作过程描述	1. 确认故障现象；2. 读取故障码；3. 分析故障原因；4. 绘制控制原理图；5. 测试相关电路				
序号	检查项目	检查标准		学生自查	教师检查
1	踩下制动踏板，打开点火开关	是否记录故障指示灯			
2	检查驻车制动器	是否实施驻车制动			
3	记录仪表故障提示，用于确定故障范围	是否记录故障提示语			
4	记录仪表异常显示的故障指示灯	是否记录异常熄灭的指示灯			
检查评价	班级		第____组	组长签字	
	教师签字		日期		
	评语：				

典型工作环节 1　确认故障现象的评价单

学习场二	检修动力电池管理系统				
学习情境七	BMS 接触器回检故障检修				
学时	0.1 学时				
典型工作过程描述	1. 确认故障现象；2. 读取故障码；3. 分析故障原因；4. 绘制控制原理图；5. 测试相关电路				
评价项目	评价子项目	学生自评		组内评价	教师评价
小组 1 确认故障现象的阶段性评价结果	故障现象描述是否完整				
小组 2 确认故障现象的阶段性评价结果	故障现象描述是否完整				
小组 3 确认故障现象的阶段性评价结果	故障现象描述是否完整				
小组 4 确认故障现象的阶段性评价结果	故障现象描述是否完整				
评价	班级		第____组	组长签字	
	教师签字		日期		
	评语：				

典型工作环节 2　读取故障码的资讯单

学习场二	检修动力电池管理系统
学习情境七	BMS 接触器回检故障检修
学时	0.1 学时
典型工作过程描述	1．确认故障现象；2．读取故障码；3．分析故障原因；4．绘制控制原理图；5．测试相关电路
收集资讯的方式	线下书籍与线上微课资源相结合
资讯描述	（1）关闭点火开关，确认车辆仪表未通电，防止连接诊断插头过程中产生感应电流损坏车辆线路及元器件； （2）连接诊断插头至车辆诊断接口； （3）打开诊断仪主机，打开点火开关，在“车辆品牌”选择页面选择所诊断车辆的相应品牌，在“车型”选择页面选择相应车型，在“系统”选择页面选择所诊断系统，在无法确认哪一系统出现故障时，可选择“扫描全部系统”的方式对车辆所有系统进行全面诊断； （4）进入所选系统，在功能选项中选择“读取故障码”，观察所读取的故障码属性为“当前故障码”或“历史故障码”，并记录所读取的全部故障码，清除故障码； （5）关闭点火开关，重新打开点火开关，试车后，再次读取故障码，根据此时读取的故障码，可以确定当前车辆的故障位置
对学生的要求	（1）连接仪器前确认关闭点火开关，此步骤为仪器使用规范，未按此步骤执行，可能导致车辆线路及元器件损坏。 （2）选择正确的诊断接头，用导线连接或用无线方式连接到仪器，此步骤为仪器使用规范，要求熟练掌握仪器正确使用方法。 （3）从选择品牌到选择系统为车辆识别能力训练，训练车型识别的能力。 （4）读取并清除故障码，训练对故障码属性的判断能力，能够正确引导维修人员确认故障范围。 （5）无法读取故障码时，训练对车辆运行控制原理的掌握能力；通过故障现象，训练分析故障原因及范围的诊断能力
参考资料	（1）《纯电动汽车维护、检测、诊断技术规范》(JT/T 1344—2020)； （2）比亚迪秦 EV 维修手册

典型工作环节 2　读取故障码的计划单

学习场二	检修动力电池管理系统				
学习情境七	BMS 接触器回检故障检修				
学时	0.1 学时				
典型工作过程描述	1．确认故障现象；2．读取故障码；3．分析故障原因；4．绘制控制原理图；5．测试相关电路				
计划制订的方式	小组讨论				
序号	工作步骤		注意事项		
1	关闭点火开关，确认车辆仪表未通电		防止连接诊断插头过程中产生感应电流损坏车辆线路及元器件		
2	连接诊断插头至车辆诊断接口				
3	打开诊断仪主机，打开点火开关，选择车型及相应系统		在“车辆品牌”选择页面选择所诊断车辆的相应品牌，在“车型”选择页面选择相应车型，在“系统”选择页面选择所诊断系统，在无法确认哪一系统出现故障时，可选择“扫描全部系统”的方式对车辆所有系统进行全面诊断		
4	读取故障码		观察所读取的故障码属性为“当前故障码”或“历史故障码”，并记录所读取的全部故障码，清除故障码		
5	再次读取故障码		关闭点火开关，重新打开点火开关，试车后再进行读取故障码		
计划评价	班级		第____组	组长签字	
	教师签字		日期		
	评语：				

典型工作环节 2　读取故障码的决策单

学习场二	检修动力电池管理系统				
学习情境七	BMS 接触器回检故障检修				
学时	0.1 学时				
典型工作过程描述	1．确认故障现象；2．读取故障码；3．分析故障原因；4．绘制控制原理图；5．测试相关电路				
计划对比					
序号	计划的可行性	计划的经济性	计划的可操作性	计划的实施难度	综合评价
1					
2					
3					
N					
决策评价	班级		第____组	组长签字	
	教师签字		日期		
	评语：				

典型工作环节 2 读取故障码的实施单

<table>
<tr><td>学习场二</td><td colspan="2">检修动力电池管理系统</td></tr>
<tr><td>学习情境七</td><td colspan="2">BMS 接触器回检故障检修</td></tr>
<tr><td>学时</td><td colspan="2">0.1 学时</td></tr>
<tr><td>典型工作过程描述</td><td colspan="2">1. 确认故障现象；2. 读取故障码；3. 分析故障原因；4. 绘制控制原理图；5. 测试相关电路</td></tr>
<tr><td>序号</td><td>实施步骤</td><td>注意事项</td></tr>
<tr><td>1</td><td>关闭点火开关，确认车辆仪表未通电</td><td>防止连接诊断插头过程中产生感应电流损坏车辆线路及元器件</td></tr>
<tr><td>2</td><td>连接诊断插头至车辆诊断接口</td><td></td></tr>
<tr><td>3</td><td>打开诊断仪主机，打开点火开关，选择车型及相应系统</td><td>在车辆品牌选择页面选择所诊断车辆的相应品牌，在车型选择页面选择相应车型，在系统选择页面选择所诊断系统，在无法确认哪一系统出现故障时，可选择“扫描全部系统”的方式对车辆所有系统进行全面诊断</td></tr>
<tr><td>4</td><td>读取故障码</td><td>观察所读取的故障码属性为“当前故障码”或“历史故障码”，并记录所读取的全部故障码，清除故障码</td></tr>
<tr><td>5</td><td>再次读取故障码</td><td>关闭点火开关，重新打开点火开关，试车后在进行读取故障码</td></tr>
<tr><td colspan="3">实施说明：
（1）连接仪器前确认关闭点火开关，此步骤为仪器使用规范，未按此步骤执行，可能导致车辆线路及元器件损坏；
（2）选择正确的诊断接头，用导线连接或用无线方式连接到仪器；
（3）车辆品牌、型号信息可从车辆“铭牌”中获取；
（4）读取并清除故障码，用于判断故障码属性，防止历史故障码或偶发性故障对故障判断造成误导</td></tr>
</table>

<table>
<tr><td rowspan="3">实施评价</td><td>班级</td><td></td><td>第____组</td><td>组长签字</td><td></td></tr>
<tr><td>教师签字</td><td></td><td>日期</td><td colspan="2"></td></tr>
<tr><td colspan="5">评语：</td></tr>
</table>

典型工作环节 2　读取故障码的检查单

学习场二	检修动力电池管理系统			
学习情境七	BMS 接触器回检故障检修			
学时	0.1 学时			
典型工作过程描述	1．确认故障现象；2．读取故障码；3．分析故障原因；4．绘制控制原理图；5．测试相关电路			
序号	检查项目	检查标准	学生自查	教师检查
1	关闭点火开关，确认车辆仪表未通电	关闭点火开关至 OFF 挡		
2	连接诊断插头至车辆诊断接口	诊断接头与主机是否连接成功		
3	打开诊断仪主机，打开点火开关，选择车型及相应系统	选择是否正确		
4	读取故障码	能否判断故障码属性		
5	再次读取故障码	是否重新运行该系统后再次读取		

检查评价	班级		第____组	组长签字	
	教师签字		日期		
	评语：				

典型工作环节 2　读取故障码的评价单

<table>
<tr><td>学习场二</td><td colspan="5">检修动力电池管理系统</td></tr>
<tr><td>学习情境七</td><td colspan="5">BMS 接触器回检故障检修</td></tr>
<tr><td>学时</td><td colspan="5">0.1 学时</td></tr>
<tr><td>典型工作过程描述</td><td colspan="5">1．确认故障现象；2．读取故障码；3．分析故障原因；4．绘制控制原理图；5．测试相关电路</td></tr>
<tr><td>评价项目</td><td>评价子项目</td><td>学生自评</td><td colspan="2">组内评价</td><td>教师评价</td></tr>
<tr><td>小组 1
读取故障码
的阶段性评价结果</td><td>确认能否读取故障码或是否完整记录故障码</td><td></td><td colspan="2"></td><td></td></tr>
<tr><td>小组 2
读取故障码
的阶段性评价结果</td><td>确认能否读取故障码或是否完整记录故障码</td><td></td><td colspan="2"></td><td></td></tr>
<tr><td>小组 3
读取故障码
的阶段性评价结果</td><td>确认能否读取故障码或是否完整记录故障码</td><td></td><td colspan="2"></td><td></td></tr>
<tr><td>小组 4
读取故障码
的阶段性评价结果</td><td>确认能否读取故障码或是否完整记录故障码</td><td></td><td colspan="2"></td><td></td></tr>
<tr><td rowspan="3">评价</td><td>班级</td><td></td><td>第____组</td><td>组长签字</td><td></td></tr>
<tr><td>教师签字</td><td></td><td>日期</td><td colspan="2"></td></tr>
<tr><td colspan="5">评语：</td></tr>
</table>

典型工作环节 3　分析故障原因的资讯单

学习场二	检修动力电池管理系统
学习情境七	BMS 接触器回检故障检修
学时	0.1 学时
典型工作过程描述	1．确认故障现象；2．读取故障码；3．分析故障原因；4．绘制控制原理图；5．测试相关电路
收集资讯的方式	线下书籍及线上资源相结合
资讯描述	（1）仪表显示“EV 功能受限”，“OK”指示灯不亮，可以确定故障点为高压系统故障，但不能确定是驱动电机、电机控制器、BMS、动力电池箱总成中的哪一个系统出现问题； （2）在典型工作环节 2 读取故障码时，显示故障码 P1A3E00，表示主接触器回路检测故障；该故障码是与故障现象关联度很高的故障码，可以基本断定故障点在主接触范围内； （3）在 BMS 中读取数据流，选定“预充接触器状态”“负极接触器状态”“主接触器状态”3 项数据流，关闭车辆启动开关，踩下制动踏板，再次按下车辆启动开关，观察 3 项数据流的状态变化，发现均显示“断开”状态，说明 3 个接触器均未吸合，所以结合故障码可以确定，故障点应为主接触器、负极接触器、预充接触器自身及其相关线路
对学生的要求	（1）能够通过车辆表面故障现象初步确定故障范围； （2）能够根据故障码提示分析可能原因； （3）能够结合相关数据流确定故障点
参考资料	（1）《纯电动汽车维护、检测、诊断技术规范》(JT/T 1344—2020)； （2）比亚迪秦 EV 维修手册

典型工作环节 3　分析故障原因的计划单

<table>
<tr><td colspan="2">学习场二</td><td colspan="5">检修动力电池管理系统</td></tr>
<tr><td colspan="2">学习情境七</td><td colspan="5">BMS 接触器回检故障检修</td></tr>
<tr><td colspan="2">学时</td><td colspan="5">0.1 学时</td></tr>
<tr><td colspan="2">典型工作过程描述</td><td colspan="5">1. 确认故障现象；2. 读取故障码；3. 分析故障原因；4. 绘制控制原理图；5. 测试相关电路</td></tr>
<tr><td colspan="2">计划制订的方式</td><td colspan="5">小组讨论</td></tr>
<tr><td>序号</td><td colspan="3">工作步骤</td><td colspan="3">注意事项</td></tr>
<tr><td>1</td><td colspan="3">观察仪表故障现象初步分析可能原因</td><td colspan="3">结合仪表指示灯、提示语、机舱内的继电器、接触器吸合的声音等故障特点初步判断可能原因</td></tr>
<tr><td>2</td><td colspan="3">读取故障码分析原因</td><td colspan="3">与故障现象关联度高的故障码可以帮助维修人员缩小故障范围</td></tr>
<tr><td>3</td><td colspan="3">读取数据流分析可能原因</td><td colspan="3">结合数据流使判断故障点更为准确</td></tr>
<tr><td rowspan="3">计划评价</td><td>班级</td><td></td><td colspan="2">第____组</td><td>组长签字</td><td></td></tr>
<tr><td>教师签字</td><td></td><td colspan="2">日期</td><td colspan="2"></td></tr>
<tr><td colspan="6">评语：</td></tr>
</table>

典型工作环节 3　分析故障原因的决策单

<table>
<tr><td>学习场二</td><td colspan="6">检修动力电池管理系统</td></tr>
<tr><td>学习情境七</td><td colspan="6">BMS 接触器回检故障检修</td></tr>
<tr><td>学时</td><td colspan="6">0.1 学时</td></tr>
<tr><td>典型工作过程描述</td><td colspan="6">1. 确认故障现象；2. 读取故障码；3. 分析故障原因；4. 绘制控制原理图；5. 测试相关电路</td></tr>
<tr><td colspan="7">计划对比</td></tr>
<tr><td>序号</td><td>计划的可行性</td><td>计划的经济性</td><td>计划的可操作性</td><td>计划的实施难度</td><td colspan="2">综合评价</td></tr>
<tr><td>1</td><td></td><td></td><td></td><td></td><td colspan="2"></td></tr>
<tr><td>2</td><td></td><td></td><td></td><td></td><td colspan="2"></td></tr>
<tr><td>3</td><td></td><td></td><td></td><td></td><td colspan="2"></td></tr>
<tr><td>N</td><td></td><td></td><td></td><td></td><td colspan="2"></td></tr>
<tr><td rowspan="3">决策评价</td><td>班级</td><td></td><td>第____组</td><td>组长签字</td><td colspan="2"></td></tr>
<tr><td>教师签字</td><td></td><td>日期</td><td colspan="3"></td></tr>
<tr><td colspan="6">评语：</td></tr>
</table>

典型工作环节 3　分析故障原因的实施单

学习场二	检修动力电池管理系统
学习情境七	BMS 接触器回检故障检修
学时	0.1 学时
典型工作过程描述	1. 确认故障现象；2. 读取故障码；3. 分析故障原因；4. 绘制控制原理图；5. 测试相关电路

序号	实施步骤	注意事项
1	观察仪表故障现象初步分析可能原因	结合仪表指示灯、提示语、机舱内的继电器、接触器吸合的声音等故障特点初步判断可能原因
2	读取故障码分析原因	与故障现象关联度高的故障码可以帮助维修人员缩小故障范围
3	读取数据流分析可能原因	结合数据流使判断故障点更为准确

实施说明：

（1）从仪表现象初步判断故障原因；

（2）读取的故障码与故障现象相关度高，则可以作为主要检测对象；

（3）读取数据流要根据数据本身产生的原理操作车辆，有些数据可静态读取，有些数据需要操作车辆动态读取，如主接触器、负极接触器工作状态是需要打开车辆启动开关后读取的，预充接触器工作状态是打开车辆启动开关的短暂时间内读取的

实施评价	班级		第____组	组长签字	
	教师签字		日期		
	评语：				

典型工作环节 3　分析故障原因的检查单

学习场二	检修动力电池管理系统
学习情境七	BMS 接触器回检故障检修
学时	0.1 学时
典型工作过程描述	1. 确认故障现象；2. 读取故障码；3. 分析故障原因；4. 绘制控制原理图；5. 测试相关电路

序号	检查项目	检查标准	学生自查	教师检查
1	观察仪表故障现象初步分析可能原因	分析是否全面		
2	读取故障码分析原因	分析是否全面		
3	读取数据流分析可能原因	分析是否全面		

检查评价	班级		第____组	组长签字	
	教师签字		日期		
	评语：				

典型工作环节 3　分析故障原因的评价单

<table>
<tr><td>学习场二</td><td colspan="4">检修动力电池管理系统</td></tr>
<tr><td>学习情境七</td><td colspan="4">BMS 接触器回检故障检修</td></tr>
<tr><td>学时</td><td colspan="4">0.1 学时</td></tr>
<tr><td>典型工作过程描述</td><td colspan="4">1. 确认故障现象；2. 读取故障码；3. 分析故障原因；4. 绘制控制原理图；5. 测试相关电路</td></tr>
<tr><td>评价项目</td><td>评价子项目</td><td>学生自评</td><td>组内评价</td><td>教师评价</td></tr>
<tr><td>小组 1
分析故障原因的阶段性评价结果</td><td>故障原因是否分析全面</td><td></td><td></td><td></td></tr>
<tr><td>小组 2
分析故障原因的阶段性评价结果</td><td>故障原因是否分析全面</td><td></td><td></td><td></td></tr>
<tr><td>小组 3
分析故障原因的阶段性评价结果</td><td>故障原因是否分析全面</td><td></td><td></td><td></td></tr>
<tr><td>小组 4
分析故障原因的阶段性评价结果</td><td>故障原因是否分析全面</td><td></td><td></td><td></td></tr>
<tr><td rowspan="3">评价</td><td colspan="4">班级 | 　 | 第____组 | 组长签字 | 　</td></tr>
<tr><td colspan="4">教师签字 | 　 | 日期 | 　</td></tr>
<tr><td colspan="4">评语：</td></tr>
</table>

典型工作环节 4　绘制控制原理图的资讯单

学习场二	检修动力电池管理系统
学习情境七	BMS 接触器回检故障检修
学时	0.1 学时
典型工作过程描述	1．确认故障现象；2．读取故障码；3．分析故障原因；4．绘制控制原理图；5．测试相关电路
收集资讯的方式	线下书籍及线上资源相结合
资讯描述	（1）根据典型工作环节 3 中分析的可能原因，在电路图中找到 BMS 主接触器、负极接触器、预充接触器电路图； （2）绘制出 BMS 的主接触器、负极接触器、预充接触器相关控制原理图； （3）标明端子号，在车辆中找到相关熔断器、线束插接器等元器件； （4）绘制诊断表格，设计填写各元器件或线路实测电压、电阻、波形等相关数据的表格； （5）查阅资料，在诊断表格中填写好各元器件或线路标准电压、电阻、波形等相关数据
对学生的要求	（1）掌握电路图识图方法。 （2）能在电路图中完整地找出所需系统的相关电路。 （3）在控制原理图中标明端子号，以便在测量过程中准确找到测量端子。 （4）绘制诊断表格，根据原理图设计完整、科学的测试路径；训练诊断思路。 （5）查阅资料，在诊断表格中填写好各元器件或线路标准电压、电阻、波形等相关数据，训练使用维修手册、电路图等维修资料的能力，以及诊断故障所需要的严谨态度。若资料中查阅不到标准参数，可在正常车辆中进行测量并记录，形成维修资料，以便在以后的维修中参考查阅，养成良好的记笔记习惯，可以提高工作效率
参考资料	（1）《纯电动汽车维护、检测、诊断技术规范》(JT/T 1344—2020)； （2）比亚迪秦 EV 维修手册

典型工作环节 4　绘制控制原理图的计划单

<table>
<tr><td>学习场二</td><td colspan="4">检修动力电池管理系统</td></tr>
<tr><td>学习情境七</td><td colspan="4">BMS 接触器回检故障检修</td></tr>
<tr><td>学时</td><td colspan="4">0.1 学时</td></tr>
<tr><td>典型工作过程描述</td><td colspan="4">1. 确认故障现象；2. 读取故障码；3. 分析故障原因；4. 绘制控制原理图；5. 测试相关电路</td></tr>
<tr><td>计划制订的方式</td><td colspan="4">小组讨论</td></tr>
<tr><td>序号</td><td>工作步骤</td><td colspan="3">注意事项</td></tr>
<tr><td>1</td><td>逐条列出可能原因</td><td colspan="3">根据典型工作环节 3 中分析的可能原因，在电路图中找到 BMS 主接触器、负极接触器、预充接触器电路图</td></tr>
<tr><td>2</td><td>绘制出控制原理图</td><td colspan="3">根据列出的可能原因，查阅电路图，绘制出 BMS 的主接触器、负极接触器、预充接触器相关线路及元器件</td></tr>
<tr><td>3</td><td>标明端子号</td><td colspan="3">在控制原理图中正确标注测试端子及元器件名称</td></tr>
<tr><td>4</td><td>绘制诊断表格</td><td colspan="3">表格内容包括测试条件、测试设备、测试对象、实测值、标准值、实测波形、标准波形等基本信息</td></tr>
<tr><td>5</td><td>查阅标准值</td><td colspan="3">通过查阅资料，查询测试对象的标准参数，以便出具诊断结论，若资料中查阅不到标准参数，可在正常车辆中进行测量并记录，形成维修资料，以便在以后的维修中参考查阅</td></tr>
<tr><td rowspan="3">计划评价</td><td>班级</td><td>第____组</td><td>组长签字</td><td></td></tr>
<tr><td>教师签字</td><td></td><td>日期</td><td></td></tr>
<tr><td colspan="4">评语：</td></tr>
</table>

典型工作环节 4　绘制控制原理图的决策单

<table>
<tr><td>学习场二</td><td colspan="5">检修动力电池管理系统</td></tr>
<tr><td>学习情境七</td><td colspan="5">BMS 接触器回检故障检修</td></tr>
<tr><td>学时</td><td colspan="5">0.1 学时</td></tr>
<tr><td>典型工作过程描述</td><td colspan="5">1. 确认故障现象；2. 读取故障码；3. 分析故障原因；4. 绘制控制原理图；5. 测试相关电路</td></tr>
<tr><td colspan="6">计划对比</td></tr>
<tr><td>序号</td><td>计划的可行性</td><td>计划的经济性</td><td>计划的可操作性</td><td>计划的实施难度</td><td>综合评价</td></tr>
<tr><td>1</td><td></td><td></td><td></td><td></td><td></td></tr>
<tr><td>2</td><td></td><td></td><td></td><td></td><td></td></tr>
<tr><td>3</td><td></td><td></td><td></td><td></td><td></td></tr>
<tr><td>N</td><td></td><td></td><td></td><td></td><td></td></tr>
<tr><td rowspan="3">决策评价</td><td>班级</td><td></td><td>第____组</td><td>组长签字</td><td></td></tr>
<tr><td>教师签字</td><td></td><td>日期</td><td colspan="2"></td></tr>
<tr><td colspan="5">评语：</td></tr>
</table>

典型工作环节 4　绘制控制原理图的实施单

学习场二	检修动力电池管理系统	
学习情境七	BMS 接触器回检故障检修	
学时	0.1 学时	
典型工作过程描述	1. 确认故障现象；2. 读取故障码；3. 分析故障原因；4. 绘制控制原理图；5. 测试相关电路	
序号	实施步骤	注意事项
1	逐条列出可能原因	根据典型工作环节 3 中分析的可能原因，在电路图中找到 BMS 系统主接触器、负极接触器、预充接触器电路图
2	绘制出控制原理图	根据列出的可能原因，查阅电路图，绘制出 BMS 系统的主接触器、负极接触器、预充接触器相关线路及元器件
3	标明端子号	在控制原理图中正确标注测试端子及元器件名称
4	绘制诊断表格	表格内容包括测试条件、测试设备、测试对象、实测值、标准值、实测波形、标准波形等基本信息
5	查阅标准值	通过查阅资料，查询测试对象的标准参数，以便出具诊断结论，若资料中查阅不到标准参数，可在正常车辆中进行测量，并记录，形成维修资料，以便以后的维修中参考查阅

实施说明：

（1）掌握电路图识图方法，在电路图中找到相关元器件。

（2）在电路图中完整地找出所需系统的相关电路。

（3）在控制原理图中标明端子号，以便在测量过程中准确找到测量端子。

（4）绘制诊断表格，表格内容包括测试条件、测试设备、测试对象、实测值、标准值、实测波形、标准波形等基本信息。

测试条件		检测设备、仪器		
序号	测试对象	实测值	标准值	测试结论
1	FU21 熔断器上游电压			正常 / 异常
2	FU21 熔断器下游电压			正常 / 异常
3	整车控制器 GK49/55 对地电压			正常 / 异常
4				
5				

（5）查阅资料，在诊断表格中填写好各元器件或线路标准电压、电阻、波形等相关数据，训练使用维修手册、电路图等维修资料的能力，以及诊断故障所需要的严谨态度。若资料中查阅不到标准参数，可在正常车辆中进行测量并记录，形成维修资料，以便在以后的维修中参考查阅，养成良好的记笔记习惯，可以提高工作效率

实施评价	班级		第____组	组长签字	
	教师签字		日期		
	评语：				

典型工作环节 4　绘制控制原理图的检查单

学习场二	检修动力电池管理系统				
学习情境七	BMS 接触器回检故障检修				
学时	0.1 学时				
典型工作过程描述	1．确认故障现象；2．读取故障码；3．分析故障原因；4．绘制控制原理图；5．测试相关电路				
序号	检查项目	检查标准	学生自查	教师检查	
1	逐条列出可能原因	列出原因是否完整			
2	绘制出控制原理图	原理图中元器件、线路是否绘制完整			
3	标明端子号	端子号是否完整、正确			
4	绘制诊断表格	设计表格是否完整，波形测试项目是否设计波形坐标			
5	查阅标准值	标准参数查阅是否正确			
检查评价	班级		第____组	组长签字	
	教师签字		日期		
	评语：				

典型工作环节 4　绘制控制原理图的评价单

学习场二	检修动力电池管理系统				
学习情境七	BMS 接触器回检故障检修				
学时	0.1 学时				
典型工作过程描述	1．确认故障现象；2．读取故障码；3．分析故障原因；4．绘制控制原理图；5．测试相关电路				
评价项目	评价子项目	学生自评	组内评价	教师评价	
小组 1 绘制控制原理图的阶段性评价结果	（1）原因分析全面； （2）原理图绘制完整； （3）诊断表格设计合理				
小组 2 绘制控制原理图的阶段性评价结果	（1）原因分析全面； （2）原理图绘制完整； （3）诊断表格设计合理				
小组 3 绘制控制原理图的阶段性评价结果	（1）原因分析全面； （2）原理图绘制完整； （3）诊断表格设计合理				
小组 4 绘制控制原理图的阶段性评价结果	（1）原因分析全面； （2）原理图绘制完整； （3）诊断表格设计合理				
评价	班级		第____组	组长签字	
	教师签字		日期		
	评语：				

典型工作环节 5　测试相关电路的资讯单

学习场二	检修动力电池管理系统
学习情境七	BMS 接触器回检故障检修
学时	0.1 学时
典型工作过程描述	1．确认故障现象；2．读取故障码；3．分析故障原因；4．绘制控制原理图；5．测试相关电路
收集资讯的方式	线下书籍及线上资源相结合
资讯描述	（1）根据列出的故障原因，列出测试对象； （2）按照测试条件进行测试，并记录在所设计的故障诊断表中； （3）对比实测值与标准值，出具诊断结论，测试正常情况下进行下一可能原因的测试； （4）找到异常元器件或线路，进行修复； （5）修复后验证故障现象是否消失，确认故障码最终是否清除
对学生的要求	（1）根据列出的故障原因，列出测试对象；此步骤需要根据故障诊断先简后繁的原则，按先后顺序列出测试对象；一般测试顺序为熔断器、线路、元器件、控制单元。 （2）按照测试条件进行测试，并记录在所设计的故障诊断表中；养成严谨的工作态度，防止漏测、错测导致测试结论错误，无法排除故障。 （3）对比实测值与标准值，出具诊断结论，测试正常情况下进行下一可能原因的测试；有些故障可能不是单一故障，在对所列出的故障点逐个测试后也许并未排除故障，此时需要对故障现象再次验证，以免对故障原因分析不全面，具备锲而不舍、持之以恒的精神更容易成功。 （4）找到异常元器件或线路，进行修复；元器件更换或线路修复时需验证新件的工作状况，以免造成返工，或故障无法排除。 （5）修复后验证故障现象是否消失，确认故障码最终是否清除
参考资料	（1）《纯电动汽车维护、检测、诊断技术规范》(JT/T 1344—2020)； （2）比亚迪秦 EV 维修手册

典型工作环节 5 测试相关电路的计划单

学习场二	检修动力电池管理系统				
学习情境七	BMS 接触器回检故障检修				
学时	0.1 学时				
典型工作过程描述	1. 确认故障现象；2. 读取故障码；3. 分析故障原因；4. 绘制控制原理图；5. 测试相关电路				
计划制订的方式	小组讨论				
序号	工作步骤	注意事项			
1	列出测试对象	根据故障诊断先简后繁的原则，按先后顺序列出测试对象			
2	测试并记录	明确测试条件，通电或断电、静态或动态			
3	出具诊断结论	对比实测值与标准值，出具诊断结论，			
4	修复故障点	修复前确认新件工作状况			
5	验证故障现象	修复后确认故障现象是否消失			
计划评价	班级		第____组	组长签字	
	教师签字		日期		
	评语：				

典型工作环节 5 测试相关电路的决策单

学习场二	检修动力电池管理系统				
学习情境七	BMS 接触器回检故障检修				
学时	0.1 学时				
典型工作过程描述	1. 确认故障现象；2. 读取故障码；3. 分析故障原因；4. 绘制控制原理图；5. 测试相关电路				
计划对比					
序号	计划的可行性	计划的经济性	计划的可操作性	计划的实施难度	综合评价
1					
2					
3					
N					
决策评价	班级		第____组	组长签字	
	教师签字		日期		
	评语：				

典型工作环节 5　测试相关电路的实施单

学习场二	检修动力电池管理系统
学习情境七	BMS 接触器回检故障检修
学时	0.1 学时
典型工作过程描述	1. 确认故障现象；2. 读取故障码；3. 分析故障原因；4. 绘制控制原理图；5. 测试相关电路

序号	实施步骤	注意事项
1	列出测试对象	根据故障诊断先简后繁的原则，按先后顺序列出测试对象
2	测试并记录	明确测试条件，通电或断电、静态或动态
3	出具诊断结论	对比实测值与标准值，出具诊断结论，
4	修复故障点	修复前确认新件工作状况
5	验证故障现象	修复后确认故障现象是否消失

实施说明：

（1）根据列出的故障原因，列出测试对象；此步骤需要根据故障诊断先简后繁的原则，按先后顺序列出测试对象；一般测试顺序为熔断器、线路、元器件、控制单元。

（2）按照测试条件进行测试，并记录在所设计的故障诊断表中；养成严谨的工作态度，防止漏测、错测导致测试结论错误，无法排除故障。

（3）对比实测值与标准值，出具诊断结论，测试正常情况下进行下一可能原因测试；有些故障可能不是单一故障，在对所列出的故障点逐个测试后也许并未排除故障，此时需要对故障现象再次验证，以免对故障原因分析不全面。

（4）找到异常元器件或线路，进行修复；元器件更换或线路修复时需验证新件的工作状况，以免造成返工，或故障无法排除。

（5）修复后验证故障现象是否消失，确认故障码最终是否清除

实施评价	班级		第____组	组长签字	
	教师签字		日期		
	评语：				

典型工作环节 5　测试相关电路的检查单

学习场二	检修动力电池管理系统			
学习情境七	BMS 接触器回检故障检修			
学时	0.1 学时			
典型工作过程描述	1．确认故障现象；2．读取故障码；3．分析故障原因；4．绘制控制原理图；5．测试相关电路			
序号	检查项目	检查标准	学生自查	教师检查
1	列出测试对象	列出项目是否完整		
2	测试并记录	测试结果是否正确		
3	出具诊断结论	结果分析是否正确		
4	修复故障点	修复前是否验证元器件		
5	验证故障现象	修复后是否验证故障现象		
检查评价	班级		第____组	组长签字
	教师签字		日期	
	评语：			

典型工作环节 5　测试相关电路的评价单

学习场二	检修动力电池管理系统			
学习情境七	BMS 接触器回检故障检修			
学时	0.1 学时			
典型工作过程描述	1．确认故障现象；2．读取故障码；3．分析故障原因；4．绘制控制原理图；5．测试相关电路			
评价项目	评价子项目	学生自评	组内评价	教师评价
小组 1 测试相关电路 的阶段性评价结果	（1）测试方法正确； （2）测试结果正确； （3）故障是否排除			
小组 2 测试相关电路 的阶段性评价结果	（1）测试方法正确； （2）测试结果正确； （3）故障是否排除			
小组 3 测试相关电路 的阶段性评价结果	（1）测试方法正确； （2）测试结果正确； （3）故障是否排除			
小组 4 测试相关电路 的阶段性评价结果	（1）测试方法正确； （2）测试结果正确； （3）故障是否排除			
评价	班级		第____组	组长签字
	教师签字		日期	
	评语：			

学习情境八　BMS 接触器烧结故障检修

微课：动力电池均衡处理

典型工作环节 1　确认故障现象的资讯单

学习场二	检修动力电池管理系统
学习情境八	BMS 接触器烧结故障检修
学时	0.1 学时
典型工作过程描述	1．确认故障现象；2．读取故障码；3．分析故障原因；4．绘制控制原理图；5．测试相关电路
收集资讯的方式	线下书籍与线上微课资源相结合
资讯描述	（1）踩下制动踏板，打开点火开关，观察仪表指示灯工作情况，观察仪表是否点亮，若仪表不亮，需要检查低压电路故障；观察“OK”指示灯是否点亮，若“OK”指示灯不亮，需要检查高压上电相关故障。 （2）检查驻车制动器，防止车辆检测过程中出现溜车等意外事故。 （3）记录仪表故障提示，一般情况下各系统故障时，仪表会显示文字提示语，用于确定故障范围，但此时所提示的故障范围通常较大，需要维修人员借助仪器设备进一步检查。 （4）记录仪表异常显示的故障指示灯，若仪表点亮某个系统的指示灯，则说明该系统内的相关元器件或线路出现故障；若同时点亮多个系统故障灯，有可能为这几个系统的共性电路出现故障
对学生的要求	（1）掌握该车辆所有电控系统，认识仪表中全部指示信息，以便打开点火开关后正确记录仪表显示情况； （2）检查驻车制动器，防止车辆检测过程中出现溜车等意外事故，强化安全责任意识； （3）记录仪表故障提示，通过仪表提示确定故障范围； （4）记录仪表异常显示的故障指示灯，不同的故障原因可能导致系统指示灯异常点亮或异常熄灭，掌握各系统指示灯含义； （5）发现除仪表显示外的故障现象，用于确定故障范围
参考资料	（1）《纯电动汽车维护、检测、诊断技术规范》(JT/T 1344—2020)； （2）比亚迪秦 EV 维修手册

典型工作环节 1 确认故障现象的计划单

学习场二	检修动力电池管理系统	
学习情境八	BMS 接触器烧结故障检修	
学时	0.1 学时	
典型工作过程描述	1. 确认故障现象；2. 读取故障码；3. 分析故障原因；4. 绘制控制原理图；5. 测试相关电路	
计划制订的方式	小组讨论	
序号	工作步骤	注意事项
1	踩下制动踏板，打开点火开关，记录故障灯异常情况	观察仪表指示灯工作情况，观察仪表是否点亮，若仪表不亮，需要检查低压电路故障；观察“OK”指示灯是否点亮，若“OK”指示灯不亮，需要检查高压上电相关故障
2	检查驻车制动器	防止车辆检测过程中出现溜车等意外事故
3	记录仪表故障提示，用于确定故障范围	一般情况下各系统故障时，仪表会显示文字提示语，但此时所提示的故障范围通常较大，需要维修人员借助仪器设备进一步检查
4	记录仪表异常显示的故障指示灯	观察全面，记录异常点亮或异常熄灭的指示灯

计划评价	班级		第____组	组长签字	
	教师签字		日期		
	评语：				

典型工作环节 1 确认故障现象的决策单

学习场二	检修动力电池管理系统				
学习情境八	BMS 接触器烧结故障检修				
学时	0.1 学时				
典型工作过程描述	1. 确认故障现象；2. 读取故障码；3. 分析故障原因；4. 绘制控制原理图；5. 测试相关电路				
计划对比					
序号	计划的可行性	计划的经济性	计划的可操作性	计划的实施难度	综合评价
1					
2					
3					
N					

决策评价	班级		第____组	组长签字	
	教师签字		日期		
	评语：				

典型工作环节 1　确认故障现象的实施单

学习场二	检修动力电池管理系统	
学习情境八	BMS 接触器烧结故障检修	
学时	0.1 学时	
典型工作过程描述	1．确认故障现象；2．读取故障码；3．分析故障原因；4．绘制控制原理图；5．测试相关电路	
序号	实施步骤	注意事项
1	踩下制动踏板，打开点火开关，记录故障灯异常情况	观察仪表指示灯工作情况，观察仪表是否点亮，若仪表不亮，需要检查低压电路故障，观察“OK”指示灯是否点亮；若“OK”指示灯不亮，需要检查高压上电相关故障
2	检查驻车制动器	防止车辆检测过程中出现溜车等意外事故
3	记录仪表故障提示，用于确定故障范围	一般情况下各系统故障时，仪表会显示文字提示语，但此时所提示的故障范围通常较大，需要维修人员借助仪器设备进一步检查
4	记录仪表异常显示的故障指示灯	观察全面，记录异常点亮或异常熄灭的指示灯

实施说明：

（1）掌握该车辆所有电控系统，认识仪表中全部指示信息，以便打开点火开关后正确记录仪表显示情况；

（2）检查驻车制动器，防止车辆检测过程中出现溜车等意外事故；

（3）记录仪表故障提示，通过仪表提示确定故障范围；

（4）记录仪表异常显示的故障指示灯，不同的故障原因可能导致系统指示灯异常点亮或异常熄灭，掌握各系统指示灯含义；

（5）发现除仪表显示外的故障现象，用于确定故障范围

实施评价	班级		第____组	组长签字	
	教师签字		日期		
	评语：				

典型工作环节 1　确认故障现象的检查单

<table>
<tr><td colspan="2">学习场二</td><td colspan="3">检修动力电池管理系统</td></tr>
<tr><td colspan="2">学习情境八</td><td colspan="3">BMS 接触器烧结故障检修</td></tr>
<tr><td colspan="2">学时</td><td colspan="3">0.1 学时</td></tr>
<tr><td colspan="2">典型工作过程描述</td><td colspan="3">1. 确认故障现象；2. 读取故障码；3. 分析故障原因；4. 绘制控制原理图；5. 测试相关电路</td></tr>
<tr><td>序号</td><td>检查项目</td><td>检查标准</td><td>学生自查</td><td>教师检查</td></tr>
<tr><td>1</td><td>踩下制动踏板，打开点火开关</td><td>是否记录故障指示灯</td><td></td><td></td></tr>
<tr><td>2</td><td>检查驻车制动器</td><td>是否实施驻车制动</td><td></td><td></td></tr>
<tr><td>3</td><td>记录仪表故障提示，用于确定故障范围</td><td>是否记录故障提示语</td><td></td><td></td></tr>
<tr><td>4</td><td>记录仪表异常显示的故障指示灯</td><td>是否记录异常熄灭的指示灯</td><td></td><td></td></tr>
<tr><td rowspan="3">检查评价</td><td>班级</td><td></td><td>第____组</td><td>组长签字</td></tr>
<tr><td>教师签字</td><td></td><td>日期</td><td></td></tr>
<tr><td colspan="4">评语：</td></tr>
</table>

典型工作环节 1　确认故障现象的评价单

<table>
<tr><td>学习场二</td><td colspan="4">检修动力电池管理系统</td></tr>
<tr><td>学习情境八</td><td colspan="4">BMS 接触器烧结故障检修</td></tr>
<tr><td>学时</td><td colspan="4">0.1 学时</td></tr>
<tr><td>典型工作过程描述</td><td colspan="4">1. 确认故障现象；2. 读取故障码；3. 分析故障原因；4. 绘制控制原理图；5. 测试相关电路</td></tr>
<tr><td>评价项目</td><td>评价子项目</td><td>学生自评</td><td>组内评价</td><td>教师评价</td></tr>
<tr><td>小组 1
确认故障现象的阶段性评价结果</td><td>故障现象描述是否完整</td><td></td><td></td><td></td></tr>
<tr><td>小组 2
确认故障现象的阶段性评价结果</td><td>故障现象描述是否完整</td><td></td><td></td><td></td></tr>
<tr><td>小组 3
确认故障现象的阶段性评价结果</td><td>故障现象描述是否完整</td><td></td><td></td><td></td></tr>
<tr><td>小组 4
确认故障现象的阶段性评价结果</td><td>故障现象描述是否完整</td><td></td><td></td><td></td></tr>
<tr><td rowspan="3">评价</td><td>班级</td><td></td><td>第____组</td><td>组长签字</td></tr>
<tr><td>教师签字</td><td></td><td>日期</td><td></td></tr>
<tr><td colspan="4">评语：</td></tr>
</table>

典型工作环节 2　读取故障码的资讯单

学习场二	检修动力电池管理系统
学习情境八	BMS 接触器烧结故障检修
学时	0.1 学时
典型工作过程描述	1．确认故障现象；2．读取故障码；3．分析故障原因；4．绘制控制原理图；5．测试相关电路
收集资讯的方式	线下书籍与线上微课资源相结合
资讯描述	（1）关闭点火开关，确认车辆仪表未通电，防止连接诊断插头过程中产生感应电流损坏车辆线路及元器件； （2）连接诊断插头至车辆诊断接口； （3）打开诊断仪主机，打开点火开关，在“车辆品牌”选择页面选择所诊断车辆的相应品牌，在“车型”选择页面选择相应车型，在“系统”选择页面选择所诊断系统，在无法确认哪一系统出现故障时，可选择“扫描全部系统”的方式对车辆所有系统进行全面诊断； （4）进入所选系统，在“功能”选项中选择“读取故障码”，观察所读取的故障码属性为“当前故障码”或“历史故障码”，并记录所读取的全部故障码，清除故障码； （5）关闭点火开关，重新打开点火开关，试车后，再次读取故障码，此时读取的故障码可以确定为当前车辆的故障
对学生的要求	（1）连接仪器前确认关闭点火开关，此步骤为仪器使用规范，未按此步骤执行，可能导致车辆线路及元器件损坏； （2）选择正确的诊断接头，用导线连接或用无线方式连接到仪器，此步骤为仪器使用规范，要求熟练掌握仪器正确使用方法； （3）从选择品牌到选择系统为车辆识别能力训练，训练车型识别的能力； （4）读取并清除故障码，训练对故障码属性的判断能力，能够正确引导维修人员确认故障范围； （5）无法读取故障码时，训练车辆运行控制原理的掌握能力，通过故障现象，分析故障原因及范围的诊断能力
参考资料	（1）《纯电动汽车维护、检测、诊断技术规范》(JT/T 1344—2020)； （2）比亚迪秦 EV 维修手册

典型工作环节 2 读取故障码的计划单

<table>
<tr><td>学习场二</td><td colspan="5">检修动力电池管理系统</td></tr>
<tr><td>学习情境八</td><td colspan="5">BMS 接触器烧结故障检修</td></tr>
<tr><td>学时</td><td colspan="5">0.1 学时</td></tr>
<tr><td>典型工作过程描述</td><td colspan="5">1. 确认故障现象；2. 读取故障码；3. 分析故障原因；4. 绘制控制原理图；5. 测试相关电路</td></tr>
<tr><td>计划制订的方式</td><td colspan="5">小组讨论</td></tr>
<tr><td>序号</td><td colspan="2">工作步骤</td><td colspan="3">注意事项</td></tr>
<tr><td>1</td><td colspan="2">关闭点火开关，确认车辆仪表未通电</td><td colspan="3">防止连接诊断插头过程中产生感应电流损坏车辆线路及元器件</td></tr>
<tr><td>2</td><td colspan="2">连接诊断插头至车辆诊断接口</td><td colspan="3"></td></tr>
<tr><td>3</td><td colspan="2">打开诊断仪主机，打开点火开关，选择车型及相应系统</td><td colspan="3">在“车辆品牌”选择页面选择所诊断车辆的相应品牌，在“车型”选择页面选择相应车型，在“系统”选择页面选择所诊断系统，在无法确认哪一系统出现故障时，可选择“扫描全部系统”的方式对车辆所有系统进行全面诊断</td></tr>
<tr><td>4</td><td colspan="2">读取故障码</td><td colspan="3">观察所读取的故障码属性为“当前故障码”或“历史故障码”，并记录所读取的全部故障码，清除故障码</td></tr>
<tr><td>5</td><td colspan="2">再次读取故障码</td><td colspan="3">关闭点火开关，重新打开点火开关，试车后再进行读取故障码</td></tr>
<tr><td rowspan="3">计划评价</td><td>班级</td><td></td><td>第____组</td><td>组长签字</td><td></td></tr>
<tr><td>教师签字</td><td></td><td>日期</td><td colspan="2"></td></tr>
<tr><td colspan="5">评语：</td></tr>
</table>

典型工作环节 2 读取故障码的决策单

<table>
<tr><td>学习场二</td><td colspan="5">检修动力电池管理系统</td></tr>
<tr><td>学习情境八</td><td colspan="5">BMS 接触器烧结故障检修</td></tr>
<tr><td>学时</td><td colspan="5">0.1 学时</td></tr>
<tr><td>典型工作过程描述</td><td colspan="5">1. 确认故障现象；2. 读取故障码；3. 分析故障原因；4. 绘制控制原理图；5. 测试相关电路</td></tr>
<tr><td colspan="6">计划对比</td></tr>
<tr><td>序号</td><td>计划的可行性</td><td>计划的经济性</td><td>计划的可操作性</td><td>计划的实施难度</td><td>综合评价</td></tr>
<tr><td>1</td><td></td><td></td><td></td><td></td><td></td></tr>
<tr><td>2</td><td></td><td></td><td></td><td></td><td></td></tr>
<tr><td>3</td><td></td><td></td><td></td><td></td><td></td></tr>
<tr><td>N</td><td></td><td></td><td></td><td></td><td></td></tr>
<tr><td rowspan="3">决策评价</td><td>班级</td><td></td><td>第____组</td><td>组长签字</td><td></td></tr>
<tr><td>教师签字</td><td></td><td>日期</td><td colspan="2"></td></tr>
<tr><td colspan="5">评语：</td></tr>
</table>

典型工作环节 2　读取故障码的实施单

<table>
<tr><td colspan="2">学习场二</td><td colspan="4">检修动力电池管理系统</td></tr>
<tr><td colspan="2">学习情境八</td><td colspan="4">BMS 接触器烧结故障检修</td></tr>
<tr><td colspan="2">学时</td><td colspan="4">0.1 学时</td></tr>
<tr><td colspan="2">典型工作过程描述</td><td colspan="4">1. 确认故障现象；2. 读取故障码；3. 分析故障原因；4. 绘制控制原理图；5. 测试相关电路</td></tr>
<tr><td>序号</td><td colspan="2">实施步骤</td><td colspan="3">注意事项</td></tr>
<tr><td>1</td><td colspan="2">关闭点火开关，确认车辆仪表未通电</td><td colspan="3">防止连接诊断插头过程中产生感应电流损坏车辆线路及元器件</td></tr>
<tr><td>2</td><td colspan="2">连接诊断插头至车辆诊断接口</td><td colspan="3"></td></tr>
<tr><td>3</td><td colspan="2">打开诊断仪主机，打开点火开关，选择车型及相应系统</td><td colspan="3">在车辆品牌选择页面选择所诊断车辆的相应品牌，在车型选择页面选择相应车型，在系统选择页面选择所诊断系统，在无法确认哪一系统出现故障时，可选择“扫描全部系统”的方式对车辆所有系统进行全面诊断</td></tr>
<tr><td>4</td><td colspan="2">读取故障码</td><td colspan="3">观察所读取的故障码属性为“当前故障码”或“历史故障码”，并记录所读取的全部故障码，清除故障码</td></tr>
<tr><td>5</td><td colspan="2">再次读取故障码</td><td colspan="3">关闭点火开关，重新打开点火开关，试车后在进行读取故障码</td></tr>
<tr><td colspan="6">实施说明：
（1）连接仪器前确认关闭点火开关，此步骤为仪器使用规范，未按此步骤执行，可能导致车辆线路及元器件损坏；
（2）选择正确的诊断接头，用导线连接或用无线方式连接到仪器；
（3）车辆品牌、型号信息可从车辆“铭牌”中获取；
（4）读取并清除故障码，用于判断故障码属性，防止历史故障码或偶发性故障对故障判断造成误导</td></tr>
<tr><td rowspan="3">实施评价</td><td>班级</td><td></td><td>第____组</td><td>组长签字</td><td></td></tr>
<tr><td>教师签字</td><td></td><td>日期</td><td colspan="2"></td></tr>
<tr><td colspan="5">评语：</td></tr>
</table>

典型工作环节 2 读取故障码的检查单

学习场二	检修动力电池管理系统			
学习情境八	BMS 接触器烧结故障检修			
学时	0.1 学时			
典型工作过程描述	1．确认故障现象；2．读取故障码；3．分析故障原因；4．绘制控制原理图；5．测试相关电路			
序号	检查项目	检查标准	学生自查	教师检查
1	关闭点火开关，确认车辆仪表未通电	关闭点火开关至 OFF 挡		
2	连接诊断插头至车辆诊断接口	诊断接头与主机是否连接成功		
3	打开诊断仪主机，打开点火开关，选择车型及相应系统	选择是否正确		
4	读取故障码	能否判断故障码属性		
5	再次读取故障码	是否重新运行该系统后再次读取		
检查评价	班级		第____组	组长签字
	教师签字		日期	
	评语：			

典型工作环节 2　读取故障码的评价单

学习场二	检修动力电池管理系统			
学习情境八	BMS 接触器烧结故障检修			
学时	0.1 学时			
典型工作过程描述	1．确认故障现象；2．读取故障码；3．分析故障原因；4．绘制控制原理图；5．测试相关电路			
评价项目	评价子项目	学生自评	组内评价	教师评价
小组 1 读取故障码 的阶段性评价结果	确认能否读取故障码或是否完整记录故障码			
小组 2 读取故障码 的阶段性评价结果	确认能否读取故障码或是否完整记录故障码			
小组 3 读取故障码 的阶段性评价结果	确认能否读取故障码或是否完整记录故障码			
小组 4 读取故障码 的阶段性评价结果	确认能否读取故障码或是否完整记录故障码			

评价	班级		第____组	组长签字	
	教师签字		日期		
	评语：				

典型工作环节 3　分析故障原因的资讯单

学习场二	检修动力电池管理系统
学习情境八	BMS 接触器烧结故障检修
学时	0.1 学时
典型工作过程描述	1．确认故障现象；2．读取故障码；3．分析故障原因；4．绘制控制原理图；5．测试相关电路
收集资讯的方式	线下书籍及线上资源相结合
资讯描述	（1）仪表显示 EV 功能受限，“OK”指示灯不亮，可以确定故障点为高压系统故障，但不能确定是驱动电机、电机控制器、BMS、动力电池箱总成中的哪一个系统出现问题。 （2）在典型工作环节 2 读取故障码时，显示故障码 P1A3E00，表示“主接触器回路检测故障”；该故障码是与故障现象关联度很高的故障码，可以基本断定故障点在主接触器范围内。 （3）在 BMS 中读取数据流，选定“预充接触器状态”“负极接触器状态”“主接触器状态”3 项数据流，关闭车辆启动开关，踩下制动踏板，再次按下车辆启动开关，观察 3 项数据流的状态变化，发现均显示“断开”状态，说明 3 个接触器均未吸合，所以结合故障码可以确定，故障点应为主接触器自身及其相关线路
对学生的要求	（1）能够通过车辆表面故障现象初步确定故障范围； （2）能够根据故障码提示分析可能原因； （3）能够结合相关数据流确定故障点
参考资料	（1）《纯电动汽车维护、检测、诊断技术规范》(JT/T 1344—2020)； （2）比亚迪秦 EV 维修手册

典型工作环节 3　分析故障原因的计划单

<table>
<tr><td>学习场二</td><td colspan="5">检修动力电池管理系统</td></tr>
<tr><td>学习情境八</td><td colspan="5">BMS 接触器烧结故障检修</td></tr>
<tr><td>学时</td><td colspan="5">0.1 学时</td></tr>
<tr><td>典型工作过程描述</td><td colspan="5">1. 确认故障现象；2. 读取故障码；3. 分析故障原因；4. 绘制控制原理图；5. 测试相关电路</td></tr>
<tr><td>计划制订的方式</td><td colspan="5">小组讨论</td></tr>
<tr><td>序号</td><td colspan="2">工作步骤</td><td colspan="3">注意事项</td></tr>
<tr><td>1</td><td colspan="2">观察仪表故障现象初步分析可能原因</td><td colspan="3">结合仪表指示灯、提示语、机舱内的继电器和接触器吸合的声音等故障特点初步判断可能原因</td></tr>
<tr><td>2</td><td colspan="2">读取故障码分析原因</td><td colspan="3">与故障现象关联度高的故障码可以帮助维修人员缩小故障范围</td></tr>
<tr><td>3</td><td colspan="2">读取数据流分析可能原因</td><td colspan="3">通过结合数据流使判断故障点更为准确</td></tr>
<tr><td rowspan="3">计划评价</td><td>班级</td><td></td><td>第____组</td><td>组长签字</td><td></td></tr>
<tr><td>教师签字</td><td></td><td>日期</td><td colspan="2"></td></tr>
<tr><td colspan="5">评语：</td></tr>
</table>

典型工作环节 3　分析故障原因的决策单

<table>
<tr><td>学习场二</td><td colspan="5">检修动力电池管理系统</td></tr>
<tr><td>学习情境八</td><td colspan="5">BMS 接触器烧结故障检修</td></tr>
<tr><td>学时</td><td colspan="5">0.1 学时</td></tr>
<tr><td>典型工作过程描述</td><td colspan="5">1. 确认故障现象；2. 读取故障码；3. 分析故障原因；4. 绘制控制原理图；5. 测试相关电路</td></tr>
<tr><td colspan="6">计划对比</td></tr>
<tr><td>序号</td><td>计划的可行性</td><td>计划的经济性</td><td>计划的可操作性</td><td>计划的实施难度</td><td>综合评价</td></tr>
<tr><td>1</td><td></td><td></td><td></td><td></td><td></td></tr>
<tr><td>2</td><td></td><td></td><td></td><td></td><td></td></tr>
<tr><td>3</td><td></td><td></td><td></td><td></td><td></td></tr>
<tr><td>N</td><td></td><td></td><td></td><td></td><td></td></tr>
<tr><td rowspan="3">决策评价</td><td>班级</td><td></td><td>第____组</td><td>组长签字</td><td></td></tr>
<tr><td>教师签字</td><td></td><td>日期</td><td colspan="2"></td></tr>
<tr><td colspan="5">评语：</td></tr>
</table>

典型工作环节 3 分析故障原因的实施单

学习场二	检修动力电池管理系统	
学习情境八	BMS 接触器烧结故障检修	
学时	0.1 学时	
典型工作过程描述	1. 确认故障现象；2. 读取故障码；3. 分析故障原因；4. 绘制控制原理图；5. 测试相关电路	
序号	实施步骤	注意事项
1	观察仪表故障现象初步分析可能原因	结合仪表指示灯、提示语、机舱内的继电器、接触器吸合的声音等故障特点初步判断可能原因
2	读取故障码分析原因	与故障现象关联度高的故障码可以帮助维修人员缩小故障范围
3	读取数据流分析可能原因	结合数据流使判断故障点更为准确

实施说明：
（1）从仪表现象初步判断故障原因；
（2）读取的故障码与故障现象相关度高，则可以作为主要检测对象；
（3）读取数据流时要根据数据本身产生的原理操作车辆，有些数据可静态读取，有些数据需要操作车辆动态读取，如主接触器、负极接触器工作状态是需要打开车辆启动开关后读取的，预充接触器工作状态是打开车辆启动开关的短暂时间内读取的

实施评价	班级		第____组	组长签字	
	教师签字		日期		
	评语：				

典型工作环节 3 分析故障原因的检查单

学习场二	检修动力电池管理系统			
学习情境八	BMS 接触器烧结故障检修			
学时	0.1 学时			
典型工作过程描述	1. 确认故障现象；2. 读取故障码；3. 分析故障原因；4. 绘制控制原理图；5. 测试相关电路			
序号	检查项目	检查标准	学生自查	教师检查
1	观察仪表故障现象初步分析可能原因	分析是否全面		
2	读取故障码分析原因	分析是否全面		
3	读取数据流分析可能原因	分析是否全面		

检查评价	班级		第____组	组长签字	
	教师签字		日期		
	评语：				

典型工作环节 3　分析故障原因的评价单

学习场二	检修动力电池管理系统				
学习情境八	BMS 接触器烧结故障检修				
学时	0.1 学时				
典型工作过程描述	1. 确认故障现象；2. 读取故障码；3. 分析故障原因；4. 绘制控制原理图；5. 测试相关电路				
评价项目	评价子项目	学生自评	组内评价	教师评价	
小组 1 分析故障原因的阶段性评价结果	故障原因是否分析全面				
小组 2 分析故障原因的阶段性评价结果	故障原因是否分析全面				
小组 3 分析故障原因的阶段性评价结果	故障原因是否分析全面				
小组 4 分析故障原因的阶段性评价结果	故障原因是否分析全面				
评价	班级		第____组	组长签字	
	教师签字		日期		
	评语：				

典型工作环节 4　绘制控制原理图的资讯单

学习场二	检修动力电池管理系统
学习情境八	BMS 接触器烧结故障检修
学时	0.1 学时
典型工作过程描述	1. 确认故障现象；2. 读取故障码；3. 分析故障原因；4. 绘制控制原理图；5. 测试相关电路
收集资讯的方式	线下书籍及线上资源相结合
资讯描述	（1）根据典型工作环节 3 中分析的可能原因，在电路图中找到 BMS 主接触器电路图； （2）绘制出 BMS 的主接触器相关控制原理图； （3）标明端子号，在车辆中找到相关熔断器、线束插接器等元器件； （4）绘制诊断表格，设计填写各元器件或线路实测电压、电阻、波形等相关数据的表格； （5）查阅资料，在诊断表格中填写好各元器件或线路标准电压、电阻、波形等相关数据
对学生的要求	（1）掌握电路图识图方法。 （2）能在电路图中完整地找出所需系统的相关电路。 （3）在控制原理图中标明端子号，以便在测量过程中准确找到测量端子。 （4）绘制诊断表格，根据原理图设计完整、科学的测试路径；训练诊断思路。 （5）查阅资料，在诊断表格中填写好各元器件或线路标准电压、电阻、波形等相关数据，训练使用维修手册、电路图等维修资料的能力，以及诊断故障所需要的严谨态度。若资料中查阅不到标准参数，可在正常车辆中进行测量并记录，形成维修资料，以便在以后的维修中参考查阅，养成良好的记笔记习惯，可以提高工作效率
参考资料	（1）《纯电动汽车维护、检测、诊断技术规范》(JT/T 1344—2020)； （2）比亚迪秦 EV 维修手册

典型工作环节 4　绘制控制原理图的计划单

<table>
<tr><td>学习场二</td><td colspan="6">检修动力电池管理系统</td></tr>
<tr><td>学习情境八</td><td colspan="6">BMS 接触器烧结故障检修</td></tr>
<tr><td>学时</td><td colspan="6">0.1 学时</td></tr>
<tr><td>典型工作过程描述</td><td colspan="6">1．确认故障现象；2．读取故障码；3．分析故障原因；4．绘制控制原理图；5．测试相关电路</td></tr>
<tr><td>计划制定的方式</td><td colspan="6">小组讨论</td></tr>
<tr><td>序号</td><td colspan="2">工作步骤</td><td colspan="4">注意事项</td></tr>
<tr><td>1</td><td colspan="2">逐条列出可能原因</td><td colspan="4">根据典型工作环节 3 中分析的可能原因，在电路图中找到 BMS 主接触器电路图</td></tr>
<tr><td>2</td><td colspan="2">绘制出控制原理图</td><td colspan="4">根据列出的可能原因，查阅电路图，绘制出 BMS 的主接触器相关线路及元器件</td></tr>
<tr><td>3</td><td colspan="2">标明端子号</td><td colspan="4">在控制原理图中正确标注测试端子及元器件名称</td></tr>
<tr><td>4</td><td colspan="2">绘制诊断表格</td><td colspan="4">表格内容包括测试条件、测试设备、测试对象、实测值、标准值、实测波形、标准波形等基本信息</td></tr>
<tr><td>5</td><td colspan="2">查阅标准值</td><td colspan="4">通过查阅资料，查询测试对象的标准参数，以便出具诊断结论，若资料中查阅不到标准参数，可在正常车辆中进行测量并记录，形成维修资料，以便在以后的维修中参考查阅</td></tr>
<tr><td rowspan="3">计划评价</td><td>班级</td><td></td><td>第____组</td><td>组长签字</td><td colspan="2"></td></tr>
<tr><td>教师签字</td><td></td><td>日期</td><td colspan="3"></td></tr>
<tr><td colspan="6">评语：</td></tr>
</table>

典型工作环节 4　绘制控制原理图的决策单

<table>
<tr><td>学习场二</td><td colspan="5">检修动力电池管理系统</td></tr>
<tr><td>学习情境八</td><td colspan="5">BMS 接触器烧结故障检修</td></tr>
<tr><td>学时</td><td colspan="5">0.1 学时</td></tr>
<tr><td>典型工作过程描述</td><td colspan="5">1．确认故障现象；2．读取故障码；3．分析故障原因；4．绘制控制原理图；5．测试相关电路</td></tr>
<tr><td colspan="6">计划对比</td></tr>
<tr><td>序号</td><td>计划的可行性</td><td>计划的经济性</td><td>计划的可操作性</td><td>计划的实施难度</td><td>综合评价</td></tr>
<tr><td>1</td><td></td><td></td><td></td><td></td><td></td></tr>
<tr><td>2</td><td></td><td></td><td></td><td></td><td></td></tr>
<tr><td>3</td><td></td><td></td><td></td><td></td><td></td></tr>
<tr><td>N</td><td></td><td></td><td></td><td></td><td></td></tr>
<tr><td rowspan="3">决策评价</td><td>班级</td><td></td><td>第____组</td><td>组长签字</td><td></td></tr>
<tr><td>教师签字</td><td></td><td>日期</td><td colspan="2"></td></tr>
<tr><td colspan="5">评语：</td></tr>
</table>

典型工作环节 4　绘制控制原理图的实施单

学习场二	检修动力电池管理系统
学习情境八	BMS 接触器烧结故障检修
学时	0.1 学时
典型工作过程描述	1. 确认故障现象；2. 读取故障码；3. 分析故障原因；4. 绘制控制原理图；5. 测试相关电路

序号	实施步骤	注意事项
1	逐条列出可能原因	根据典型工作环节 3 中分析的可能原因，在电路图中找到 BMS 系统主接触器电路图
2	绘制出控制原理图	根据列出的可能原因，查阅电路图，绘制出 BMS 系统的主接触器相关线路及元器件
3	标明端子号	在控制原理图中正确标注测试端子及元器件名称
4	绘制诊断表格	表格内容包括测试条件、测试设备、测试对象、实测值、标准值、实测波形、标准波形等基本信息
5	查阅标准值	通过查阅资料，查询测试对象的标准参数，以便出具诊断结论，若资料中查阅不到标准参数，可在正常车辆中进行测量，并记录，形成维修资料，以便以后的维修中参考查阅

实施说明：

（1）掌握电路图识图方法，在电路图中找到相关元器件。

（2）在电路图中完整地找出所需系统的相关电路。

（3）在控制原理图中标明端子号，以便在测量过程中准确找到测量端子。

（4）绘制诊断表格，表格内容包括测试条件、测试设备、测试对象、实测值、标准值、实测波形、标准波形等基本信息。

测试条件		检测设备、仪器		
序号	测试对象	实测值	标准值	测试结论
1	FU21 保险丝上游电压			正常 / 异常
2	FU21 保险丝下游电压			正常 / 异常
3	整车控制器 GK49/55 对地电压			正常 / 异常
4				
5				

（5）查阅资料，在诊断表格中填写好各元器件或线路标准电压、电阻、波形等相关数据，训练使用维修手册、电路图等维修资料的能力，以及诊断故障所需要的严谨态度。若资料中查阅不到标准参数，可在正常车辆中进行测量，并记录，形成维修资料，以便以后的维修中参考查阅，养成良好的记笔记习惯，可以提高工作效率

实施评价	班级		第____组	组长签字	
	教师签字		日期		
	评语：				

典型工作环节 4　绘制控制原理图的检查单

学习场二	检修动力电池管理系统				
学习情境八	BMS 接触器烧结故障检修				
学时	0.1 学时				
典型工作过程描述	1. 确认故障现象；2. 读取故障码；3. 分析故障原因；4. 绘制控制原理图；5. 测试相关电路				
序号	检查项目	检查标准	学生自查	教师检查	
1	逐条列出可能原因	列出原因是否完整			
2	绘制出控制原理图	原理图中元件、线路是否绘制完整			
3	标明端子号	端子号是否完整、正确			
4	绘制诊断表格	设计表格是否完整，波形测试项目是否设计波形坐标			
5	查阅标准值	标准参数查阅是否正确			
检查评价	班级		第____组	组长签字	
	教师签字		日期		
	评语：				

典型工作环节 4　绘制控制原理图的评价单

学习场二	检修动力电池管理系统				
学习情境八	BMS 接触器烧结故障检修				
学时	0.1 学时				
典型工作过程描述	1. 确认故障现象；2. 读取故障码；3. 分析故障原因；4. 绘制控制原理图；5. 测试相关电路				
评价项目	评价子项目	学生自评	组内评价	教师评价	
小组 1 绘制控制原理图的阶段性评价结果	（1）原因分析全面； （2）原理图绘制完整； （3）诊断表格设计合理				
小组 2 绘制控制原理图的阶段性评价结果	（1）原因分析全面； （2）原理图绘制完整； （3）诊断表格设计合理				
小组 3 绘制控制原理图的阶段性评价结果	（1）原因分析全面； （2）原理图绘制完整； （3）诊断表格设计合理				
小组 4 绘制控制原理图的阶段性评价结果	（1）原因分析全面； （2）原理图绘制完整； （3）诊断表格设计合理				
评价	班级		第____组	组长签字	
	教师签字		日期		
	评语：				

典型工作环节 5 测试相关电路的资讯单

学习场二	检修动力电池管理系统
学习情境八	BMS 接触器烧结故障检修
学时	0.1 学时
典型工作过程描述	1. 确认故障现象；2. 读取故障码；3. 分析故障原因；4. 绘制控制原理图；5. 测试相关电路
收集资讯的方式	线下书籍及线上资源相结合
资讯描述	（1）根据列出的故障原因，列出测试对象； （2）按照测试条件进行测试，并记录在所设计的故障诊断表中； （3）对比实测值与标准值，出具诊断结论，测试正常情况下进行下一可能原因测试； （4）找到异常元器件或线路，进行修复； （5）修复后验证故障现象是否消失，确认故障码最终是否清除
对学生的要求	（1）根据列出的故障原因，列出测试对象；此步骤需要根据故障诊断先简后繁的原则，按先后顺序列出测试对象；一般测试顺序为熔断器、线路、元器件、控制单元。 （2）按照测试条件进行测试，并记录在所设计的故障诊断表中；养成严谨的工作态度，防止漏测、错测导致测试结论错误，无法排除故障。 （3）对比实测值与标准值，出具诊断结论，测试正常情况下进行下一可能原因测试；有些故障可能不是单一故障，在对所列出的故障点逐个测试后也许并未排除故障，此时需要对故障现象再次验证，以免对故障原因分析不全面，具备锲而不舍、持之以恒的精神更容易成功。 （4）找到异常元器件或线路，进行修复；元器件更换或线路修复时需验证新件的工作状况，以免造成返工，或故障无法排除。 （5）修复后验证故障现象是否消失，确认故障码最终是否清除
参考资料	（1）《纯电动汽车维护、检测、诊断技术规范》(JT/T 1344—2020)； （2）比亚迪秦 EV 维修手册

典型工作环节 5　测试相关电路的计划单

学习场二	检修动力电池管理系统				
学习情境八	BMS 接触器烧结故障检修				
学时	0.1 学时				
典型工作过程描述	1．确认故障现象；2．读取故障码；3．分析故障原因；4．绘制控制原理图；5．测试相关电路				
计划制订的方式	小组讨论				
序号	工作步骤		注意事项		
1	列出测试对象		根据故障诊断先简后繁的原则，按先后顺序列出测试对象		
2	测试并记录		明确测试条件，通电或断电、静态或动态		
3	出具诊断结论		对比实测值与标准值，出具诊断结论		
4	修复故障点		修复前确认新件工作状况		
5	验证故障现象		修复后确认故障现象是否消失		
计划评价	班级		第____组	组长签字	
	教师签字		日期		
	评语：				

典型工作环节 5　测试相关电路的决策单

学习场二	检修动力电池管理系统				
学习情境八	BMS 接触器烧结故障检修				
学时	0.1 学时				
典型工作过程描述	1．确认故障现象；2．读取故障码；3．分析故障原因；4．绘制控制原理图；5．测试相关电路				
计划对比					
序号	计划的可行性	计划的经济性	计划的可操作性	计划的实施难度	综合评价
1					
2					
3					
N					
决策评价	班级		第____组	组长签字	
	教师签字		日期		
	评语：				

典型工作环节 5　测试相关电路的实施单

<table>
<tr><td colspan="2">学习场二</td><td colspan="3">检修动力电池管理系统</td></tr>
<tr><td colspan="2">学习情境八</td><td colspan="3">BMS 接触器烧结故障检修</td></tr>
<tr><td colspan="2">学时</td><td colspan="3">0.1 学时</td></tr>
<tr><td colspan="2">典型工作过程描述</td><td colspan="3">1. 确认故障现象；2. 读取故障码；3. 分析故障原因；4. 绘制控制原理图；5. 测试相关电路</td></tr>
<tr><td>序号</td><td colspan="2">实施步骤</td><td colspan="2">注意事项</td></tr>
<tr><td>1</td><td colspan="2">列出测试对象</td><td colspan="2">根据故障诊断先简后繁的原则，按先后顺序列出测试对象</td></tr>
<tr><td>2</td><td colspan="2">测试并记录</td><td colspan="2">明确测试条件，通电或断电、静态或动态</td></tr>
<tr><td>3</td><td colspan="2">出具诊断结论</td><td colspan="2">对比实测值与标准值，出具诊断结论，</td></tr>
<tr><td>4</td><td colspan="2">修复故障点</td><td colspan="2">修复前确认新件工作状况</td></tr>
<tr><td>5</td><td colspan="2">验证故障现象</td><td colspan="2">修复后确认故障现象是否消失</td></tr>
<tr><td colspan="5">实施说明：
（1）根据列出的故障原因，列出测试对象；此步骤需要根据故障诊断先简后繁的原则，按先后顺序列出测试对象；一般测试顺序为熔断器、线路、元器件、控制单元。
（2）按照测试条件进行测试，并记录在所设计的故障诊断表中；养成严谨的工作态度，防止漏测、错测导致测试结论错误，无法排除故障。
（3）对比实测值与标准值，出具诊断结论，测试正常情况下进行下一可能原因测试；有些故障可能不是单一故障，在对所列出的故障点逐个测试后也许并未排除故障，此时需要对故障现象再次验证，以免对故障原因分析不全面。
（4）找到异常元器件或线路，进行修复。
（5）修复该故障后试车，如果发现此故障再次出现，则说明并未找到故障原因，需对造成当前故障现象的原因继续分析，即重新实施典型工作环节 3、4，原因分析是否全面，工作原理图是否绘制完整、正确，有时表面查出的故障点并不是根本原因所在。例如，熔断器反复烧损，需要对相关供电线路、控制线路及元器件进行检测，否则无法排除故障</td></tr>
<tr><td rowspan="3">实施评价</td><td>班级</td><td></td><td>第____组</td><td>组长签字</td></tr>
<tr><td>教师签字</td><td></td><td>日期</td><td></td></tr>
<tr><td colspan="4">评语：</td></tr>
</table>

典型工作环节 5 测试相关电路的检查单

学习场二	检修动力电池管理系统			
学习情境八	BMS 接触器烧结故障检修			
学时	0.1 学时			
典型工作过程描述	1. 确认故障现象；2. 读取故障码；3. 分析故障原因；4. 绘制控制原理图；5. 测试相关电路			
序号	检查项目	检查标准	学生自查	教师检查
1	列出测试对象	列出项目是否完整		
2	测试并记录	测试结果是否正确		
3	出具诊断结论	结果分析是否正确		
4	修复故障点	修复前是否验证元器件		
5	验证故障现象	修复后是否验证故障现象		
检查评价	班级		第____组	组长签字
	教师签字		日期	
	评语：			

典型工作环节 5 测试相关电路的评价单

学习场二	检修动力电池管理系统			
学习情境八	BMS 接触器烧结故障检修			
学时	0.1 学时			
典型工作过程描述	1. 确认故障现象；2. 读取故障码；3. 分析故障原因；4. 绘制控制原理图；5. 测试相关电路			
评价项目	评价子项目	学生自评	组内评价	教师评价
小组 1 测试相关电路 的阶段性评价结果	（1）测试方法正确； （2）测试结果正确； （3）故障是否排除			
小组 2 测试相关电路 的阶段性评价结果	（1）测试方法正确； （2）测试结果正确； （3）故障是否排除			
小组 3 测试相关电路 的阶段性评价结果	（1）测试方法正确； （2）测试结果正确； （3）故障是否排除			
小组 4 测试相关电路 的阶段性评价结果	（1）测试方法正确； （2）测试结果正确； （3）故障是否排除			
评价	班级		第____组	组长签字
	教师签字		日期	
	评语：			

学习场三

检修动力电池温度控制

学习情境一　热管理继电器的检测

学习情境二　冷却水泵的检测

学习情境一　热管理继电器的检测

微课：动力电池运行热管理原理

典型工作环节 1　确认故障现象的资讯单

学习场三	检修动力电池温度控制
学习情境一	热管理继电器的检测
学时	0.1 学时
典型工作过程描述	1. 确认故障现象；2. 读取故障码；3. 分析故障原因；4. 绘制控制原理图；5. 测试相关电路
收集资讯的方式	线下书籍与线上微课资源相结合
资讯描述	空调控制器启动制冷、制热及整车热管理功能前，首先需要控制热管理继电器工作。如果热管理继电器供电电源、控制线路或自身出现问题，将导致热管理继电器不工作或工作后输出异常，即导致空调制冷、制热及整车热管理功能失效。 （1）打开点火开关，踩下制动踏板，仪表可运行“OK”指示灯正常点亮，仪表显示正常，按压空调控制面板上的 AC 开关，空调控制面板正常点亮启动，鼓风机正常运转；2 min 后用手背感觉出风口温度时，发现出风口温度没有变化；调节鼓风机转速，空调控制面板鼓风机调速显示正常，且鼓风机转速变化也正常。打开前机舱盖，发现冷却风扇正常运转，用手触摸空调低压管，低压管温度没有变化；再用手触摸空调压缩机外壳，发现压缩机没有振动的感觉，空调压缩机没有启动。 打开前机舱盖，发现加热水泵（暖风）没有发出正常的运转声，用手触摸 PTC 加热器管路，管路温度没有上升，PTC 加热器没有启动加热功能。 （2）使用驻车制动器，防止车辆检测过程中出现溜车等意外事故。 （3）记录仪表故障提示，一般情况下各系统故障时，仪表会显示文字提示语，用于确定故障范围，但此时所提示的故障范围通常较大，需要维修人员借助仪器设备进一步检查。 （4）记录仪表异常显示的故障指示灯，若仪表点亮某个系统的指示灯，说明该系统内的相关元器件或线路出现故障；若同时点亮多个系统故障灯，有可能为这几个系统的共性电路出现故障。 （5）记录车辆运行异常的现象（如声音、震动、抖动等），通过运行路试的方式，发现除仪表显示外的故障现象，用于确定故障范围
对学生的要求	（1）掌握该车辆所有电控系统，认识仪表中全部指示信息，以便打开点火开关后正确记录仪表显示情况； （2）使用驻车制动器，防止车辆检测过程中出现溜车等意外事故，强化安全责任意识； （3）记录仪表故障提示，通过仪表提示确定故障范围； （4）记录仪表异常显示的故障指示灯，不同的故障原因可能导致系统指示灯异常点亮或异常熄灭，掌握各系统指示灯含义； （5）发现除仪表显示外的故障现象，用于确定故障范围，打开空调，观察制冷、制热情况
参考资料	（1）《纯电动汽车维护、检测、诊断技术规范》(JT/T 1344—2020)； （2）比亚迪秦 EV 维修手册

典型工作环节 1　确认故障现象的计划单

学习场三	检修动力电池温度控制				
学习情境一	热管理继电器的检测				
学时	0.1 学时				
典型工作过程描述	1．确认故障现象；2．读取故障码；3．分析故障原因；4．绘制控制原理图；5．测试相关电路				
计划制订的方式	小组讨论				
序号	工作步骤		注意事项		
1	踩下制动踏板，打开点火开关，记录故障灯异常情况		观察仪表指示灯工作情况，观察仪表是否点亮，若仪表不亮，需要检查低压电路故障；观察“OK”指示灯是否点亮，若“OK”指示灯不亮，需要检查高压上电相关故障		
2	使用驻车制动器		防止车辆检测过程中出现溜车等意外事故		
3	记录仪表故障提示，用于确定故障范围		一般情况下各系统故障时，仪表会显示文字提示语，但此时所提示的故障范围通常较大，需要维修人员借助仪器设备进一步检查		
4	记录仪表异常显示的故障指示灯		观察全面，记录异常点亮或异常熄灭的指示灯		
5	记录仪表显示以外的故障现象，用于确定故障范围，打开空调，观察制冷、制热情况		观察仪表情况，同时操作空调面板查看制冷、制热情况		
计划评价	班级		第____组	组长签字	
	教师签字		日期		
	评语：				

典型工作环节 1　确认故障现象的决策单

学习场三	检修动力电池温度控制				
学习情境一	热管理继电器的检测				
学时	0.1 学时				
典型工作过程描述	1．确认故障现象；2．读取故障码；3．分析故障原因；4．绘制控制原理图；5．测试相关电路				
计划对比					
序号	计划的可行性	计划的经济性	计划的可操作性	计划的实施难度	综合评价
1					
2					
3					
N					
决策评价	班级		第____组	组长签字	
	教师签字		日期		
	评语：				

典型工作环节 1　确认故障现象的实施单

学习场三	检修动力电池温度控制
学习情境一	热管理继电器的检测
学时	0.1 学时
典型工作过程描述	1. 确认故障现象；2. 读取故障码；3. 分析故障原因；4. 绘制控制原理图；5. 测试相关电路

序号	实施步骤	注意事项
1	踩下制动踏板，打开点火开关，记录故障灯异常情况	观察仪表指示灯工作情况，观察仪表是否点亮，若仪表不亮，需要检查低压电路故障；观察“OK”指示灯是否点亮，若“OK”指示灯不亮，需要检查高压上电相关故障
2	使用驻车制动器	防止车辆检测过程中出现溜车等意外事故
3	记录仪表故障提示，用于确定故障范围	一般情况下各系统故障时，仪表会显示文字提示语，但此时所提示的故障范围通常较大，需要维修人员借助仪器设备进一步检查
4	记录仪表异常显示的故障指示灯	观察全面，记录异常点亮或异常熄灭的指示灯
5	记录仪表显示以外的故障现象，用于确定故障范围，打开空调，观察制冷、制热情况	观察仪表情况，同时操作空调面板查看制冷、制热情况

实施说明：

（1）掌握该车辆所有电控系统，认识仪表中全部指示信息，以便打开点火开关后正确记录仪表显示情况；

（2）使用驻车制动器，防止车辆检测过程中出现溜车等意外事故；

（3）记录仪表故障提示，通过仪表提示确定故障范围；

（4）记录仪表异常显示的故障指示灯，不同的故障原因可能导致系统指示灯异常点亮或异常熄灭，掌握各系统指示灯含义；

（5）发现除仪表显示外的故障现象，用于确定故障范围，如需路试行驶，必须由教师执行此步骤，防止安全事故产生

实施评价	班级		第____组	组长签字	
	教师签字		日期		
	评语：				

典型工作环节 1　确认故障现象的检查单

学习场三	检修动力电池温度控制			
学习情境一	热管理继电器的检测			
学时	0.1 学时			
典型工作过程描述	1. 确认故障现象；2. 读取故障码；3. 分析故障原因；4. 绘制控制原理图；5. 测试相关电路			
序号	检查项目	检查标准	学生自查	教师检查
1	踩下制动踏板，打开点火开关，记录故障指示灯异常情况	是否记录故障指示灯		
2	使用驻车制动器	是否实施驻车制动		
3	记录仪表故障提示，用于确定故障范围	是否记录故障提示语		
4	记录仪表异常显示的故障指示灯	是否记录异常熄灭的指示灯		
5	记录仪表显示以外的故障现象，用于确定故障范围，打开空调，观察制冷、制热情况	是否查看空调运行情况		
检查评价	班级		第____组	组长签字
	教师签字		日期	
	评语：			

典型工作环节 1　确认故障现象的评价单

学习场三	检修动力电池温度控制			
学习情境一	热管理继电器的检测			
学时	0.1 学时			
典型工作过程描述	1. 确认故障现象；2. 读取故障码；3. 分析故障原因；4. 绘制控制原理图；5. 测试相关电路			
评价项目	评价子项目	学生自评	组内评价	教师评价
小组 1 确认故障现象的阶段性评价结果	故障现象描述是否完整			
小组 2 确认故障现象的阶段性评价结果	故障现象描述是否完整			
小组 3 确认故障现象的阶段性评价结果	故障现象描述是否完整			
小组 4 确认故障现象的阶段性评价结果	故障现象描述是否完整			
评价	班级		第____组	组长签字
	教师签字		日期	
	评语：			

典型工作环节 2　读取故障码的资讯单

学习场三	检修动力电池温度控制
学习情境一	热管理继电器的检测
学时	0.1 学时
典型工作过程描述	1．确认故障现象；2．读取故障码；3．分析故障原因；4．绘制控制原理图；5．测试相关电路
收集资讯的方式	线下书籍与线上微课资源相结合
资讯描述	（1）关闭点火开关，确认车辆仪表未通电，防止连接诊断插头过程中产生感应电流损坏车辆线路及元器件； （2）连接诊断插头至车辆诊断接口； （3）打开诊断仪主机，打开点火开关，在“车辆品牌”选择页面选择所诊断车辆的相应品牌，在“车型”选择页面选择相应车型，在“系统”选择页面选择所诊断系统，在无法确认哪一系统出现故障时，可选择“扫描全部系统”的方式对车辆所有系统进行全面诊断； （4）进入所选系统，在功能选项中选择“读取故障码”，观察所读取的故障码属性为“当前故障码”或“历史故障码”，并记录所读取的全部故障码，清除故障码； （5）关闭点火开关，重新打开点火开关，试车后，再次读取故障码，此时读取的故障码，可以基本确定为当前车辆的故障范围； （6）若解码器无法进入所选系统，应考虑该系统自身工作状况及该系统通信功能是否正常
对学生的要求	（1）连接仪器前确认关闭点火开关，此步骤为仪器使用规范，未按此步骤执行，可能导致车辆线路及元器件损坏； （2）选择正确的诊断接头，用导线连接或用无线方式连接到仪器，此步骤为仪器使用规范，要求学生熟练掌握仪器正确使用方法； （3）从选择品牌到选择系统为车辆识别能力训练，训练车型识别的能力； （4）读取并清除故障码，训练对故障码属性的判断能力，能够正确引导维修人员确认故障范围； （5）无法读取故障码时，训练掌握车辆运行控制原理的能力，通过故障现象，分析故障原因及范围的诊断能力
参考资料	（1）《纯电动汽车维护、检测、诊断技术规范》(JT/T 1344—2020)； （2）比亚迪秦 EV 维修手册

典型工作环节 2 读取故障码的计划单

<table>
<tr><td>学习场三</td><td colspan="6">检修动力电池温度控制</td></tr>
<tr><td>学习情境一</td><td colspan="6">热管理继电器的检测</td></tr>
<tr><td>学时</td><td colspan="6">0.1 学时</td></tr>
<tr><td>典型工作过程描述</td><td colspan="6">1. 确认故障现象；2. 读取故障码；3. 分析故障原因；4. 绘制控制原理图；5. 测试相关电路</td></tr>
<tr><td>计划制订的方式</td><td colspan="6">小组讨论</td></tr>
<tr><td>序号</td><td colspan="2">工作步骤</td><td colspan="4">注意事项</td></tr>
<tr><td>1</td><td colspan="2">关闭点火开关，确认车辆仪表未通电</td><td colspan="4">防止连接诊断插头过程中产生感应电流损坏车辆线路及元器件</td></tr>
<tr><td>2</td><td colspan="2">连接诊断插头至车辆诊断接口</td><td colspan="4"></td></tr>
<tr><td>3</td><td colspan="2">打开诊断仪主机，打开点火开关，选择车型及相应系统</td><td colspan="4">在“车辆品牌”选择页面选择所诊断车辆的相应品牌，在“车型”选择页面选择相应车型，在“系统”选择页面选择所诊断系统，在无法确认哪一系统出现故障时，可选择“扫描全部系统”的方式对车辆所有系统进行全面诊断</td></tr>
<tr><td>4</td><td colspan="2">读取故障码</td><td colspan="4">观察所读取的故障码属性为“当前故障码”或“历史故障码”，并记录所读取的全部故障码，清除故障码</td></tr>
<tr><td>5</td><td colspan="2">再次读取故障码</td><td colspan="4">关闭点火开关，重新打开点火开关，试车后再进行读取故障码</td></tr>
<tr><td rowspan="3">计划评价</td><td>班级</td><td></td><td>第____组</td><td>组长签字</td><td colspan="2"></td></tr>
<tr><td>教师签字</td><td></td><td>日期</td><td colspan="3"></td></tr>
<tr><td colspan="6">评语：</td></tr>
</table>

典型工作环节 2 读取故障码的决策单

<table>
<tr><td>学习场三</td><td colspan="5">检修动力电池温度控制</td></tr>
<tr><td>学习情境一</td><td colspan="5">热管理继电器的检测</td></tr>
<tr><td>学时</td><td colspan="5">0.1 学时</td></tr>
<tr><td>典型工作过程描述</td><td colspan="5">1. 确认故障现象；2. 读取故障码；3. 分析故障原因；4. 绘制控制原理图；5. 测试相关电路</td></tr>
<tr><td colspan="6">计划对比</td></tr>
<tr><td>序号</td><td>计划的可行性</td><td>计划的经济性</td><td>计划的可操作性</td><td>计划的实施难度</td><td>综合评价</td></tr>
<tr><td>1</td><td></td><td></td><td></td><td></td><td></td></tr>
<tr><td>2</td><td></td><td></td><td></td><td></td><td></td></tr>
<tr><td>3</td><td></td><td></td><td></td><td></td><td></td></tr>
<tr><td>N</td><td></td><td></td><td></td><td></td><td></td></tr>
<tr><td rowspan="3">决策评价</td><td>班级</td><td></td><td>第____组</td><td>组长签字</td><td></td></tr>
<tr><td>教师签字</td><td></td><td>日期</td><td colspan="2"></td></tr>
<tr><td colspan="5">评语：</td></tr>
</table>

典型工作环节 2　读取故障码的实施单

<table>
<tr><td>学习场三</td><td colspan="2">检修动力电池温度控制</td></tr>
<tr><td>学习情境一</td><td colspan="2">热管理继电器的检测</td></tr>
<tr><td>学时</td><td colspan="2">0.1 学时</td></tr>
<tr><td>典型工作过程描述</td><td colspan="2">1. 确认故障现象；2. 读取故障码；3. 分析故障原因；4. 绘制控制原理图；5. 测试相关电路</td></tr>
<tr><td>序号</td><td>实施步骤</td><td>注意事项</td></tr>
<tr><td>1</td><td>关闭点火开关，确认车辆仪表未通电</td><td>防止连接诊断插头过程中产生感应电流损坏车辆线路及元器件</td></tr>
<tr><td>2</td><td>连接诊断插头至车辆诊断接口</td><td></td></tr>
<tr><td>3</td><td>打开诊断仪主机，打开点火开关，选择车型及相应系统</td><td>在“车辆品牌”选择页面选择所诊断车辆的相应品牌，在“车型”选择页面选择相应车型，在“系统”选择页面选择所诊断系统，在无法确认哪一系统出现故障时，可选择“扫描全部系统”的方式对车辆所有系统进行全面诊断</td></tr>
<tr><td>4</td><td>读取故障码</td><td>观察所读取的故障码属性为“当前故障码”或“历史故障码”，并记录所读取的全部故障码，清除故障码</td></tr>
<tr><td>5</td><td>再次读取故障码</td><td>关闭点火开关，重新打开点火开关，试车后再进行读取故障码</td></tr>
<tr><td colspan="3">实施说明：
（1）连接仪器前确认关闭点火开关，此步骤为仪器使用规范，未按此步骤执行，可能导致车辆线路及元器件损坏；
（2）选择正确的诊断接头，用导线连接或用无线方式连接到仪器；
（3）车辆品牌、型号信息可从车辆“铭牌”中获取；
（4）读取并清除故障码，用于判断故障码属性，防止历史故障码或偶发性故障对故障判断造成误导；
（5）无法读取故障码时，考虑该系统自身供电、接地及通信功能是否正常，根据电路图对该系统自身电路进行检测</td></tr>
</table>

<table>
<tr><td rowspan="3">实施评价</td><td>班级</td><td></td><td>第____组</td><td>组长签字</td><td></td></tr>
<tr><td>教师签字</td><td></td><td>日期</td><td colspan="2"></td></tr>
<tr><td colspan="5">评语：</td></tr>
</table>

典型工作环节 2 读取故障码的检查单

学习场三	检修动力电池温度控制			
学习情境一	热管理继电器的检测			
学时	0.1 学时			
典型工作过程描述	1. 确认故障现象；2. 读取故障码；3. 分析故障原因；4. 绘制控制原理图；5. 测试相关电路			
序号	检查项目	检查标准	学生自查	教师检查
1	关闭点火开关，确认车辆仪表未通电	关闭点火开关至 OFF 挡		
2	连接诊断插头至车辆诊断接口	诊断接头与主机是否连接成功		
3	打开诊断仪主机，打开点火开关，选择车型及相应系统	选择是否正确		
4	读取故障码	能否判断故障码属性		
5	再次读取故障码	是否重新运行该系统后再次读取		
检查评价	班级		第____组	组长签字
	教师签字		日期	
	评语：			

典型工作环节 2 读取故障码的评价单

学习场三	检修动力电池温度控制			
学习情境一	热管理继电器的检测			
学时	0.1 学时			
典型工作过程描述	1. 确认故障现象；2. 读取故障码；3. 分析故障原因；4. 绘制控制原理图；5. 测试相关电路			
评价项目	评价子项目	学生自评	组内评价	教师评价
小组 1 读取故障码的阶段性评价结果	确认能否读取故障码或是否完整记录故障码			
小组 2 读取故障码的阶段性评价结果	确认能否读取故障码或是否完整记录故障码			
小组 3 读取故障码的阶段性评价结果	确认能否读取故障码或是否完整记录故障码			
小组 4 读取故障码的阶段性评价结果	确认能否读取故障码或是否完整记录故障码			
评价	班级		第____组	组长签字
	教师签字		日期	
	评语：			

典型工作环节 3　分析故障原因的资讯单

学习场三	检修动力电池温度控制
学习情境一	热管理继电器的检测
学时	0.1 学时
典型工作过程描述	1．确认故障现象；2．读取故障码；3．分析故障原因；4．绘制控制原理图；5．测试相关电路
收集资讯的方式	线下书籍及线上资源相结合
资讯描述	打开点火开关，车辆上电正常，说明整车高压控制中的动力蓄电池管理系统（BMS）、DC-DC/驱动电机控制器（MCU）、整车控制器（VCU）、车载充电机（OBC）自检正常，即模块电源、通信、高压互锁、绝缘、动力蓄电池电量、电流、电压、温度等信息正常。 此时按压 AC 按键或 HEAT 开关，发现制冷、制热功能均失效，结合这两个功能下系统重叠的部分，即共用电源，可确定为热管理继电器电源、控制或自身故障
对学生的要求	（1）掌握分析热管理继电器线路故障原因； （2）掌握分析热管理继电器自身故障原因； （3）掌握仪表信息中反映出的故障现象，结合解码器更容易缩小故障范围
参考资料	（1）《纯电动汽车维护、检测、诊断技术规范》(JT/T 1344—2020)； （2）比亚迪秦 EV 维修手册

典型工作环节 3　分析故障原因的计划单

学习场三	检修动力电池温度控制				
学习情境一	热管理继电器的检测				
学时	0.1 学时				
典型工作过程描述	1．确认故障现象；2．读取故障码；3．分析故障原因；4．绘制控制原理图；5．测试相关电路				
计划制订的方式	小组讨论				
序号	工作步骤		注意事项		
1	从热管理继电器电源线路故障分析原因		开路、虚接、断路故障		
2	从热管理继电器自身故障分析原因		继电器自身故障		
3	结合故障码或仪表显示情况分析故障原因		若解码器无法进入该系统，却可以进入其他系统，可以在其他系统内读取相关故障码，再结合仪表显示情况来分析故障原因		
计划评价	班级		第____组	组长签字	
	教师签字		日期		
	评语：				

典型工作环节 3　分析故障原因的决策单

<table>
<tr><td colspan="2">学习场三</td><td colspan="5">检修动力电池温度控制</td></tr>
<tr><td colspan="2">学习情境一</td><td colspan="5">热管理继电器的检测</td></tr>
<tr><td colspan="2">学时</td><td colspan="5">0.1 学时</td></tr>
<tr><td colspan="2">典型工作过程描述</td><td colspan="5">1．确认故障现象；2．读取故障码；3．分析故障原因；4．绘制控制原理图；5．测试相关电路</td></tr>
<tr><td colspan="7">计划对比</td></tr>
<tr><td>序号</td><td>计划的可行性</td><td>计划的经济性</td><td colspan="2">计划的可操作性</td><td>计划的实施难度</td><td>综合评价</td></tr>
<tr><td>1</td><td></td><td></td><td colspan="2"></td><td></td><td></td></tr>
<tr><td>2</td><td></td><td></td><td colspan="2"></td><td></td><td></td></tr>
<tr><td>3</td><td></td><td></td><td colspan="2"></td><td></td><td></td></tr>
<tr><td>N</td><td></td><td></td><td colspan="2"></td><td></td><td></td></tr>
<tr><td rowspan="3">决策评价</td><td>班级</td><td></td><td colspan="2">第____组</td><td>组长签字</td><td></td></tr>
<tr><td>教师签字</td><td></td><td colspan="2">日期</td><td colspan="2"></td></tr>
<tr><td colspan="6">评语：</td></tr>
</table>

典型工作环节 3　分析故障原因的实施单

<table>
<tr><td colspan="2">学习场三</td><td colspan="5">检修动力电池温度控制</td></tr>
<tr><td colspan="2">学习情境一</td><td colspan="5">热管理继电器的检测</td></tr>
<tr><td colspan="2">学时</td><td colspan="5">0.1 学时</td></tr>
<tr><td colspan="2">典型工作过程描述</td><td colspan="5">1．确认故障现象；2．读取故障码；3．分析故障原因；4．绘制控制原理图；5．测试相关电路</td></tr>
<tr><td>序号</td><td colspan="3">实施步骤</td><td colspan="3">注意事项</td></tr>
<tr><td>1</td><td colspan="3">从热管理继电器电源线路故障分析原因</td><td colspan="3">开路、虚接、断路故障</td></tr>
<tr><td>2</td><td colspan="3">从热管理继电器自身故障分析原因</td><td colspan="3">继电器自身故障</td></tr>
<tr><td>3</td><td colspan="3">结合故障码或仪表显示情况分析故障原因</td><td colspan="3">若解码器无法进入该系统，却可以进入其他系统，可以在其他系统内读取相关故障码，再结合仪表显示情况来分析故障原因</td></tr>
<tr><td colspan="7">实施说明：
（1）掌握 BMS 作用，从自身工作条件分析；
（2）掌握 BMS 控制继电器的电路分析；
（3）掌握仪表信息中反映出的故障现象，结合解码器更容易缩小故障范围</td></tr>
<tr><td rowspan="3">实施评价</td><td>班级</td><td></td><td colspan="2">第____组</td><td>组长签字</td><td></td></tr>
<tr><td>教师签字</td><td></td><td colspan="2">日期</td><td colspan="2"></td></tr>
<tr><td colspan="6">评语：</td></tr>
</table>

典型工作环节 3 分析故障原因的检查单

学习场三	检修动力电池温度控制			
学习情境一	热管理继电器的检测			
学时	0.1 学时			
典型工作过程描述	1. 确认故障现象；2. 读取故障码；3. 分析故障原因；4. 绘制控制原理图；5. 测试相关电路			
序号	检查项目	检查标准	学生自查	教师检查
1	自身原因是否分析全面	从线路的原因分析，开路、虚接、断路故障		
2	继电器的关系是否掌握	继电器自身故障		
3	仪表显示是否分析全面	若解码器无法进入该系统，却可以进入其他系统，可以在其他系统内读取相关故障码，再结合仪表显示情况来分析故障原因		
检查评价	班级		第____组	组长签字
	教师签字		日期	
	评语：			

典型工作环节 3 分析故障原因的评价单

学习场三	检修动力电池温度控制			
学习情境一	热管理继电器的检测			
学时	0.1 学时			
典型工作过程描述	1. 确认故障现象；2. 读取故障码；3. 分析故障原因；4. 绘制控制原理图；5. 测试相关电路			
评价项目	评价子项目	学生自评	组内评价	教师评价
小组 1 分析故障原因的阶段性评价结果	故障原因是否分析全面			
小组 2 分析故障原因的阶段性评价结果	故障原因是否分析全面			
小组 3 分析故障原因的阶段性评价结果	故障原因是否分析全面			
小组 4 分析故障原因的阶段性评价结果	故障原因是否分析全面			
评价	班级		第____组	组长签字
	教师签字		日期	
	评语：			

典型工作环节 4 绘制控制原理图的资讯单

学习场三	检修动力电池温度控制
学习情境一	热管理继电器的检测
学时	0.1 学时
典型工作过程描述	1. 确认故障现象；2. 读取故障码；3. 分析故障原因；4. 绘制控制原理图；5. 测试相关电路
收集资讯的方式	线下书籍及线上资源相结合
资讯描述	（1）根据典型工作环节 3 中分析的可能原因，在电路图中找到继电器电路图； （2）绘制出继电器的控制原理图； （3）标明端子号，在车辆中找到相关熔断器、线束插接器等元器件； （4）绘制诊断表格，设计填写各元器件或线路实测电压、电阻、波形等相关数据的表格； （5）查阅资料，在诊断表格中填写好各元器件或线路标准电压、电阻、波形等相关数据
对学生的要求	（1）掌握电路图识图方法。 （2）能在电路图中完整地找出所需系统的相关电路。 （3）在控制原理图中标明端子号，以便在测量过程中准确找到测量端子。 （4）绘制诊断表格，根据原理图设计完整、科学的测试路径；训练诊断思路。 （5）查阅资料，在诊断表格中填写好各元器件或线路标准电压、电阻、波形等相关数据，训练使用维修手册、电路图等维修资料的能力，以及诊断故障所需要的严谨态度。若资料中查阅不到标准参数，可在正常车辆中进行测量并记录，形成维修资料，以便在以后的维修中参考查阅，养成良好的记笔记习惯，可以提高工作效率
参考资料	（1）《纯电动汽车维护、检测、诊断技术规范》(JT/T 1344—2020)； （2）比亚迪秦 EV 维修手册

典型工作环节 4　绘制控制原理图的计划单

<table>
<tr><td>学习场三</td><td colspan="4">检修动力电池温度控制</td></tr>
<tr><td>学习情境一</td><td colspan="4">热管理继电器的检测</td></tr>
<tr><td>学时</td><td colspan="4">0.1 学时</td></tr>
<tr><td>典型工作过程描述</td><td colspan="4">1. 确认故障现象；2. 读取故障码；3. 分析故障原因；4. 绘制控制原理图；5. 测试相关电路</td></tr>
<tr><td>计划制订的方式</td><td colspan="4">小组讨论</td></tr>
<tr><td>序号</td><td colspan="2">工作步骤</td><td colspan="2">注意事项</td></tr>
<tr><td>1</td><td colspan="2">逐条列出可能原因</td><td colspan="2">根据典型工作环节 3 中分析的可能原因，在电路图中找到继电器的电路图</td></tr>
<tr><td>2</td><td colspan="2">绘制出控制原理图</td><td colspan="2">根据列出的可能原因，查阅电路图，绘制出继电器的控制原理图</td></tr>
<tr><td>3</td><td colspan="2">标明端子号</td><td colspan="2">在控制原理图中正确标注测试端子及元器件名称</td></tr>
<tr><td>4</td><td colspan="2">绘制诊断表格</td><td colspan="2">表格内容包括测试条件、测试设备、测试对象、实测值、标准值、实测波形、标准波形等基本信息</td></tr>
<tr><td>5</td><td colspan="2">查阅标准值</td><td colspan="2">通过查阅资料，查询测试对象的标准参数，以便出具诊断结论，若资料中查阅不到标准参数，可在正常车辆中进行测量并记录，形成维修资料，以便在以后的维修中参考查阅</td></tr>
<tr><td rowspan="3">计划评价</td><td>班级</td><td></td><td>第____组</td><td>组长签字</td></tr>
<tr><td>教师签字</td><td></td><td>日期</td><td></td></tr>
<tr><td colspan="4">评语：</td></tr>
</table>

典型工作环节 4　绘制控制原理图的决策单

<table>
<tr><td>学习场三</td><td colspan="5">检修动力电池温度控制</td></tr>
<tr><td>学习情境一</td><td colspan="5">热管理继电器的检测</td></tr>
<tr><td>学时</td><td colspan="5">0.1 学时</td></tr>
<tr><td>典型工作过程描述</td><td colspan="5">1. 确认故障现象；2. 读取故障码；3. 分析故障原因；4. 绘制控制原理图；5. 测试相关电路</td></tr>
<tr><td colspan="6">计划对比</td></tr>
<tr><td>序号</td><td>计划的可行性</td><td>计划的经济性</td><td>计划的可操作性</td><td>计划的实施难度</td><td>综合评价</td></tr>
<tr><td>1</td><td></td><td></td><td></td><td></td><td></td></tr>
<tr><td>2</td><td></td><td></td><td></td><td></td><td></td></tr>
<tr><td>3</td><td></td><td></td><td></td><td></td><td></td></tr>
<tr><td>N</td><td></td><td></td><td></td><td></td><td></td></tr>
<tr><td rowspan="3">决策评价</td><td>班级</td><td></td><td>第____组</td><td>组长签字</td><td></td></tr>
<tr><td>教师签字</td><td></td><td>日期</td><td colspan="2"></td></tr>
<tr><td colspan="5">评语：</td></tr>
</table>

典型工作环节 4　绘制控制原理图的实施单

学习场三	检修动力电池温度控制	
学习情境一	热管理继电器的检测	
学时	0.1 学时	
典型工作过程描述	1．确认故障现象；2．读取故障码；3．分析故障原因；4．绘制控制原理图；5．测试相关电路	
序号	实施步骤	注意事项
1	逐条列出可能原因	根据典型工作环节 3 中分析的可能原因，在电路图中找到继电器的电路图
2	绘制出控制原理图	根据列出的可能原因，查阅电路图，绘制出继电器的控制原理图
3	标明端子号	在控制原理图中正确标注测试端子及元器件名称
4	绘制诊断表格	表格内容包括测试条件、测试设备、测试对象、实测值、标准值、实测波形、标准波形等基本信息
5	查阅标准值	通过查阅资料，查询测试对象的标准参数，以便出具诊断结论，若资料中查阅不到标准参数，可在正常车辆中进行测量并记录，形成维修资料，以便在以后的维修中参考查阅

实施说明：

（1）掌握电路图识图方法，在电路图中找到相关元器件。

（2）在电路图中完整地找出所需系统的相关电路。

（3）在控制原理图中标明端子号，以便在测量过程中准确找到测量端子。

（4）绘制诊断表格，表格内容包括测试条件、测试设备、测试对象、实测值、标准值、实测波形、标准波形等基本信息。

测试条件			检测设备、仪器	
序号	测试对象	实测值	标准值	测试结论
1	继电器的各个端子			正常 / 异常
2				正常 / 异常
3				正常 / 异常
4				
5				

（5）查阅资料，在诊断表格中填写好各元器件或线路标准电压、电阻、波形等相关数据，训练使用维修手册、电路图等维修资料的能力，以及诊断故障所需要的严谨态度。若资料中查阅不到标准参数，可在正常车辆中进行测量并记录，形成维修资料，以便在以后的维修中参考查阅，养成良好的记笔记习惯，可以提高工作效率

实施评价	班级		第____组	组长签字	
	教师签字		日期		
	评语：				

典型工作环节 4　绘制控制原理图的检查单

学习场三	检修动力电池温度控制			
学习情境一	热管理继电器的检测			
学时	0.1 学时			
典型工作过程描述	1．确认故障现象；2．读取故障码；3．分析故障原因；4．绘制控制原理图；5．测试相关电路			
序号	检查项目	检查标准	学生自查	教师检查
1	逐条列出可能原因	列出原因是否完整		
2	绘制出控制原理图	原理图中元器件、线路是否绘制完整		
3	标明端子号	端子号是否完整、正确		
4	绘制诊断表格	设计表格是否完整，波形测试项目是否设计波形坐标		
5	查阅标准值	标准参数查阅是否正确		
检查评价	班级		第____组	组长签字
	教师签字		日期	
	评语：			

典型工作环节 4　绘制控制原理图的评价单

学习场三	检修动力电池温度控制			
学习情境一	热管理继电器的检测			
学时	0.1 学时			
典型工作过程描述	1．确认故障现象；2．读取故障码；3．分析故障原因；4．绘制控制原理图；5．测试相关电路			
评价项目	评价子项目	学生自评	组内评价	教师评价
小组 1 绘制控制原理图的阶段性评价结果	（1）原因分析全面； （2）原理图绘制完整； （3）诊断表格设计合理			
小组 2 绘制控制原理图的阶段性评价结果	（1）原因分析全面； （2）原理图绘制完整； （3）诊断表格设计合理			
小组 3 绘制控制原理图的阶段性评价结果	（1）原因分析全面； （2）原理图绘制完整； （3）诊断表格设计合理			
小组 4 绘制控制原理图的阶段性评价结果	（1）原因分析全面； （2）原理图绘制完整； （3）诊断表格设计合理			
评价	班级		第____组	组长签字
	教师签字		日期	
	评语：			

典型工作环节 5 测试相关电路的资讯单

学习场三	检修动力电池温度控制
学习情境一	热管理继电器的检测
学时	0.1 学时
典型工作过程描述	1. 确认故障现象；2. 读取故障码；3. 分析故障原因；4. 绘制控制原理图；5. 测试相关电路
收集资讯的方式	线下书籍及线上资源相结合
资讯描述	（1）根据列出的故障原因，列出测试对象； （2）按照测试条件进行测试，并记录在所设计的故障诊断表中； （3）对比实测值与标准值，出具诊断结论，测试正常情况下进行下一可能原因的测试； （4）找到异常元器件或线路，进行修复； （5）修复后验证故障现象是否消失，确认故障码最终是否清除
对学生的要求	（1）根据列出的故障原因，列出测试对象；此步骤需要根据故障诊断先简后繁的原则，按先后顺序列出测试对象；一般测试顺序为熔断器、线路、元器件、控制单元。 （2）按照测试条件进行测试，并记录在所设计的故障诊断表中；养成严谨的工作态度，防止漏测、错测导致测试结论错误，无法排除故障。 （3）对比实测值与标准值，出具诊断结论，测试正常情况下进行下一可能原因的测试；有些故障可能不是单一故障，在对所列出的故障点逐个测试后也许并未排除故障，此时需要对故障现象再次验证，以免对故障原因分析不全面，锲而不舍、持之以恒的精神更容易成功。 （4）找到异常元器件或线路，进行修复；元器件更换或线路修复时需验证新件的工作状况，以免造成返工，或故障无法排除。 （5）修复后验证故障现象是否消失，确认故障码最终是否清除
参考资料	（1）《纯电动汽车维护、检测、诊断技术规范》(JT/T 1344—2020)； （2）比亚迪秦 EV 维修手册

典型工作环节 5　测试相关电路的计划单

学习场三	检修动力电池温度控制				
学习情境一	热管理继电器的检测				
学时	0.1 学时				
典型工作过程描述	1. 确认故障现象；2. 读取故障码；3. 分析故障原因；4. 绘制控制原理图；5. 测试相关电路				
计划制订的方式	小组讨论				
序号	工作步骤		注意事项		
1	列出测试对象		根据故障诊断先简后繁的原则，按先后顺序列出测试对象		
2	测试并记录		明确测试条件，通电或断电、静态或动态		
3	出具诊断结论		对比实测值与标准值，出具诊断结论		
4	修复故障点		修复前确认新件工作状况		
5	验证故障现象		修复后确认故障现象是否消失		
计划评价	班级		第____组	组长签字	
	教师签字		日期		
	评语：				

典型工作环节 5　测试相关电路的决策单

学习场三	检修动力电池温度控制				
学习情境一	热管理继电器的检测				
学时	0.1 学时				
典型工作过程描述	1. 确认故障现象；2. 读取故障码；3. 分析故障原因；4. 绘制控制原理图；5. 测试相关电路				
计划对比					
序号	计划的可行性	计划的经济性	计划的可操作性	计划的实施难度	综合评价
1					
2					
3					
N					
决策评价	班级		第____组	组长签字	
	教师签字		日期		
	评语：				

典型工作环节 5 测试相关电路的实施单

学习场三	检修动力电池温度控制	
学习情境一	热管理继电器的检测	
学时	0.1 学时	
典型工作过程描述	1．确认故障现象；2．读取故障码；3．分析故障原因；4．绘制控制原理图；5．测试相关电路	
序号	实施步骤	注意事项
1	列出测试对象	根据故障诊断先简后繁的原则，按先后顺序列出测试对象
2	测试并记录	明确测试条件，通电或断电、静态或动态
3	出具诊断结论	对比实测值与标准值，出具诊断结论
4	修复故障点	修复前确认新件工作状况
5	验证故障现象	修复后确认故障现象是否消失

实施说明：

（1）根据列出的故障原因，列出测试对象；此步骤需要根据故障诊断先简后繁的原则，按先后顺序列出测试对象；一般测试顺序为熔断器、线路、元器件、控制单元。

（2）按照测试条件进行测试，并记录在所设计的故障诊断表中；养成严谨的工作态度，防止漏测、错测导致测试结论错误，无法排除故障。

（3）对比实测值与标准值，出具诊断结论，测试正常情况下进行下一可能原因测试；有些故障可能不是单一故障，在对所列出的故障点逐个测试后也许并未排除故障，此时需要对故障现象再次验证，以免对故障原因分析不全面。

（4）找到异常元器件或线路并进行修复；元器件更换或线路修复时需验证新件的工作状况，以免造成返工，或故障无法排除。

（5）修复后验证故障现象是否消失，确认故障码最终是否清除

实施评价	班级		第____组	组长签字	
	教师签字		日期		
	评语：				

典型工作环节 5　测试相关电路的检查单

学习场三	检修动力电池温度控制			
学习情境一	热管理继电器的检测			
学时	0.1 学时			
典型工作过程描述	1．确认故障现象；2．读取故障码；3．分析故障原因；4．绘制控制原理图；5．测试相关电路			
序号	检查项目	检查标准	学生自查	教师检查
1	列出测试对象	列出项目是否完整		
2	测试并记录	测试结果是否正确		
3	出具诊断结论	结果分析是否正确		
4	修复故障点	修复前是否验证元器件		
5	验证故障现象	修复后是否验证故障现象		
检查评价	班级		第____组	组长签字
	教师签字		日期	
	评语：			

典型工作环节 5　测试相关电路的评价单

学习场三	检修动力电池温度控制			
学习情境一	热管理继电器的检测			
学时	0.1 学时			
典型工作过程描述	1．确认故障现象；2．读取故障码；3．分析故障原因；4．绘制控制原理图；5．测试相关电路			
评价项目	评价子项目	学生自评	组内评价	教师评价
小组 1 测试相关电路 的阶段性评价结果	（1）测试方法正确； （2）测试结果正确； （3）故障是否排除			
小组 2 测试相关电路 的阶段性评价结果	（1）测试方法正确； （2）测试结果正确； （3）故障是否排除			
小组 3 测试相关电路 的阶段性评价结果	（1）测试方法正确； （2）测试结果正确； （3）故障是否排除			
小组 4 测试相关电路 的阶段性评价结果	（1）测试方法正确； （2）测试结果正确； （3）故障是否排除			
评价	班级		第____组	组长签字
	教师签字		日期	
	评语：			

学习情境二　冷却水泵的检测

微课：动力电池充电热管理原理

典型工作环节 1　确认故障现象的资讯单

学习场三	检修动力电池温度控制
学习情境二	冷却水泵的检测
学时	0.1 学时
典型工作过程描述	1．确认故障现象；2．读取故障码；3．分析故障原因；4．绘制控制原理图；5．测试相关电路
收集资讯的方式	线下书籍与线上微课资源相结合
资讯描述	踩下制动踏板，打开点火开关，观察仪表，车辆出现限功率仪表显示，但仪表上的可运行“OK”指示灯正常点亮，高压正常上电，说明整车系统只是功率被限制，也就是驱动电机功率被限制。限制功率的主要原因：整车电控系统为了防止参与高压工作元器件的温度过高，引起元器件损坏及安全事故的发生，所以在高压系统过热的情况下，要对系统采取必要的保护措施，其中二级为限制功率，一级为高压断电或高压不上电
对学生的要求	（1）掌握该车辆所有电控系统，认识仪表中全部指示信息，以便打开点火开关后正确记录仪表显示情况； （2）使用驻车制动器，防止车辆检测过程中出现溜车等意外事故，强化安全责任意识； （3）记录仪表故障提示，通过仪表提示确定故障范围； （4）记录仪表异常显示的故障指示灯，不同的故障原因可能导致系统指示灯异常点亮或异常熄灭，掌握各系统指示灯的含义； （5）发现除仪表显示外的故障现象，用于确定故障范围，打开空调，观察制冷、制热情况
参考资料	（1）《纯电动汽车维护、检测、诊断技术规范》(JT/T 1344—2020)； （2）比亚迪秦 EV 维修手册

典型工作环节 1 确认故障现象的计划单

<table>
<tr><td>学习场三</td><td colspan="5">检修动力电池温度控制</td></tr>
<tr><td>学习情境二</td><td colspan="5">冷却水泵的检测</td></tr>
<tr><td>学时</td><td colspan="5">0.1 学时</td></tr>
<tr><td>典型工作过程描述</td><td colspan="5">1. 确认故障现象；2. 读取故障码；3. 分析故障原因；4. 绘制控制原理图；5. 测试相关电路</td></tr>
<tr><td>计划制订的方式</td><td colspan="5">小组讨论</td></tr>
<tr><td>序号</td><td colspan="2">工作步骤</td><td colspan="3">注意事项</td></tr>
<tr><td>1</td><td colspan="2">踩下制动踏板，打开点火开关，记录故障灯异常情况</td><td colspan="3">观察仪表指示灯工作情况，观察仪表是否点亮，若仪表不亮，需要检查低压电路故障；观察“OK”指示灯是否点亮，若“OK”指示灯不亮，需要检查高压上电相关故障</td></tr>
<tr><td>2</td><td colspan="2">使用驻车制动器</td><td colspan="3">防止车辆检测过程中出现溜车等意外事故</td></tr>
<tr><td>3</td><td colspan="2">记录仪表故障提示，用于确定故障范围</td><td colspan="3">一般情况下各系统故障时，仪表会显示文字提示语，但此时所提示的故障范围通常较大，需要维修人员借助仪器设备进一步检查</td></tr>
<tr><td>4</td><td colspan="2">记录仪表异常显示的故障指示灯</td><td colspan="3">观察全面，记录异常点亮或异常熄灭的指示灯</td></tr>
<tr><td>5</td><td colspan="2">记录车辆运行异常的现象</td><td colspan="3">如需路试行驶，必须由教师执行此步骤，防止安全事故产生</td></tr>
<tr><td rowspan="3">计划评价</td><td>班级</td><td></td><td>第____组</td><td>组长签字</td><td></td></tr>
<tr><td>教师签字</td><td></td><td>日期</td><td colspan="2"></td></tr>
<tr><td colspan="5">评语：</td></tr>
</table>

典型工作环节 1 确认故障现象的决策单

<table>
<tr><td>学习场三</td><td colspan="5">检修动力电池温度控制</td></tr>
<tr><td>学习情境二</td><td colspan="5">冷却水泵的检测</td></tr>
<tr><td>学时</td><td colspan="5">0.1 学时</td></tr>
<tr><td>典型工作过程描述</td><td colspan="5">1. 确认故障现象；2. 读取故障码；3. 分析故障原因；4. 绘制控制原理图；5. 测试相关电路</td></tr>
<tr><td colspan="6">计划对比</td></tr>
<tr><td>序号</td><td>计划的可行性</td><td>计划的经济性</td><td>计划的可操作性</td><td>计划的实施难度</td><td>综合评价</td></tr>
<tr><td>1</td><td></td><td></td><td></td><td></td><td></td></tr>
<tr><td>2</td><td></td><td></td><td></td><td></td><td></td></tr>
<tr><td>3</td><td></td><td></td><td></td><td></td><td></td></tr>
<tr><td>N</td><td></td><td></td><td></td><td></td><td></td></tr>
<tr><td rowspan="3">决策评价</td><td>班级</td><td></td><td>第____组</td><td>组长签字</td><td></td></tr>
<tr><td>教师签字</td><td></td><td>日期</td><td colspan="2"></td></tr>
<tr><td colspan="5">评语：</td></tr>
</table>

典型工作环节 1　确认故障现象的实施单

学习场三	检修动力电池温度控制	
学习情境二	冷却水泵的检测	
学时	0.1 学时	
典型工作过程描述	1. 确认故障现象；2. 读取故障码；3. 分析故障原因；4. 绘制控制原理图；5. 测试相关电路	
序号	实施步骤	注意事项
1	踩下制动踏板，打开点火开关，记录故障灯异常情况	观察仪表指示灯工作情况，观察仪表是否点亮，若仪表不亮，需要检查低压电路故障；观察“OK”指示灯是否点亮，若“OK”指示灯不亮，需要检查高压上电相关故障
2	使用驻车制动器	防止车辆检测过程中出现溜车等意外事故
3	记录仪表故障提示，用于确定故障范围	一般情况下各系统故障时，仪表会显示文字提示语，但此时所提示的故障范围通常较大，需要维修人员借助仪器设备进一步检查
4	记录仪表异常显示的故障指示灯	观察全面，记录异常点亮或异常熄灭的指示灯
5	记录车辆运行异常的现象	如需路试行驶，必须由教师执行此步骤，防止安全事故产生

实施说明：

（1）掌握该车辆所有电控系统，认识仪表中全部指示信息，以便打开点火开关后正确记录仪表显示情况；

（2）使用驻车制动器，防止车辆检测过程中出现溜车等意外事故；

（3）记录仪表故障提示，通过仪表提示确定故障范围；

（4）记录仪表异常显示的故障指示灯，不同的故障原因可能导致系统指示灯异常点亮或异常熄灭，掌握各系统指示灯含义；

（5）发现除仪表显示外的故障现象，用于确定故障范围，如需路试行驶，必须由教师执行此步骤，防止安全事故产生

实施评价	班级		第____组	组长签字	
	教师签字		日期		
	评语：				

典型工作环节 1　确认故障现象的检查单

学习场三	检修动力电池温度控制			
学习情境二	冷却水泵的检测			
学时	0.1 学时			
典型工作过程描述	1．确认故障现象；2．读取故障码；3．分析故障原因；4．绘制控制原理图；5．测试相关电路			
序号	检查项目	检查标准	学生自查	教师检查
1	踩下制动踏板，打开点火开关，记录故障指示灯异常情况	是否记录故障指示灯		
2	使用驻车制动器	是否实施驻车制动		
3	记录仪表故障提示，用于确定故障范围	是否记录故障提示语		
4	记录仪表异常显示的故障指示灯	是否记录异常熄灭的故障指示灯		
5	记录车辆运行异常的现象	是否记录车辆运行异常的现象		
检查评价	班级		第____组	组长签字
	教师签字		日期	
	评语：			

典型工作环节 1　确认故障现象的评价单

学习场三	检修动力电池温度控制			
学习情境二	冷却水泵的检测			
学时	0.1 学时			
典型工作过程描述	1．确认故障现象；2．读取故障码；3．分析故障原因；4．绘制控制原理图；5．测试相关电路			
评价项目	评价子项目	学生自评	组内评价	教师评价
小组 1 确认故障现象的阶段性评价结果	故障现象描述是否完整			
小组 2 确认故障现象的阶段性评价结果	故障现象描述是否完整			
小组 3 确认故障现象的阶段性评价结果	故障现象描述是否完整			
小组 4 确认故障现象的阶段性评价结果	故障现象描述是否完整			
评价	班级		第____组	组长签字
	教师签字		日期	
	评语：			

典型工作环节 2 读取故障码的资讯单

学习场三	检修动力电池温度控制
学习情境二	冷却水泵的检测
学时	0.1 学时
典型工作过程描述	1．确认故障现象；2．读取故障码；3．分析故障原因；4．绘制控制原理图；5．测试相关电路
收集资讯的方式	线下书籍与线上微课资源相结合
资讯描述	（1）关闭点火开关，确认车辆仪表未通电，防止连接诊断插头过程中产生感应电流损坏车辆线路及元器件； （2）连接诊断插头至车辆诊断接口； （3）打开诊断仪主机，打开点火开关，在“车辆品牌”选择页面选择所诊断车辆的相应品牌，在“车型”选择页面选择相应车型，在“系统”选择页面选择所诊断系统，在无法确认哪一系统出现故障时，可选择“扫描全部系统”的方式对车辆所有系统进行全面诊断； （4）进入所选系统，在“功能”选项中选择“读取故障码”，观察所读取的故障码属性为“当前故障码”或“历史故障码”，并记录所读取的全部故障码，清除故障码； （5）关闭点火开关，重新打开点火开关，试车后，再次读取故障码，此时读取的故障码，可以基本确定为当前车辆的故障范围； （6）若解码器无法进入所选系统，应考虑该系统自身工作状况及该系统通信功能是否正常
对学生的要求	（1）连接仪器前确认关闭点火开关，此步骤为仪器使用规范，未按此步骤执行，可能导致车辆线路及元器件损坏； （2）选择正确的诊断接头，用导线连接或用无线方式连接到仪器，此步骤为仪器使用规范，要求熟练掌握仪器正确使用方法； （3）从选择品牌到选择系统为车辆识别能力训练，训练车型识别的能力； （4）读取并清除故障码，训练对故障码属性的判断能力，能够正确引导维修人员确认故障范围； （5）无法读取故障码时，训练掌握车辆运行控制原理的能力，通过故障现象，分析故障原因及范围的诊断能力
参考资料	（1）《纯电动汽车维护、检测、诊断技术规范》(JT/T 1344—2020)； （2）比亚迪秦 EV 维修手册

典型工作环节 2　读取故障码的计划单

学习场三	检修动力电池温度控制				
学习情境二	冷却水泵的检测				
学时	0.1 学时				
典型工作过程描述	1. 确认故障现象；2. 读取故障码；3. 分析故障原因；4. 绘制控制原理图；5. 测试相关电路				
计划制订的方式	小组讨论				
序号	工作步骤		注意事项		
1	关闭点火开关，确认车辆仪表未通电		防止连接诊断插头过程中产生感应电流损坏车辆线路及元器件		
2	连接诊断插头至车辆诊断接口				
3	打开诊断仪主机，打开点火开关，选择车型及相应系统		在“车辆品牌”选择页面选择所诊断车辆的相应品牌，在“车型”选择页面选择相应车型，在“系统”选择页面选择所诊断系统，在无法确认哪一系统出现故障时，可选择“扫描全部系统”的方式对车辆所有系统进行全面诊断		
4	读取故障码		观察所读取的故障码属性为“当前故障码”或“历史故障码”，并记录所读取的全部故障码，清除故障码		
5	再次读取故障码		关闭点火开关，重新打开点火开关，试车后再进行读取故障码		
计划评价	班级		第____组	组长签字	
	教师签字		日期		
	评语：				

典型工作环节 2　读取故障码的决策单

学习场三	检修动力电池温度控制				
学习情境二	冷却水泵的检测				
学时	0.1 学时				
典型工作过程描述	1. 确认故障现象；2. 读取故障码；3. 分析故障原因；4. 绘制控制原理图；5. 测试相关电路				
计划对比					
序号	计划的可行性	计划的经济性	计划的可操作性	计划的实施难度	综合评价
1					
2					
3					
N					
决策评价	班级		第____组	组长签字	
	教师签字		日期		
	评语：				

典型工作环节 2　读取故障码的实施单

学习场三	检修动力电池温度控制
学习情境二	冷却水泵的检测
学时	0.1 学时
典型工作过程描述	1. 确认故障现象；2. 读取故障码；3. 分析故障原因；4. 绘制控制原理图；5. 测试相关电路

序号	实施步骤	注意事项
1	关闭点火开关，确认车辆仪表未通电	防止连接诊断插头过程中产生感应电流损坏车辆线路及元器件
2	连接诊断插头至车辆诊断接口	
3	打开诊断仪主机，打开点火开关，选择车型及相应系统	在“车辆品牌”选择页面选择所诊断车辆的相应品牌，在“车型”选择页面选择相应车型，在“系统”选择页面选择所诊断系统，在无法确认哪一系统出现故障时，可选择“扫描全部系统”的方式对车辆所有系统进行全面诊断
4	读取故障码	观察所读取的故障码属性为“当前故障码”或“历史故障码”，并记录所读取的全部故障码，清除故障码
5	再次读取故障码	关闭点火开关，重新打开点火开关，试车后再进行读取故障码

实施说明：

（1）连接仪器前确认关闭点火开关，此步骤为仪器使用规范，未按此步骤执行，可能导致车辆线路及元器件损坏；

（2）选择正确的诊断接头，用导线连接或用无线方式连接到仪器；

（3）车辆品牌、型号信息可从车辆“铭牌”中获取；

（4）读取并清除故障码，用于判断故障码属性，防止历史故障码或偶发性故障对故障判断造成误导；

（5）无法读取故障码时，考虑该系统自身供电、接地及通信功能是否正常，根据电路图对该系统自身电路进行检测

<table>
<tr><td rowspan="3">实施评价</td><td>班级</td><td></td><td>第____组</td><td>组长签字</td><td></td></tr>
<tr><td>教师签字</td><td></td><td>日期</td><td colspan="2"></td></tr>
<tr><td colspan="5">评语：</td></tr>
</table>

典型工作环节 2　读取故障码的检查单

学习场三	检修动力电池温度控制				
学习情境二	冷却水泵的检测				
学时	0.1 学时				
典型工作过程描述	1．确认故障现象；2．读取故障码；3．分析故障原因；4．绘制控制原理图；5．测试相关电路				
序号	检查项目		检查标准	学生自查	教师检查
1	关闭点火开关，确认车辆仪表未通电		关闭点火开关至 OFF 挡		
2	连接诊断插头至车辆诊断接口		诊断接头与主机是否连接成功		
3	打开诊断仪主机，打开点火开关，选择车型及相应系统		选择是否正确		
4	读取故障码		能否判断故障码属性		
5	再次读取故障码		是否重新运行该系统后再次读取		
检查评价	班级		第____组	组长签字	
	教师签字		日期		
	评语：				

典型工作环节 2　读取故障码的评价单

学习场三	检修动力电池温度控制			
学习情境二	冷却水泵的检测			
学时	0.1 学时			
典型工作过程描述	1．确认故障现象；2．读取故障码；3．分析故障原因；4．绘制控制原理图；5．测试相关电路			
评价项目	评价子项目	学生自评	组内评价	教师评价
小组 1 读取故障码 的阶段性评价结果	确认能否读取故障码或是否完整记录故障码			
小组 2 读取故障码 的阶段性评价结果	确认能否读取故障码或是否完整记录故障码			
小组 3 读取故障码 的阶段性评价结果	确认能否读取故障码或是否完整记录故障码			
小组 4 读取故障码 的阶段性评价结果	确认能否读取故障码或是否完整记录故障码			
评价	班级	第____组	组长签字	
	教师签字	日期		
	评语：			

典型工作环节 3 分析故障原因的资讯单

学习场三	检修动力电池温度控制
学习情境二	冷却水泵的检测
学时	0.1 学时
典型工作过程描述	1. 确认故障现象；2. 读取故障码；3. 分析故障原因；4. 绘制控制原理图；5. 测试相关电路
收集资讯的方式	线下书籍及线上资源相结合
资讯描述	开启空调功能，使空调运行 1 ～ 2 min，用手背感觉出风口温度和风量时，出风口吹出热风的温度、风量正常；调节温度旋钮，温度翻板转动，出风口热风和凉风切换正常；但此时在驾驶室内听见前机舱有“嗡嗡”的声音，打开前机舱盖，声音更加明显，仔细观察及细听后发现为加热水泵（暖风）运转声音；用手触摸加热水泵，发现始终处于高速运转。结合水泵控制原理，空调制热功能正常且水泵能运转，只是转速过高，说明水泵供电电源正常，有可能为水泵控制及水泵内部故障
对学生的要求	（1）掌握分析冷却水泵自身故障原因； （2）掌握分析冷却水泵线路故障原因； （3）掌握仪表信息中反映出的故障现象，结合解码器更容易缩小故障范围
参考资料	（1）《纯电动汽车维护、检测、诊断技术规范》(JT/T 1344—2020)； （2）比亚迪秦 EV 维修手册

典型工作环节 3 分析故障原因的计划单

<table>
<tr><td>学习场三</td><td colspan="5">检修动力电池温度控制</td></tr>
<tr><td>学习情境二</td><td colspan="5">冷却水泵的检测</td></tr>
<tr><td>学时</td><td colspan="5">0.1 学时</td></tr>
<tr><td>典型工作过程描述</td><td colspan="5">1. 确认故障现象；2. 读取故障码；3. 分析故障原因；4. 绘制控制原理图；5. 测试相关电路</td></tr>
<tr><td>计划制订的方式</td><td colspan="5">小组讨论</td></tr>
<tr><td>序号</td><td colspan="2">工作步骤</td><td colspan="3">注意事项</td></tr>
<tr><td>1</td><td colspan="2">从冷却水泵自身分析原因</td><td colspan="3">冷却水泵自身故障</td></tr>
<tr><td>2</td><td colspan="2">从冷却水泵线路分析原因</td><td colspan="3">开路、虚接、断路故障</td></tr>
<tr><td>3</td><td colspan="2">结合故障码或仪表显示情况分析故障原因</td><td colspan="3">若解码器无法进入该系统，却可以进入其他系统，可以在其他系统内读取相关故障码，再结合仪表显示情况来分析故障原因</td></tr>
<tr><td rowspan="3">计划评价</td><td>班级</td><td></td><td>第____组</td><td>组长签字</td><td></td></tr>
<tr><td>教师签字</td><td></td><td>日期</td><td colspan="2"></td></tr>
<tr><td colspan="5">评语：</td></tr>
</table>

典型工作环节 3　分析故障原因的决策单

<table>
<tr><td>学习场三</td><td colspan="6">检修动力电池温度控制</td></tr>
<tr><td>学习情境二</td><td colspan="6">冷却水泵的检测</td></tr>
<tr><td>学时</td><td colspan="6">0.1 学时</td></tr>
<tr><td>典型工作过程描述</td><td colspan="6">1．确认故障现象；2．读取故障码；3．分析故障原因；4．绘制控制原理图；5．测试相关电路</td></tr>
<tr><td colspan="7">计划对比</td></tr>
<tr><td>序号</td><td>计划的可行性</td><td>计划的经济性</td><td>计划的可操作性</td><td colspan="2">计划的实施难度</td><td>综合评价</td></tr>
<tr><td>1</td><td></td><td></td><td></td><td colspan="2"></td><td></td></tr>
<tr><td>2</td><td></td><td></td><td></td><td colspan="2"></td><td></td></tr>
<tr><td>3</td><td></td><td></td><td></td><td colspan="2"></td><td></td></tr>
<tr><td>N</td><td></td><td></td><td></td><td colspan="2"></td><td></td></tr>
<tr><td rowspan="3">决策评价</td><td>班级</td><td></td><td>第____组</td><td>组长签字</td><td colspan="2"></td></tr>
<tr><td>教师签字</td><td></td><td>日期</td><td colspan="3"></td></tr>
<tr><td colspan="6">评语：</td></tr>
</table>

典型工作环节 3　分析故障原因的实施单

<table>
<tr><td colspan="2">学习场三</td><td colspan="5">检修动力电池温度控制</td></tr>
<tr><td colspan="2">学习情境二</td><td colspan="5">冷却水泵的检测</td></tr>
<tr><td colspan="2">学时</td><td colspan="5">0.1 学时</td></tr>
<tr><td colspan="2">典型工作过程描述</td><td colspan="5">1．确认故障现象；2．读取故障码；3．分析故障原因；4．绘制控制原理图；5．测试相关电路</td></tr>
<tr><td>序号</td><td colspan="3">实施步骤</td><td colspan="3">注意事项</td></tr>
<tr><td>1</td><td colspan="3">从冷却水泵自身分析原因</td><td colspan="3">冷却水泵自身故障</td></tr>
<tr><td>2</td><td colspan="3">从冷却水泵线路分析原因</td><td colspan="3">开路、虚接、断路故障</td></tr>
<tr><td>3</td><td colspan="3">结合故障码或仪表显示情况分析故障原因</td><td colspan="3">若解码器无法进入该系统，却可以进入其他系统，可以在其他系统内读取相关故障码，再结合仪表显示情况来分析故障原因</td></tr>
<tr><td colspan="7">实施说明：
（1）掌握冷却水泵的作用，从自身工作条件分析；
（2）掌握冷却水泵的电路分析原因；
（3）掌握仪表信息中反映出的故障现象，结合解码器更容易缩小故障范围</td></tr>
<tr><td rowspan="3">实施评价</td><td>班级</td><td></td><td>第____组</td><td>组长签字</td><td colspan="2"></td></tr>
<tr><td>教师签字</td><td></td><td>日期</td><td colspan="3"></td></tr>
<tr><td colspan="6">评语：</td></tr>
</table>

典型工作环节 3 分析故障原因的检查单

学习场三	检修动力电池温度控制			
学习情境二	冷却水泵的检测			
学时	0.1 学时			
典型工作过程描述	1. 确认故障现象；2. 读取故障码；3. 分析故障原因；4. 绘制控制原理图；5. 测试相关电路			
序号	检查项目	检查标准	学生自查	教师检查
1	自身原因是否分析全面	冷却水泵自身故障		
2	线路原因是否掌握	从线路的原因分析，开路、虚接、断路故障		
3	仪表显示是否分析全面	若解码器无法进入该系统，却可以进入其他系统，可以在其他系统内读取相关故障码，再结合仪表显示情况来分析故障原因		

检查评价	班级		第____组	组长签字	
	教师签字		日期		
	评语：				

典型工作环节 3 分析故障原因的评价单

学习场三	检修动力电池温度控制			
学习情境二	冷却水泵的检测			
学时	0.1 学时			
典型工作过程描述	1. 确认故障现象；2. 读取故障码；3. 分析故障原因；4. 绘制控制原理图；5. 测试相关电路			
评价项目	评价子项目	学生自评	组内评价	教师评价
小组 1 分析故障原因的阶段性评价结果	故障原因是否分析全面			
小组 2 分析故障原因的阶段性评价结果	故障原因是否分析全面			
小组 3 分析故障原因的阶段性评价结果	故障原因是否分析全面			
小组 4 分析故障原因的阶段性评价结果	故障原因是否分析全面			

评价	班级		第____组	组长签字	
	教师签字		日期		
	评语：				

典型工作环节 4　绘制控制原理图的资讯单

学习场三	检修动力电池温度控制
学习情境二	冷却水泵的检测
学时	0.1 学时
典型工作过程描述	1．确认故障现象；2．读取故障码；3．分析故障原因；4．绘制控制原理图；5．测试相关电路
收集资讯的方式	线下书籍及线上资源相结合
资讯描述	（1）根据典型工作环节 3 中分析的可能原因，在电路图中找到冷却水泵电路图； （2）绘制出冷却水泵的控制原理图； （3）标明端子号，在车辆中找到相关熔断器、线束插接器等元器件； （4）绘制诊断表格，设计填写各元器件或线路实测电压、电阻、波形等相关数据的表格； （5）查阅资料，在诊断表格中填写好各元器件或线路标准电压、电阻、波形等相关数据
对学生的要求	（1）掌握电路图识图方法。 （2）能在电路图中完整地找出所需系统的相关电路。 （3）在控制原理图中标明端子号，以便在测量过程中准确找到测量端子。 （4）绘制诊断表格，根据原理图设计完整、科学的测试路径；训练诊断思路。 （5）查阅资料，在诊断表格中填写好各元器件或线路标准电压、电阻、波形等相关数据，训练使用维修手册、电路图等维修资料的能力，以及诊断故障所需要的严谨态度。若资料中查阅不到标准参数，可在正常车辆中进行测量并记录，形成维修资料，以便在以后的维修中参考查阅，养成良好的记笔记习惯，可以提高工作效率
参考资料	（1）《纯电动汽车维护、检测、诊断技术规范》(JT/T 1344—2020)； （2）比亚迪秦 EV 维修手册

典型工作环节 4　绘制控制原理图的计划单

学习场三	检修动力电池温度控制				
学习情境二	冷却水泵的检测				
学时	0.1 学时				
典型工作过程描述	1. 确认故障现象；2. 读取故障码；3. 分析故障原因；4. 绘制控制原理图；5. 测试相关电路				
计划制订的方式	小组讨论				
序号	工作步骤		注意事项		
1	逐条列出可能原因		根据典型工作环节 3 中分析的可能原因，在电路图中找到冷却水泵的电路图		
2	绘制出控制原理图		根据列出的可能原因，查阅电路图，绘制出冷却水泵的控制原理图		
3	标明端子号		在控制原理图中正确标注测试端子及元器件名称		
4	绘制诊断表格		表格内容包括测试条件、测试设备、测试对象、实测值、标准值、实测波形、标准波形等基本信息		
5	查阅标准值		通过查阅资料，查询测试对象的标准参数，以便出具诊断结论，若资料中查阅不到标准参数，可在正常车辆中进行测量并记录，形成维修资料，以便在以后的维修中参考查阅		
计划评价	班级		第____组	组长签字	
	教师签字		日期		
	评语：				

典型工作环节 4　绘制控制原理图的决策单

学习场三	检修动力电池温度控制				
学习情境二	冷却水泵的检测				
学时	0.1 学时				
典型工作过程描述	1. 确认故障现象；2. 读取故障码；3. 分析故障原因；4. 绘制控制原理图；5. 测试相关电路				
计划对比					
序号	计划的可行性	计划的经济性	计划的可操作性	计划的实施难度	综合评价
1					
2					
3					
N					
决策评价	班级		第____组	组长签字	
	教师签字		日期		
	评语：				

典型工作环节 4　绘制控制原理图的实施单

学习场三	检修动力电池温度控制
学习情境二	冷却水泵的检测
学时	0.1 学时
典型工作过程描述	1．确认故障现象；2．读取故障码；3．分析故障原因；4．绘制控制原理图；5．测试相关电路

序号	实施步骤	注意事项
1	逐条列出可能原因	根据典型工作环节 3 中分析的可能原因，在电路图中找到冷却水泵的电路图
2	绘制出控制原理图	根据列出的可能原因，查阅电路图，绘制出冷却水泵的控制原理图
3	标明端子号	在控制原理图中正确标注测试端子及元件器名称
4	绘制诊断表格	表格内容包括测试条件、测试设备、测试对象、实测值、标准值、实测波形、标准波形等基本信息
5	查阅标准值	通过查阅资料，查询测试对象的标准参数，以便出具诊断结论，若资料中查阅不到标准参数，可在正常车辆中进行测量并记录，形成维修资料，以便在以后的维修中参考查阅

实施说明：

（1）掌握电路图识图方法，在电路图中找到相关元器件。

（2）在电路图中完整地找出所需系统的相关电路。

（3）在控制原理图中标明端子号，以便在测量过程中准确找到测量端子。

（4）绘制诊断表格，表格内容包括测试条件、测试设备、测试对象、实测值、标准值、实测波形、标准波形等基本信息。

测试条件		检测设备、仪器		
序号	测试对象	实测波形	标准波形	测试结论
1	冷却水泵 PWM 信号			正常 / 异常
2				正常 / 异常
3				正常 / 异常
4				
5				

（5）查阅资料，在诊断表格中填写好各元器件或线路标准电压、电阻、波形等相关数据，训练使用维修手册、电路图等维修资料的能力，以及诊断故障所需要的严谨态度。若资料中查阅不到标准参数，可在正常车辆中进行测量并记录，形成维修资料，以便在以后的维修中参考查阅，养成良好的记笔记习惯，可以提高工作效率

实施评价					
	班级		第____组	组长签字	
	教师签字		日期		
	评语：				

典型工作环节 4　绘制控制原理图的检查单

<table>
<tr><td colspan="2">学习场三</td><td colspan="3">检修动力电池温度控制</td></tr>
<tr><td colspan="2">学习情境二</td><td colspan="3">冷却水泵的检测</td></tr>
<tr><td colspan="2">学时</td><td colspan="3">0.1 学时</td></tr>
<tr><td colspan="2">典型工作过程描述</td><td colspan="3">1. 确认故障现象；2. 读取故障码；3. 分析故障原因；4. 绘制控制原理图；5. 测试相关电路</td></tr>
<tr><td>序号</td><td>检查项目</td><td>检查标准</td><td>学生自查</td><td>教师检查</td></tr>
<tr><td>1</td><td>逐条列出可能原因</td><td>列出原因是否完整</td><td></td><td></td></tr>
<tr><td>2</td><td>绘制出控制原理图</td><td>原理图中元器件、线路是否绘制完整</td><td></td><td></td></tr>
<tr><td>3</td><td>标明端子号</td><td>端子号是否完整、正确</td><td></td><td></td></tr>
<tr><td>4</td><td>绘制诊断表格</td><td>设计表格是否完整，波形测试项目是否设计波形坐标</td><td></td><td></td></tr>
<tr><td>5</td><td>查阅标准值</td><td>标准参数查阅是否正确</td><td></td><td></td></tr>
<tr><td rowspan="3">检查评价</td><td>班级</td><td></td><td>第____组</td><td>组长签字</td></tr>
<tr><td>教师签字</td><td></td><td>日期</td><td></td></tr>
<tr><td colspan="4">评语：</td></tr>
</table>

典型工作环节 4　绘制控制原理图的评价单

<table>
<tr><td>学习场三</td><td colspan="4">检修动力电池温度控制</td></tr>
<tr><td>学习情境二</td><td colspan="4">冷却水泵的检测</td></tr>
<tr><td>学时</td><td colspan="4">0.1 学时</td></tr>
<tr><td>典型工作过程描述</td><td colspan="4">1. 确认故障现象；2. 读取故障码；3. 分析故障原因；4. 绘制控制原理图；5. 测试相关电路</td></tr>
<tr><td>评价项目</td><td>评价子项目</td><td>学生自评</td><td>组内评价</td><td>教师评价</td></tr>
<tr><td>小组 1
绘制控制原理图的阶段性评价结果</td><td>（1）原因分析全面；
（2）原理图绘制完整；
（3）诊断表格设计合理</td><td></td><td></td><td></td></tr>
<tr><td>小组 2
绘制控制原理图的阶段性评价结果</td><td>（1）原因分析全面；
（2）原理图绘制完整；
（3）诊断表格设计合理</td><td></td><td></td><td></td></tr>
<tr><td>小组 3
绘制控制原理图的阶段性评价结果</td><td>（1）原因分析全面；
（2）原理图绘制完整；
（3）诊断表格设计合理</td><td></td><td></td><td></td></tr>
<tr><td>小组 4
绘制控制原理图的阶段性评价结果</td><td>（1）原因分析全面；
（2）原理图绘制完整；
（3）诊断表格设计合理</td><td></td><td></td><td></td></tr>
<tr><td rowspan="3">评价</td><td>班级</td><td></td><td>第____组</td><td>组长签字</td></tr>
<tr><td>教师签字</td><td></td><td>日期</td><td></td></tr>
<tr><td colspan="4">评语：</td></tr>
</table>

典型工作环节 5　测试相关电路的资讯单

学习场三	检修动力电池温度控制
学习情境二	冷却水泵的检测
学时	0.1 学时
典型工作过程描述	1．确认故障现象；2．读取故障码；3．分析故障原因；4．绘制控制原理图；5．测试相关电路
收集资讯的方式	线下书籍及线上资源相结合
资讯描述	（1）根据列出的故障原因，列出测试对象； （2）按照测试条件进行测试，并记录在所设计的故障诊断表中； （3）对比实测值与标准值，出具诊断结论，测试正常情况下进行下一可能原因测试； （4）找到异常元器件或线路，进行修复； （5）修复后验证故障现象是否消失，确认故障码最终是否清除
对学生的要求	（1）根据列出的故障原因，列出测试对象；此步骤需要根据故障诊断先简后繁的原则，按先后顺序列出测试对象；一般测试顺序为熔断器、线路、元器件、控制单元。 （2）按照测试条件进行测试，并记录在所设计的故障诊断表中；养成严谨的工作态度，防止漏测、错测导致测试结论错误，无法排除故障。 （3）对比实测值与标准值，出具诊断结论，测试正常情况下进行下一可能原因测试；有些故障可能不是单一故障，在对所列出的故障点逐个测试后也许并未排除故障，此时需要对故障现象再次验证，以免对故障原因分析不全面，具有锲而不舍、持之以恒的精神更容易成功。 （4）找到异常元器件或线路，进行修复；元器件更换或线路修复时需验证新件的工作状况，以免造成返工，或故障无法排除。 （5）修复后验证故障现象是否消失，确认故障码最终是否清除
参考资料	（1）《纯电动汽车维护、检测、诊断技术规范》(JT/T 1344—2020)； （2）比亚迪秦 EV 维修手册

典型工作环节 5　测试相关电路的计划单

学习场三	检修动力电池温度控制				
学习情境二	冷却水泵的检测				
学时	0.1 学时				
典型工作过程描述	1. 确认故障现象；2. 读取故障码；3. 分析故障原因；4. 绘制控制原理图；5. 测试相关电路				
计划制订的方式	小组讨论				
序号	工作步骤		注意事项		
1	列出测试对象		根据故障诊断先简后繁的原则，按先后顺序列出测试对象		
2	测试并记录		明确测试条件，通电或断电、静态或动态		
3	出具诊断结论		对比实测值与标准值，出具诊断结论		
4	修复故障点		修复前确认新件工作状况		
5	验证故障现象		修复后确认故障现象是否消失		
计划评价	班级		第____组	组长签字	
	教师签字		日期		
	评语：				

典型工作环节 5　测试相关电路的决策单

学习场三	检修动力电池温度控制				
学习情境二	冷却水泵的检测				
学时	0.1 学时				
典型工作过程描述	1. 确认故障现象；2. 读取故障码；3. 分析故障原因；4. 绘制控制原理图；5. 测试相关电路				
计划对比					
序号	计划的可行性	计划的经济性	计划的可操作性	计划的实施难度	综合评价
1					
2					
3					
N					
决策评价	班级		第____组	组长签字	
	教师签字		日期		
	评语：				

典型工作环节 5　测试相关电路的实施单

<table>
<tr><td>学习场三</td><td colspan="2">检修动力电池温度控制</td></tr>
<tr><td>学习情境二</td><td colspan="2">冷却水泵的检测</td></tr>
<tr><td>学时</td><td colspan="2">0.1 学时</td></tr>
<tr><td>典型工作过程描述</td><td colspan="2">1．确认故障现象；2．读取故障码；3．分析故障原因；4．绘制控制原理图；5．测试相关电路</td></tr>
<tr><td>序号</td><td>实施步骤</td><td>注意事项</td></tr>
<tr><td>1</td><td>列出测试对象</td><td>根据故障诊断先简后繁的原则，按先后顺序列出测试对象</td></tr>
<tr><td>2</td><td>测试并记录</td><td>明确测试条件，通电或断电、静态或动态</td></tr>
<tr><td>3</td><td>出具诊断结论</td><td>对比实测值与标准值，出具诊断结论</td></tr>
<tr><td>4</td><td>修复故障点</td><td>修复前确认新件工作状况</td></tr>
<tr><td>5</td><td>验证故障现象</td><td>修复后确认故障现象是否消失</td></tr>
<tr><td colspan="3">实施说明：
（1）根据列出的故障原因，列出测试对象；此步骤需要根据故障诊断先简后繁的原则，按先后顺序列出测试对象；一般测试顺序为熔断器、线路、元器件、控制单元。
（2）按照测试条件进行测试，并记录在所设计的故障诊断表中；养成严谨的工作态度，防止漏测、错测导致测试结论错误，无法排除故障。
（3）对比实测值与标准值，出具诊断结论，测试正常情况下进行下一可能原因测试；有些故障可能不是单一故障，在对所列出的故障点逐个测试后也许并未排除故障，此时需要对故障现象再次验证，以免对故障原因分析不全面。
（4）找到异常元器件或线路，进行修复；元器件更换或线路修复时需验证新件的工作状况，以免造成返工，或故障无法排除。
（5）修复后验证故障现象是否消失，确认故障码最终是否清除</td></tr>
</table>

<table>
<tr><td rowspan="3">实施评价</td><td>班级</td><td></td><td>第____组</td><td>组长签字</td><td></td></tr>
<tr><td>教师签字</td><td></td><td>日期</td><td colspan="2"></td></tr>
<tr><td colspan="5">评语：</td></tr>
</table>

典型工作环节 5　测试相关电路的检查单

<table>
<tr><td>学习场三</td><td colspan="5">检修动力电池温度控制</td></tr>
<tr><td>学习情境二</td><td colspan="5">冷却水泵的检测</td></tr>
<tr><td>学时</td><td colspan="5">0.1 学时</td></tr>
<tr><td>典型工作过程描述</td><td colspan="5">1. 确认故障现象；2. 读取故障码；3. 分析故障原因；4. 绘制控制原理图；5. 测试相关电路</td></tr>
<tr><td>序号</td><td>检查项目</td><td colspan="2">检查标准</td><td>学生自查</td><td>教师检查</td></tr>
<tr><td>1</td><td>列出测试对象</td><td colspan="2">列出项目是否完整</td><td></td><td></td></tr>
<tr><td>2</td><td>测试并记录</td><td colspan="2">测试结果是否正确</td><td></td><td></td></tr>
<tr><td>3</td><td>出具诊断结论</td><td colspan="2">结果分析是否正确</td><td></td><td></td></tr>
<tr><td>4</td><td>修复故障点</td><td colspan="2">修复前是否验证元器件</td><td></td><td></td></tr>
<tr><td>5</td><td>验证故障现象</td><td colspan="2">修复后是否验证故障现象</td><td></td><td></td></tr>
<tr><td rowspan="3">检查评价</td><td>班级</td><td></td><td>第____组</td><td>组长签字</td><td></td></tr>
<tr><td>教师签字</td><td></td><td>日期</td><td colspan="2"></td></tr>
<tr><td colspan="5">评语：</td></tr>
</table>

典型工作环节 5　测试相关电路的评价单

<table>
<tr><td>学习场三</td><td colspan="5">检修动力电池温度控制</td></tr>
<tr><td>学习情境二</td><td colspan="5">冷却水泵的检测</td></tr>
<tr><td>学时</td><td colspan="5">0.1 学时</td></tr>
<tr><td>典型工作过程描述</td><td colspan="5">1. 确认故障现象；2. 读取故障码；3. 分析故障原因；4. 绘制控制原理图；5. 测试相关电路</td></tr>
<tr><td>评价项目</td><td colspan="2">评价子项目</td><td>学生自评</td><td>组内评价</td><td>教师评价</td></tr>
<tr><td>小组 1
测试相关电路
的阶段性评价结果</td><td colspan="2">（1）测试方法正确；
（2）测试结果正确；
（3）故障是否排除</td><td></td><td></td><td></td></tr>
<tr><td>小组 2
测试相关电路
的阶段性评价结果</td><td colspan="2">（1）测试方法正确；
（2）测试结果正确；
（3）故障是否排除</td><td></td><td></td><td></td></tr>
<tr><td>小组 3
测试相关电路
的阶段性评价结果</td><td colspan="2">（1）测试方法正确；
（2）测试结果正确；
（3）故障是否排除</td><td></td><td></td><td></td></tr>
<tr><td>小组 4
测试相关电路
的阶段性评价结果</td><td colspan="2">（1）测试方法正确；
（2）测试结果正确；
（3）故障是否排除</td><td></td><td></td><td></td></tr>
<tr><td rowspan="3">评价</td><td>班级</td><td></td><td>第____组</td><td>组长签字</td><td></td></tr>
<tr><td>教师签字</td><td></td><td>日期</td><td colspan="2"></td></tr>
<tr><td colspan="5">评语：</td></tr>
</table>

参考文献

[1] 弋国鹏，魏建平. 电动汽车控制及检修 [M]. 北京：机械工业出版社，2020.

[2] 比亚迪秦 EV 维修手册.